北大社·"十三五"普通高等教育本科规划教材
高等院校机械类专业"互联网+"创新规划教材

数控技术应用

主　编　李体仁
副主编　杨立军　孙建功　张　斌
　　　　李夏霜　汪玉琪

北京大学出版社
PEKING UNIVERSITY PRESS

内 容 简 介

本书通过文字叙述，实例、图表及程序，介绍了数控加工手工编程指令、编程方法和应用；为适应数控技术的发展，对五轴数控加工技术，自动编程的方法和流程也进行了详细地介绍。每章都附有习题，有助于读者加深对本书内容的理解并检验学习效果。本书内容丰富，条理清晰，重点突出，详略得当，注重理论与实践的结合，着重于工程应用，方便课堂教学和自主学习。

本书可作为高等院校机械类专业的教材，也可作为从事数控加工行业的工程技术人员、高级技术工人的培训和工作参考书。

图书在版编目(CIP)数据

数控技术应用/李体仁主编. —北京：北京大学出版社，2022.6
高等院校机械类专业"互联网＋"创新规划教材
ISBN 978－7－301－32680－0

Ⅰ.①数…　Ⅱ.①李…　Ⅲ.①数控技术—高等学校—教材　Ⅳ.①TP273

中国版本图书馆 CIP 数据核字(2021)第 218629 号

书　　　名	数控技术应用
	SHUKONG JISHU YINGYONG
著作责任者	李体仁　主编
责 任 编 辑	童君鑫
数 字 编 辑	蒙俞材
标 准 书 号	ISBN 978－7－301－32680－0
出 版 发 行	北京大学出版社
地　　　址	北京市海淀区成府路 205 号　100871
网　　　址	http://www.pup.cn　新浪微博：@北京大学出版社
电 子 信 箱	pup_6@163.com
电　　　话	邮购部 010－62752015　发行部 010－62750672　编辑部 010－62750667
印 刷 者	三河市北燕印装有限公司
经 销 者	新华书店
	787 毫米×1092 毫米　16 开本　19.5 印张　456 千字
	2022 年 6 月第 1 版　2022 年 6 月第 1 次印刷
定　　　价	59.00 元

前　　言

数控技术在加工技术中的应用是目前 CAD/CAPP/CAM 系统中最能明显发挥效益的环节之一，其在实现设计加工自动化、提高加工精度和加工质量、缩短产品研制周期等方面发挥着重要作用。在诸如航空工业、汽车工业等领域有着大量的应用。

本书从数控技术应用的角度出发，通过大量典型零件数控加工实例分析，介绍了数控加工工艺和数控编程工程应用两方面的知识，侧重于数控技术的综合应用，强调基础性和实用性。

全书内容共 5 章，包括数控加工与编程技术基础、数控铣床和加工中心编程、数控车床编程、数控编程的应用、CAD/CAM 技术等内容。

本书由李体仁任主编，具体编写分工如下：第 1 章由陕西理工大学汪玉琪编写，第 2 章由陕西科技大学孙建功编写，第 3 章 3.1～3.7 小节由陕西理工大学汪玉琪编写，第 3 章 3.8～3.12 小节由陕西科技大学李夏霜编写，第 4 章由陕西科技大学张斌编写，第 5 章 5.1～5.2 小节由陕西科技大学杨立军编写，第 5 章 5.3～5.5 小节由陕西科技大学李体仁编写。全书由李体仁和杨立军汇总和整理。

在本书编写过程中，编者参阅了 FANUC 编程手册和相关的技术资料，得到西安技师学院李佳，陕西科技大学胡晓强、赵耕伯、王启、高荔、张超、柴立平，中国大唐西北电力试验研究院郭文瀚等同志的支持（参与了其中部分图的绘制和资料整理），在此表示衷心的感谢。

由于编者对数控技术应用的认识和了解有限，书中难免存在不妥之处，恳请读者不吝赐教、批评指正。

编　者

2022 年 4 月

目 录

第**1**章
数控加工与编程技术基础

学习目标

1. 能够说明数控加工的主要特点、基本方法、程序编制的要求和一般步骤。
2. 能够运用机床坐标系的确定原则及方法，完成数控机床坐标轴及正方向的判定。
3. 能够说明数控加工程序的术语及程序结构。
4. 能够说明数控加工工艺的主要特点。

教学要求

知识要求	相关知识	能力要求
能够说明数控加工过程的内容和一般步骤	数控机床基础、机械加工基本方法	能够根据不同零件的加工要求，确定合理的数控工艺方案，掌握数控加工程序的结构、编写规则等，能阅读简单的数控加工程序。
能够依据数控机床坐标系的确定原则及方法，分析不同类型机床的坐标轴	右手笛卡儿数控机床坐标系	
能够说明数控机床坐标系原点与参考点的定义、区别及相互关系	数控机床坐标系的建立	
能够说明数控加工程序的结构、指令及规则等	数控加工程序的结构与组成	
能够说明数控加工工艺的特点、内容及编制步骤	数控加工工艺规程、刀具、夹具及刀路等	

数控加工技术是生产自动化、先进与智能制造最核心的技术之一，学习数控加工技术需要掌握数控加工的主要特点和基本方法，数控加工与传统加工的主要区别，数控加工程序编制的基本要求和步骤，能够在数控加工中根据不同零件的加工要求确定合理的工艺方案，编写相应的数控加工程序。良好的工艺基础，对于数控加工与编程技术的学习至关重要。

1.1 数控加工的基础知识

1.1.1 数控加工、编程技术的基本概念

现代数控加工技术是指高效、优质地实现零件特别是复杂形状零件加工的有关理论、方法与实现技术，是自动化、柔性化、敏捷化和数字化制造的基础与关键技术。数控加工过程包括按给定的零件加工要求（零件图纸、CAD 数据或实物模型）进行加工的全过程。

数控机床是采用数字形式信息控制的灵活、高效的自动化机床，数控加工就是根据被加工零件和工艺要求编制成以数码表示的程序，输入数控机床的数控装置或控制计算机中，以控制工件和刀具的相对运动，使之加工出合格零件的方法。数控机床是一种高度自动化的机床，有一般机床所不具备的许多优点，所以数控机床的应用范围在不断扩大。但数控机床是一种高度机电一体化产品，技术含量高，成本高，使用和维修都有一定难度，若从效益最优化的技术经济角度出发，数控机床一般适用于以下加工。

（1）多品种、小批量零件。

（2）结构较复杂、精度要求较高的零件。

（3）需要频繁改型的零件。

（4）价格高，不允许报废的关键零件。

（5）需要最小生产周期的急需零件。

1.1.2 数控技术的优点

无论是传统加工，还是数控加工，其基本步骤都是相同的，主要的区别在于各种数据输入方式的不同。在传统加工中，操作人员需要手动操作机床，移动切削刀具实现加工，无法保证每一次的加工是完全相同的。而数控加工中，只要零件程序验证无误，就可以反复使用，可以获得更好的零件加工的一致性。当然，考虑刀具磨损等因素，也需要调整零件的安装及采取相应的补偿措施。

实际生产中，往往采用传统加工与数控加工相结合的方式，在简单零件生产和零件粗加工中，传统加工方法依然发挥着重大作用，而对于复杂零件和精度要求高的零件，采用数控加工则更为有利。数控加工的优势主要体现在以下几个方面。

（1）缩短加工准备时间。

程序经首件试切验证后，直接调用非常方便，后续相同零件的加工几乎不需要太多的准备时间。

（2）缩短装夹时间，简化零件安装。

零件的安装时间属于非生产性的辅助时间，由于数控机床采用模块化的夹具、标准的

数控刀具、定位装置、自动换刀系统及其他一些先进装置，因此零件的安装时间更短，比普通机床更为高效。

（3）提高零件加工的精度和重复精度。

数控加工的精确性和重复性是许多用户考虑的主要优势。程序一旦确定，就可根据需要反复使用，而不会漏掉其中的任何一位数据。程序允许存在如刀具磨损等可变因素，通过采取相应的补偿措施来保证加工精度。数控机床的精确性和重复性可以保证多次生产零件的一致性。

（4）可以进行复杂轮廓外形零件加工。

数控车床、数控铣床和加工中心可以针对各种零件外形进行加工，通过采用计算机编程生成三维刀具路径，顺利完成加工。

（5）提高切削有效时间的一致性。

在数控机床上，手动操作仅用于装卸工件等辅助性工作，对大批量生产而言，非生产时间造成的消耗由于可以平摊在许多零件上而变得比较小。而相对固定的切削加工时间主要体现在程序执行的重复性工作上，这样生产进度和分配到单机上的工作可以进行精确的计算。

（6）提高零件加工的生产效率。

数控技术使生产自动化程度大大提高，可以有效地提高零件的加工效率。

1.1.3　数控编程方法

一般来说，数控加工技术涉及数控机床加工工艺和数控编程技术两方面，如图 1.1 所示。数控编程技术是数控加工技术应用中的关键技术之一，也是目前 CAD/CAPP/CAM 系统中最能明显发挥效益的环节之一。数控加工中的工艺问题的处理与普通机械加工基本相同，但又有其特点，因此在设计零件的数控加工工艺时，既要遵循普通加工工艺的基本原则和方法，又要考虑数控加工本身的特点和零件编程要求。使用数控机床加工时，必须编制零件的加工程序，理想的加工程序不仅应保证加工出符合设计要求的零件，而且应能使数控机床功能得到合理的应用和充分的发挥，并且能安全可靠和高效地工作。

数控编程是从零件图纸到获得数控加工程序的全过程。数控编程的主要内容包括：分析加工要求并进行工艺设计，确定加工方案，选择合适的数控机床、刀具和夹具，确定合理的走刀路线及切削用量等；建立工件的几何模型，计算加工过程中刀具相对工件的运动轨迹或机床运动轨迹；按照数控系统可接受的程序格式，生成零件加工程序，然后对其进行验证和修改，直到生成合格的加工程序。根据零件加工表面的复杂程度、数值计算的难易程度、数控机床的数量及现有编程条件等因素，数控加工程序可通过手工编程或计算机辅助编程来获得。

因此，数控编程包含了数控加工与编程、机械加工工艺、CAD/CAM 软件应用等多方面的知识，其主要任务是计算加工走刀中的刀位点（Cutter Location Point，CL 点），多轴加工中还要给出刀轴矢量。数控铣床或者加工中心的加工编程是目前应用最广泛的数控编程技术。

数控编程通常分为手工编程和计算机辅助编程两类，而计算机辅助编程又分为数控语言自动编程和 CAD/CAM 系统自动编程等多种。目前数控编程正向集成化、智能化和可视化方向发展。

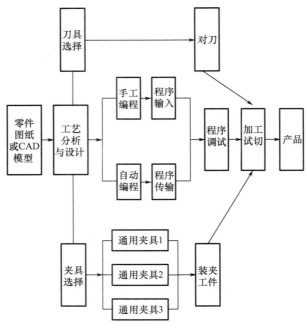

图 1.1　数控加工过程

1. 手工编程

手工编程就是从工艺分析、数值计算直到数控程序的试切和修改等过程全部或主要由人工完成，是数控编程中最常见的方法。由于手工编程中，所有的计算由手工完成，因此，要求编程人员不仅要熟悉各种类型的数控代码及编程规则，而且必须具备机械加工工艺知识和数值计算能力。对于点位加工或几何形状不太复杂的零件，数控编程计算较简单、程序段不多，手工编程是可行的。但对形状复杂的零件，特别是具有曲线、曲面（如叶片、复杂模具型腔）或几何形状并不复杂但程序量大的零件（如复杂孔系的箱体），以及数控机床拥有量较大且产品不断更新的企业，手工编程很难胜任。据生产实践统计，手工编程时间与数控机床加工时间之比一般为 30∶1。可见手工编程效率低、出错率高，因而必然要被其他先进编程方法所替代。

手工编程的一般步骤如图 1.2 所示。

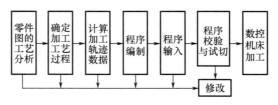

图 1.2　手工编程的一般步骤

（1）零件图的工艺分析，确定加工工艺过程。

在确定加工工艺过程时，编程人员要根据被加工零件图纸对工件的几何公差、尺寸公差、技术要求进行分析，选择加工方案，确定加工顺序、加工路线、装夹方式、刀具及切削参数等，同时还要考虑所用数控系统的指令功能，充分发挥机床的效能，尽量缩短走刀路线，减少编程工作量。

（2）计算加工轨迹数据。

数控机床按照工艺规划好的加工路径和切削参数来编写程序，因此要根据零件图的几何尺寸确定工艺路线及设定坐标系，计算零件粗、精加工运动的轨迹，得到刀位数据。对于形状比较简单的零件（如直线和圆弧组成的零件）的轮廓加工，要计算出几何元素的起点、终点，圆弧的圆心，两几何元素的交点或切点的坐标值，有的还要计算刀具中心的运动轨迹坐标值。对于形状比较复杂的零件（如非圆曲线、曲面组成的零件），需要用直线段或圆弧段逼近，根据加工精度的要求计算出节点坐标值，这种数值计算一般要用计算机来完成。

（3）程序编制。

在各项工艺参数、刀具路径等确定以后，编程人员根据数控系统的功能指令代码及程序段格式，逐段编写加工程序。

（4）程序输入。

把编制完成的加工程序通过控制面板输入数控系统，或通过程序的传输（或阅读）装置输入数控系统。

（5）程序校验与试切，数控机床加工。

输入数控系统中的加工程序必须经过校验和试切才能正式使用。校验的方法是使数控机床空运行，按照规划的刀具路径进行模拟切削走刀，以检查机床的运动轨迹是否正确。在有 CRT（Cathode Ray Tube，阴极射线管）图形显示的数控机床上，用模拟刀具进行工件切削的方法进行检验更为方便，但这些方法只能检验运动是否正确，不能检验被加工零件的加工精度。因此，必须进行零件的首件试切。当发现有加工误差时，分析误差产生的原因，找出问题并进行修正。最后利用检验无误的数控程序进行加工。

2. 数控语言自动编程

对复杂零件进行编程加工时，其刀具运动轨迹的计算非常复杂，计算烦琐而且容易出错。编程工作量非常大，手工编程已经无法满足需要了。因此必须采用计算机辅助编制数控程序。

自动编程是用计算机把人工输入的零件图纸信息改写成数控机床能执行的数控加工程序，各种数据的处理、计算和编程均由计算机来完成。计算机的计算更为精确和快速，不易出错。目前常使用 APT（Automatically Programmed Tools，自动编程工具）来实现。APT 是用专用语句编写源程序，再由 APT 处理程序经过编译和运算，输出刀具路径，然后通过后置处理，获得数控机床所要求的数控指令。除了 APT 之外，各国也纷纷研制了相应的自动编程系统，如德国 EXAPT、法国 IFAPT、日本 FAPT 等。我国也在 20 世纪 70 年代研制了 SKC、ZCX 等铣削、车削数控自动编程系统。20 世纪 80 年代，市场上相继出现了 NCG、APTX、APTXGI 等高水平软件。近年来又出现了各种小而专的编程系统和多坐标编程系统。

采用 APT 编制数控程序，具有程序简练、走刀控制灵活等优点，使数控加工编程从面向机床指令的"汇编语言"级上升到面向几何元素。但由于 APT 开发得比较早，当时计算机的图形处理能力不够强，因此必须在 APT 源程序中用语言的形式去描述几何图形

信息和加工过程，再由计算机处理生成加工程序。所以这种编程方法的直观性较差，编程过程复杂且不易掌握，在编程过程中也不利于进行检查，缺少对零件形状、刀具运动轨迹的直观图形显示和刀具轨迹的验证手段，难以和 CAD、CAPP 系统有效连接，不易实现高度的自动化和集成化。

3. CAD/CAM 系统自动编程

20 世纪 80 年代以后，随着 CAD/CAM 技术的成熟和计算机图形处理能力的提高，出现了 CAD/CAM 自动编程软件，是以待加工零件 CAD 模型为基础的一种集加工工艺规划及数控编程为一体的自动编程方法。可以直接利用 CAD 模块生成的几何图形，采用人机交互的实时对话方式，在计算机屏幕上指定零件被加工部位，并输入相应的加工参数，计算机便可自动进行必要的数据处理，编制出数控加工程序，同时在屏幕上动态地显示出刀具的加工轨迹。从而有效地解决了零件几何建模及显示、交互编辑及刀具轨迹生成和验证等问题，具有形象、直观和高效等优点，推动了 CAD 和 CAM 向集成化方向发展。

目前，工作站和微型计算机平台 CAD/CAM 软件已居主导地位，高档 CAM 软件的代表有 UG、IDEAS、Pro/E、CATIA 等。这类软件的特点是优越的参数化设计、变量化设计及特征造型技术与传统的实体和曲面造型功能结合在一起，加工方式完备，计算准确，实用性强。可以从简单的二轴加工到以五轴联动方式来加工复杂的工件表面，并可以对数控加工过程进行自动控制和优化，是航空航天、造船、汽车等行业的首选 CAD/CAM 软件。此外，有一些相对独立的 CAM 软件，如 MasterCAM、SurfCAM 等。这些软件主要通过中性文件从其他 CAD 系统获得产品几何模型。系统主要有交互工艺参数输入模块、刀具路径生成模块、刀具路径编辑模块、三维动态仿真模块和后置处理模块。

国内 CAD/CAM 软件的代表有 CAXA - ME、金银花系统等。这些软件是我国面向机械制造业自主开发的中文界面的 CAD/CAM 软件，具备机械产品设计、工艺规划设计和数控加工自动编程等功能。

1.2　数控加工坐标系

为了使数控系统规范化（标准化、开放化）及简化数控编程，国际标准化组织对数控机床的坐标系统作了统一规定，即 ISO 841 标准。我国于 1982 年颁布了 JB 3051—1982《数字控制机床　坐标和运动方向的命名》标准，对数控机床的坐标和运动方向做了明确规定，该标准与 ISO 841 标准等效。又于 1998 年颁布了 JB/T 3051—1999《数控机床　坐标和运动方向的命名》标准。

数控机床坐标系一般遵守两个原则，即右手直角笛卡儿坐标（右手规则）的原则和零件静止而刀具相对运动的原则。

1.2.1　右手直角笛卡儿坐标的原则

数控机床坐标系位置与机床类型有关。机床坐标轴通常按照右手直角笛卡儿坐标系确定，如图 1.3 所示。

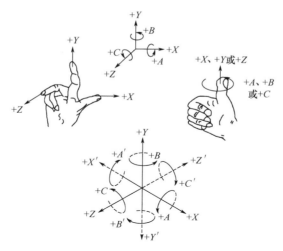

图 1.3　右手直角笛卡儿坐标系

①　大拇指的方向为 X 轴的正方向；

②　食指为 Y 轴的正方向；

③　中指为 Z 轴正方向。

机床坐标系统中，绕坐标轴 X、Y、Z 旋转运动的旋转轴，分别用 A、B、C 表示，它们的正方向按右手螺旋定则确定，如图 1.3、图 1.4 所示。

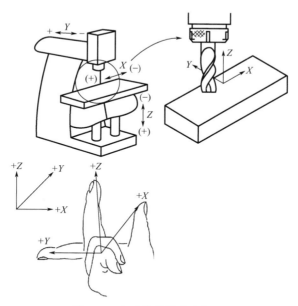

图 1.4　立式数控铣床坐标系

数控机床各坐标轴及其正方向的确定原则如下。

（1）先确定 Z 轴。

以平行于机床主轴的刀具运动坐标为 Z 轴，Z 轴正方向是使刀具远离工件的方向。

（2）再确定 X 轴。

X 轴为水平方向且垂直于 Z 轴并平行于工件的装夹面。在工件旋转的机床（如车床、外圆磨床）上，X 轴的运动方向是径向的，与横向导轨平行。刀具离开工件旋转中心的方向是正方向。对于刀具旋转的机床，若 Z 轴水平（如卧式铣床、镗床），则沿刀具主轴后端向工件方向看，右手平伸出方向为 X 轴正向，若 Z 轴垂直（如立式铣、镗床，钻床），则从刀具主轴向床身立柱方向看，右手平伸出方向为 X 轴正向。

（3）最后确定 Y 轴。

在确定了 X、Z 轴的正方向后，即可按右手螺旋定则定出 Y 轴正方向。

1.2.2　零件静止而刀具相对运动的原则

由于机床的结构不同，有的是刀具运动、零件固定，有的是刀具固定、零件运动。为了编程方便，坐标轴正方向均是假定工件不动，刀具相对工件做进给运动而确定的方向。实际机床加工时，如果刀具相对不动，工件相对于刀具移动实现进给运动的情况，按相对运动关系，工件运动的正方向（机床坐标系的实际正方向）恰好与刀具运动的正方向（工件坐标系的正方向）相反，如图 1.4 所示。

1.2.3　机床原点与参考点

1. 机床原点

机床原点又称机床零点，是机床上一个固定的点，其位置是由机床设计和制造单位确定的，通常不允许用户改变。机床原点是工件坐标系、机床参考点的基准点，也是制造和调整机床的基础。

2. 机床参考点

机床参考点又称机械原点（R），是机床上一个特殊的固定点，一般位于机床原点的位置，它指机床各运动部件在各自的正向自动退至极限的一个固定点（由限位开关准确定位），到达参考点时所显示的数值则表示参考点与机床原点间的距离，该数值即被记忆在数控系统中并在系统中建立了机床原点，作为系统内运算的基准点。数控铣床在返回参考点（又称"回零"）时，机床坐标显示为零（0，0，0），则表示该机床零点与参考点是同一个点。

实际上，机床参考点是机床上最具体的一个机械固定点。而机床原点只是系统内的运算基准点，其处于机床何处无关紧要。每次回零时所显示的数值必须相同，否则加工有误差。

1.2.4　工件坐标系

为了编程不受机床坐标系约束，需要在工件上确定工件坐标系，工件坐标系与机床坐标系的关系，就相当于机床坐标系平移（偏置）到某一点（工件坐标系原点）。如图 1.5 所示，机床坐标系的原点（O 点）平移到 O_1 点（−400，−200，−300），即可建立工件坐标系。

一般来说，机床各轴的实际方向可以根据该轴移动是否由主轴来完成确定。若由主轴来完成，机床坐标系的实际正方向与工件坐标系的正方向相同；反之，则相反。

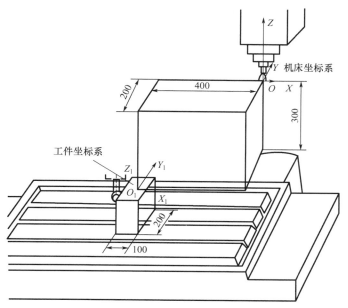

图 1.5　工件坐标系原点的确定

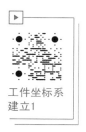

工件坐标系
建立1

工件坐标系
建立2

数控车床
对刀

自动对刀

1.3　程序的结构与组成

1.3.1　与程序有关的术语

通过下面简单的程序，我们来说明与程序有关的术语。如图 1.6 所示，主轴从工件坐标系 G54 的原点，沿箭头方向逆时针运动。

程序如下：

O0001 (MAKINO)；	程序号 O0001，括号内的内容为注释
N1 G90 G54 G00 X0 Y0 M03 S1000；	快速移动到 G54 原点，主轴正转，转速为 1000r/min
/ N3 Z100	移动到 Z100 位置，"/" 为单段跳过，N3 为顺序号
N4 G01 X0 Y-50.0 F100；	从 G54 原点移动到 1 点
X100.0；	从 1 点移动到 2 点
Y50.0；	从 2 点移动到 3 点
X-100.0；	从 3 点移动到 4 点

Y-50.0;	从 4 点移动到 5 点
X0;	从 5 点移动到 1 点
N8 Y0 M05;	从 1 点移动到原点，主轴停止转动
N9 M30;	程序结束，并返回程序的开始位置

1. 程序

以上程序的结构如图 1.7 所示，程序由许多单段组成，一系列单段所组成的集合称为程序。

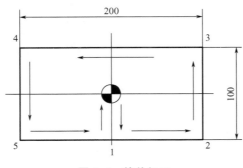

图 1.6　简单加工

图 1.7　程序的结构

2. 单段

每一个程序段由若干个字组成（图 1.8），每个字是控制系统的具体指令，字由表示地址的英语字母与随后的若干位十进制数字组成，即字＝地址（字母）＋数字。

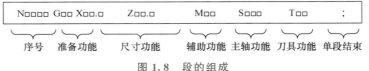

图 1.8　段的组成

在每个单段的前端，可以包含一个顺序号码 N□□□□，在单段末端以 ";" 表示程序段结束，中间部分为程序段的内容。

3. 字的含义

程序段中的每个字都是指定一种特定的功能，主要功能包括有准备功能（如 G01）、尺寸功能（如 Y－50）、进给功能（如 F200）、辅助功能（如 M03）、主轴功能（如 S900）、刀具功能（如 T01）等。

每个程序段并不是须包括所有的功能字，根据需要可以由一个功能字或多个功能字组成。但一般在程序中要完成一个动作必须具备以下内容。

① 刀具移动路线轨迹，如 G01 直线、G02 圆弧等准备功能字。

② 刀具移动目标位置，如尺寸功能字 X、Y、Z 表示终点坐标值。

③ 刀具移动的速度，如进给功能字 F。

④ 刀具的切削速度，如主轴转速功能字 S。

⑤ 使用哪把刀具，如刀具功能字 T。

⑥ 其他机床辅助动作，辅助功能字 M 等。

一个程序段除程序段号与程序段结束字符外，其余各字的顺序并不严格一致，可先可后，但为了编写和检查程序的方便，习惯上可按 N—G—X—Y—Z—F—S—T—M 的顺序编程。

表 1-1 表示 FANUC 系统可用的地址（字母）和它们的含义。

表 1-1　FANUC 系统可用的地址（字母）和它们的含义

功　能	地　址	含　　义
程序号	O	程序名
顺序号	N	顺序名
准备功能	G	指定一种动作（直线、圆弧等）
尺寸功能	X, Y, Z, U, V, W, A, B, C	坐标轴移动指令
	I, J, K	圆弧中心的坐标
	R	圆弧半径
进给功能	F	每分钟进给量，每转进给量
主轴功能	S	主轴速度
刀具功能	T	刀具号
辅助功能	M	机床控制开/关
	B	分度工作台等
偏移量号	D, H	偏移量号
暂停	P, X	暂停时间
指定程序号	P	子程序号
重复次数	P	子程序重复次数
参数	P, Q	固定循环参数

4. 主要功能字的指令值的范围

地址后所带数据根据功能不同，它的大小范围、是否可以有负号、是否可带小数点都有一定的规则，其中 G 代码和 M 代码的数字是由系统指定的。表 1-2 为 FANUC 系统主要地址和指定值的范围。

表 1-2　FANUC 系统主要地址和指定值的范围

功　能	地　　址	指定值的范围
程序号	O	1～9999
顺序号	N	1～99999
准备功能	G	0～99
尺寸功能	X, Y, Z, U, V, W, A, B, C, I, J, K, R	±99999.999 mm

功能	地址	指定值的范围
每分钟进给	F	1～240000 mm/min
每转进给		0.001～500.000mm/r
主轴功能	S	0～20000 r/min
刀具功能	T	0～99999999
辅助功能	M	0～99999999
	B	0～99999999
偏移量号	D，H	0～400
暂停	P，X	0～99999.999s
指定程序号	P	1～9999
重复次数	P	1～9999

从表1-2可以看出,程序名O、顺序号N、准备功能字G、刀具功能字T、辅助功能字M、指定程序号功能字P和重复次数功能字P后所带数字除有一定的数值范围外,要求都必须是整数,并且不可以用负号来表示。

凡有计量单位的功能字,如暂停地址所带数值单位为s,尺寸功能字地址所带数值单位为mm,这些尺寸、进给、主轴有计量单位地址字都为工艺参数和切削用量,需编程人员计算出精确数字,其他的功能字所带数字都为编号之类的数字,由编程人员任意或对应指定即可。

1.3.2 程序的结构

1. 程序编号

程序被保存在存储器中,程序编号(图1.9)被用来区别不同的程序。

图1.9 程序编号

2. 序号

序号格式:N□□□□□。

序号以N开始,其取值范围为1～99999。序号不要求连续,在单段中,它可有可无,作用是对程序校对和检索修改时作为标记,或在程序执行转换指令时作为条件转向的目标号,即作为转向目的程序段的名称。

3. 单段跳过

单段跳过格式:/N□□□□。

当单段的前端加上"/"时，该单段被忽略，不被执行。

4. 尺寸功能

尺寸功能格式：轴的地址＋移动值。

尺寸功能定义了刀具的移动，由移动轴的地址及移动值组成。X100.0 表示沿 X 轴方向移动，移动的值的变化取决于是绝对编程还是相对编程。小数点的位数与机床的数控装置最小取值有关。

5. 准备功能（G）

准备功能格式：G □□，功能编号 2 位（0～99）。

准备功能是建立机床或控制数控系统工作方式的一种指令。表 1-3 为 FANUC-0i MA 数控铣削系统的准备功能 G 指令。表 1-4 为 FANUC 0-TD 系统常用的 G 指令。

表 1-3　FANUC-0i MA 数控铣削系统的准备功能 G 指令

G 代码	组别	功　能	附注
＊G00	01	快速定位	模态
G01		直线插补	模态
G02		顺时针圆弧插补	模态
G03		逆时针圆弧插补	模态
G04	00	暂停	非模态
＊G10		数据设置	模态
G11		数据设置取消	模态
G15	17	极坐标指令消除	模态
G16		极坐标指令	
＊G17	02	XY 平面选择	模态
G18		ZX 平面选择	模态
G19		YZ 平面选择	模态
G20	06	英制（in）输入	模态
＊G21		公制（mm）输入	
＊G22	04	行程检查功能打开	模态
G23		行程检查功能关闭	
G27	00	返回参考点检查	非模态
G28		返回参考点	
G31		跳步功能	
G33	01	螺纹切削	模态
＊G40	07	刀具半径补偿取消	模态
G41		刀具半径左补偿	
G42		刀具半径右补偿	

续表

G 代码	组别	功　　能	附注
G43 G44 * G49	08	刀具长度正补偿 刀具长度负补偿 刀具长度补偿取消	模态
* G50 G51	11	比例缩放取消 比例缩放有效	模态
G52 G53	00	局部坐标系设定 选择机床坐标系	非模态
* G54 G55 G56 G57 G58 G59	14	选择工件坐标系 1 选择工件坐标系 2 选择工件坐标系 3 选择工件坐标系 4 选择工件坐标系 5 选择工件坐标系 6	模态
G65	00	宏程序调用	非模态
G66 * G67	12	宏程序模态调用 宏程序模态调用取消	模态
G68 * G69	16	坐标旋转有效 坐标旋转取消	模态
G73 G74 G76	09	高速深孔往复排屑循环（啄式进给，回退 d，快速退刀）	非模态
		攻左旋螺纹循环（进给进刀，暂停主轴正转，进给退刀）	非模态
		精镗循环（切削进给，主轴定向停止，刀具移位，快速退刀）	非模态
* G80	09	钻孔固定循环取消	模态
G81		钻孔循环（切削进给，无暂停，快速退刀）	模态
G82		镗阶梯孔（切削进给，有暂停，快速退刀）	模态
G83		深孔往复排屑钻循环（啄式进给后退回 R 点平面，快速退刀）	模态
G84		攻右旋螺纹循环（进给进刀，暂停主轴反转，进给退刀）	模态
G85		镗孔循环（进给进刀，无暂停，进给退刀）	模态
G86		镗孔循环（切削进给，主轴不定向停止，快速退刀）	模态
G87		背镗循环（切削进给，主轴不定向停止，快速退刀）	模态
G88		镗孔循环（切削进给，主轴不定向停止，手动退刀）	模态
G89		镗阶梯孔循环（进给进刀，有暂停，进给退刀） 镗孔循环	模态
* G90 G91	03	绝对坐标编程 增量坐标编程	模态

续表

G 代码	组别	功　　能	附注
G92	00	设定工件坐标系统	模态
＊G94 G95	05	每分钟进给 每转进给	模态
G96 ＊G97	13	恒线速控制 恒线速控制取消	模态
＊G98 G99	10	固定循环返回到初始点 固定循环返回到 R 点	模态

注：＊对应的准备功能 G 指令代表系统上电默认状态。

表 1-4　FANUC 0-TD 系统常用的 G 指令

G 代码	组别	功　　能
G00	01	定位（快速移动）
G01		直线切削
G02		顺时针切圆弧（CW）
G03		逆时针切圆弧（CCW）
G04	00	暂停（Dwell）
G09		停于精确的位置
G20	06	英制输入
G21		公制输入
G22	04	内部行程限位（有效）
G23		内部行程限位（无效）
G27	00	检查参考点返回
G28		参考点返回
G29		从参考点返回
G30		回到第二参考点
G32		切螺纹
G40	07	取消刀尖半径偏置
G41		刀尖半径偏置（左侧）
G42		刀尖半径偏置（右侧）
G50	00	修改工件坐标；设置主轴最大的转速（r/min）
G52		设置局部坐标系
G53		选择机床坐标系

G 代码	组别	功　能
G54	12	工件坐标系偏置 1
G55		工件坐标系偏置 2
G56		工件坐标系偏置 3
G57		工件坐标系偏置 4
G58		工件坐标系偏置 5
G59		工件坐标系偏置 6
G70	00	精加工循环
G71		内外径粗切循环
G72		台阶粗切循环
G73		成形重复循环
G74		Z 向步进钻削
G75		X 向切槽
G76		切螺纹循环
G80		取消固定循环
G83	10	钻孔循环
G84		攻螺纹循环
G85		正面镗孔循环
G87		侧面钻孔循环
G88		侧面攻螺纹循环
G89		侧面镗孔循环
G90	01	(内外直径) 切削循环
G92		切螺纹循环
G94		(台阶) 切削循环
G96	12	恒线速度控制
G97		恒线速度控制取消
G98	05	每分钟进给率
G99		每转进给率

　　G 代码可分成两类：单（非）模态和模态，见表 1-5。

　　模态指令又称续效指令，是指在同一个程序中，在前程序段中出现，对后续程序段保持有效，此时在后程序段中可以省略不写，直到需要改变工作方式时，指令同组其他 G 指令时才失效。另外所有的 F、S、T 指令和部分 M 代码都属模态指令。

表 1-5　单（非）模态和模态的类型和意义

类　型	意　　义
单模态 G 代码	G 代码仅在所在的单段有效
模态 G 代码	G 代码一直有效，直到同组的其他 G 代码被使用

例如，下面的 O3002 与 O3003 程序功能完全相同，但 O3002 程序清晰明了，避免了大量指令的重复。

```
O3002;
N20G54G00X10. Y-20. Z30. M03S950;
N030 Z2.;
N040 G01Z-5. F200;
N050 G42Y0X0D01;
N060 Y50.;
N070 X-80.;
N080 Y0;
N090 X20.;
N100 G00G40X100. Y150. Z50.;
N150 M05;
N160 M30;
```

等同于

```
O3003;
N010 G40G49G21G17G80 ;
N20G54G00X10. Y-20. Z30. M03S950;
N030 G00 X10. Y-20. Z2.;
N040 G01 X10. Y-20. Z-5. F200;
N050 G01 G42Y0X0 Z-5. D01 F200 ;
N060 G01 X0 Y50. F200;
N070 G01 X-80 . Y50. F200 ;
N080 G01 X-80 . Y0 F200 ;
N090 G01 X20. Y0 F200 ;
N100 G00G40X100. Y150. Z50.;
N150 M05;
N160 M30;
```

非模态指令是指只在本程序段中有效，下一程序段需要时必须重写，如表 1-3 中 00 组中的 G04 暂停、G28 参考点、G92 设工件坐标系等指令属非模态指令。

6. 辅助功能

辅助功能格式：M□□，功能编号 2 位（0～99）。

辅助功能定义了主轴旋转的启动、停止，切削液的开、关等。表 1-6 为 FANUC-0i-MA 数控系统常用的辅助功能 M 代码及其功能。

表 1-6　FANUC-0i-MA 数控系统常用的辅助功能 M 代码及其功能

M 代码	功　　能	附　　注
M00	程序暂停	非模态
M01	程序选择停止	非模态
M02	程序结束	非模态
M03	主轴顺时针旋转	模态
M04	主轴逆时针旋转	模态
M05	主轴停止旋转	模态
M06	换刀（加工中心）	非模态
M08	切削液打开	模态

续表

M 代码	功 能	附 注
M09	切削液关闭	模态
M30	程序结束并返回	非模态
M98	子程序调用	模态
M99	子程序调用返回	模态

（1）程序暂停 M00。

M00 程序自动运行停止，模态信息保持不变。按下机床控制面板上的循环启动键，程序继续向下自动执行。

（2）程序选择停止 M01。

M01 与机床控制面板上 M01 选择按钮配合使用。按下此按钮，程序即暂停。如果未按下选择按钮，则 M01 在程序中不起任何作用。

（3）程序结束 M02、M30。

M02：程序结束，主轴运动、切削液供给等都停止，机床复位。若程序再次运行，需要手动将光标移动到程序开始。

M30：程序结束，光标返回到程序的开头，可直接再次运行。

（4）主轴顺时针旋转 M03、主轴逆时针旋转 M04。

该指令使主轴以 S 指令的速度转动。M03 顺时针旋转，M04 逆时针旋转。

（5）主轴停止旋转 M05。

M05 使主轴停止转动。

（6）刀具交换指令 M06。

M06 用于加工中心的换刀。

（7）切削液开、关 M08、M09。

M08 开启切削液，M09 停止切削液供给。

（8）调用子程序 M98。

（9）子程序返回 M99。

数控系统允许在一个程序段中最多指定三个 M 代码。但是 M00 、M01、M02、M30、M98 、M99 不得与其他 M 代码一起指定，这些 M 代码必须在单独的程序段中指定。

7. 切削进给速度 F，主轴回转数 S

切削进给速度格式：F □□□□，切削的进给速度，4 位以内。

F 代码可以用每分钟进给量（mm/min）和每转进给量（mm/r）来设定进给单位。准备功能 G94 设定每分钟进给量，G95 设定每转进给量。

主轴回转数格式：S □□□□，主轴的回转数，4 位以内。

主轴转速根据加工需要有两种转速单位设定：用 G97 指令指定为每分钟多少转，单位是 r/min；用 G96 指令指定为线速度，每分钟多少米，单位是 m/min。

8. 刀具功能 T

数控机床加工需要配备多种刀具，数控车床和加工中心可以通过自动换刀装置实现刀具的更换。因此在数控程序中，必须有一个专用的刀具功能即 T 功能。加工中心和数控车床使用的 T 功能差别比较显著：对于数控车床，T 功能控制刀具偏置号和对刀座号的索引；对加工中心，T 功能仅控制刀具号。在第 2 章及第 3 章将分别针对数控铣床和数控车床的刀具功能进行详细讲解。

1.3.3　子程序

如果程序包含固定的加工路线或多次重复的图形，那么这样的加工路线或图形可以编成单独的程序作为子程序。这样在工件上不同的部位实现相同的加工，或在同一部位实现重复加工，大大简化了编程。

子程序作为单独的程序存储在系统上时，任何主程序都可调用，最多可调用 999 次。

当主程序调用子程序时，该子程序被认为是一级子程序，在子程序中可再调用下一级的另一个子程序，子程序调用可以嵌套 4 级，如图 1.10 所示。

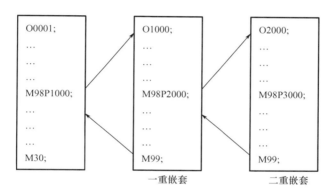

图 1.10　程序嵌套

1. 子程序的结构

子程序与主程序一样，也由程序名、程序内容和程序结束指令三部分组成。子程序与主程序唯一的区别是结束符号不同，子程序用 M99 结束，而主程序用 M30 或 M02 结束。

例如：

O1000　　　　　子程序名

N010　　　　　程序段

……

M99;　　　　　子程序结束

M99 指令为子程序结束，并返回主程序在开始调用子程序的程序段 "M98 P__" 的下一程序段，继续执行主程序。M99 可不必作为独立的程序段指令，如 X100.0 Y100.0 M99;也是可以的。

2. 子程序调用格式

（1）M98 P ×××□□□□。

×××表示子程序被重复调用的次数，□□□□表示调用的子程序名（数字）。

例如：M98　P51234；表示调用子程序 O1234 重复执行 5 次。

当子程序调用一次时，调用次数可以省略不写，如 M98　P1010；表示调用程序名为 O1010 的子程序一次。

（2）有些系统用以下格式来调用子程序。

M98 P××××L□□

××××表示子程序名，□□表示子程序调用次数，如 P1L2；表示调用程序名为 O0001 的子程序 2 次。

3. 子程序使用注意事项

（1）在主程序中，如果执行 M99 指令，控制回到主程序的开头。

如图 1.11 所示，当单段插入主程序适当位置时，选择性单段跳跃在 OFF，会执行 M99，控制回到主程序的开头，再度执行主程序。

如果选择性单段跳跃在 ON，"/M99"被省略，控制进入下一个单段。如果插入 "/M99Pn；"控制不回到主程序的开头，而是回到序号"n"的单段，回到序号"n"的处理时间较回到程序的开头长。

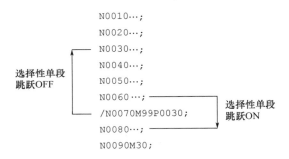

图 1.11　选择性单段跳跃在程序中的应用

（2）在子程序的最后一个单段用 P 指定序号（图 1.12），子程序不回到主程序中呼叫子程序的下一个单段，而是回到 P 指定的序号。返回到指定单段的处理时间通常比回到主程序的时间长。

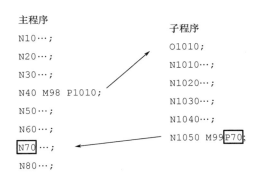

图 1.12　子程序返回到指定的单段

1.4 数控加工工艺设计

1.4.1 数控加工工艺的特点

1. 数控加工工艺的特点

数控加工工艺设计是数控加工中的重要环节，处理效果关系到所编制零件加工程序的正确性与合理性，其工艺方案直接影响数控加工的质量、效益及程序编制的效率。

数控加工工艺的主要特点如下。

（1）数控加工工艺内容十分明确而且具体，工艺设计工作相当准确而且严密。

由于采用数控机床加工具有加工工序少、所需专用工装数量少等特点，因此数控加工的工序内容一般要比普通机床加工的工序内容复杂。从编程来看，编制数控加工的工艺规程要比编制普通机床加工的工艺规程复杂。在编制普通机床的加工工艺中不必考虑的问题（如工序内工步的安排、对刀点、换刀点及走刀路线的确定等问题），在编制数控加工工艺时都需认真考虑。

（2）数控加工的工序相对集中。

采用数控加工，工件在一次装夹下能完成钻、铰、镗、攻螺纹等多种加工，因此数控加工工艺具有复合性，也可以说数控加工工艺的工序把传统机加工工艺中的工序"集成"了，这使得零件加工所需的专用夹具数量大为减少，零件装夹次数及周转时间也大大减少，从而使零件的加工精度和生产效率有了较大的提高。

2. 数控加工工序的划分

数控加工中的工艺处理主要包括：数控加工的合理性分析、零件的工艺性分析、零件工艺过程的制订、零件加工工艺路线的确定、零件安装和夹紧方法的确定、选择刀具和切削用量及对刀点和换刀点的确定等。

数控加工工序的划分有以下几种方式。

（1）按粗、精加工划分工序，先粗后精。

在进行数控加工时，可根据零件的加工精度、刚度和变形等因素，遵循粗、精加工分开原则来划分工序，即先进行粗加工，全部完成之后，再进行半精加工、精加工。

（2）按所用刀具划分工序。

为减少换刀次数、节省换刀时间，应将需用同一把刀加工的加工部位全部完成后再换另一把刀来加工其他部位。同时应尽量减少空行程，用同一把刀加工工件的多个部位时，应以最短的路线到达各加工部位。

（3）按定位方式划分工序，工序可以最大限度集中。

一次装夹应尽可能完成所有能够加工的表面加工，以减少工件装夹次数、减少不必要的定位误差。例如，对同轴度要求很高的孔系，应在一次定位后，通过换刀完成该同轴孔系孔的全部加工，然后加工其他坐标位置的孔，以消除重复定位误差的影响，提高孔系的同轴度。

（4）按加工部位划分工序。

若零件加工内容较多，构成零件轮廓的表面结构差异较大，可按其结构特点将加工部位分为几个部分，如内形、外形、曲面或平面等，分别进行加工。

3. 工步的划分

数控加工工步的划分主要从加工精度和效率两方面考虑。

（1）"先粗后精"。

对于同一加工表面，应按"粗→半精→精"加工顺序依次完成，或全部加工表面按先粗后精分开进行，以减少热变形和切削力变形对零件的形状、位置精度、尺寸精度和表面粗糙度的影响。若加工尺寸精度要求较高时，可采用前者，若加工表面位置精度要求较高，可采用后者。

（2）"先面后孔"。

对既有表面又有孔需加工的箱体类零件，为保证孔的加工精度，应先加工表面后加工孔。

（3）"先内后外"。

对既有内表面又有外表面需加工的零件，通常应安排先加工内表面（内腔）后加工外表面（外轮廓），即先进行内、外表面粗加工，后进行内、外表面精加工。

1.4.2 粗、精加工的工艺选择

按加工阶段划分，数控加工也分为粗加工、半精加工和精加工。不同加工阶段的所用刀具、加工路径、切削用量及进刀方式也不尽相同。

1. 刀具的选用

刀具选择总的原则是安装调整方便、刚性好、耐用度和精度高。在保证安全和满足加工要求的前提下，尽量选择较短的刀柄，以提高刀具加工的刚性。

在数控铣削加工中，最常用的刀具类型有球头铣刀、平底铣刀和圆角铣刀，如图 1.13 所示。图中 O 点为数控编程中表示刀具编程位置的坐标点，即刀位点。球头铣刀具有曲面加工量少、表面质量好等特点，在复杂曲面加工中应用普遍，但其切削能力较差，越接近球头底部切削条件越差；平底铣刀是平面加工中的常用刀具之一，具有成本低、端刃强度高等特点；圆角铣刀具有前两者共同的特点，广泛用于粗、精铣削加工中。

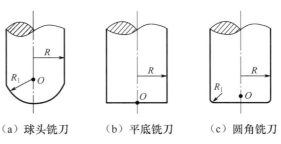

（a）球头铣刀　　　（b）平底铣刀　　　（c）圆角铣刀

图 1.13　常用铣削刀具类型

粗加工的任务是从被加工工件毛坯上切除绝大部分多余材料，通常所选择的切削用量较大，刀具所承担负荷较重，要求刀具的刀体和切削刃均具有较好的强度和刚度。因而粗

加工一般选用平底铣刀，刀具的直径尽可能选大，以便加大切削用量、提高粗加工生产效率。

精加工的主要任务是最终获得所需的加工表面，并达到规定的表面质量和精度要求。通常精加工选择的切削用量较小，刀具所承受的负荷轻，其刀具类型主要根据被加工表面的形状要求而定。在满足要求的情况下，优先选用平底铣刀。另外刀具的耐用度和精度与刀具价格关系极大，必须引起注意的是，在大多数情况下选择好的刀具，虽然增加了刀具成本，但由此带来的加工质量和加工效率的提高，则可以使整个加工成本大大降低。

在经济型数控加工中，由于刀具的刃磨、测量和更换多为人工手动进行，占用辅助时间较长，因此必须合理安排刀具的排列顺序。一般应遵循以下原则：①尽量减少刀具数量；②一把刀具装夹后应完成其所能进行的所有加工部位；③粗、精加工的刀具应分开使用，即使是相同尺寸规格的刀具；④先铣后钻；⑤先进行曲面精加工，后进行二维轮廓精加工；⑥在可能的情况下应尽量利用数控机床的自动换刀功能，以提高生产效率等。

2. 加工路径的选择

粗加工铣削平面时，刀具的加工路径一般选择单向切削，即刀具始终保持一个方向切削加工，当刀具完成一行加工后提拉至安全平面，然后快速运动到下一行的起始点后落刀再进行下一行的加工。因为粗加工时切削量较大，切削状态与用户选择的顺铣或逆铣方式有较大的关系，单向切削可保证切削过程稳定。为了缩短刀具在每行切削后向上提拉的空行程，可根据加工的部位适当改变安全平面的高度。

精加工切削力较小，对顺铣、逆铣方法不敏感，因而精加工的加工路径一般可以采用双向切削，这样可大大减少空行程，提高切削效率。

3. 加工进刀方式的选择

粗、精加工对进刀方式选择的出发点是不相同的。粗加工选择进刀方式主要考虑的是刀具切削刃的强度；而精加工考虑的是被加工工件的表面质量，不至于在被加工表面留下进刀痕。

对于粗加工，由于除键槽铣刀端部切削刃过刀具中心之外，其余刀具端面刀刃切削能力较差，尤其刀具中心处没有切削刃，根本没有切削能力。因此必须重视粗加工时进刀方式的选择，以免损伤工件和机床。对于外轮廓的粗加工刀具的起刀点，应放在工件毛坯的外部，逐渐向毛坯里面进刀；对于型腔的加工，可事先预钻工艺孔，以便刀具落在合适的高度后再进行进给加工；也可以让刀具以一定的斜角或螺旋切入工件。

1.4.3 加工路线的确定及优化

1. 加工路线的确定

加工路线是指数控加工中刀具刀位点相对于被加工工件的运动轨迹和方向，即刀具从对刀点开始运动起，直至结束加工程序所经过的路径，包括切削加工的路径及刀具引入、返回等非切削空行，因此又称走刀路线，是编制程序的依据之一。加工路线直接影响刀位点的计算速度、加工效率和表面质量。加工路线的确定主要依据以下原则。

（1）保证被加工零件获得良好的加工精度和表面质量。

（2）尽量使加工路线最短，以减少空程时间，提高加工效率。

（3）使数值计算方便，减少刀位计算工作量，减少程序段，提高编程效率。

图1.14所示型腔加工的3种加工路线中：图1.14（a）所示为行切法，加工路线最短，其刀位计算简单，程序量少，但每一条刀轨的起点和终点会在型腔内壁上留下一定的残留高度，表面粗糙度差；图1.14（b）所示为环切法，加工路线最长，刀位计算复杂，程序段多，但内腔表面加工光整，表面粗糙度最好；图1.14（c）所示的加工路线长度介于前两者之间，可综合行切法和环切法两者的优点且表面粗糙度较好，获得较好的编程和加工效果。因此，对于图1.14（b）、图1.14（c）两种路线，通常选择图1.14（c），而图1.14（a）由于加工路线最短，适用于对表面粗糙度要求不太高的粗加工或半精加工。此外，采用行切法时，需要用户给定特定的角度以确定走刀的方向，一般来讲走刀角度平行于最长的刀具路径方向比较合理。

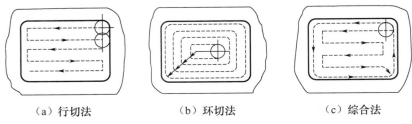

（a）行切法　　　　　　　（b）环切法　　　　　　　（c）综合法

图1.14　型腔加工的3种走刀路线

摆线铣

因此，在数控编程时，应根据被加工面的形状、加工精度要求，合理地选择走刀方向、加工路线，以保证加工精度和加工效率。

2. 加工路线的优化

如果一个工件上有许多待加工的对象，如何安排各个对象的加工次序以便获得最短的刀具运动路线，这便是加工路线的优化问题，如孔系的加工，可通过优化确定各孔加工的先后顺序，以保证刀具运动路线最短。

坡走铣

3. 切削用量的选择

切削用量包括切削深度和宽度、主轴转速及进给速度。一般情况下，数控加工切削用量的选择原则与普通机床的相同：粗加工时，一般以提高生产效率为主；半精加工和精加工时，应在保证加工质量的前提下，兼顾切削效率和生产成本。切削用量的选择必须注意：保证零件加工精度和表面粗糙度；充分发挥刀具切削性能，保证合理的刀具耐用度；充分发挥机床的性能；最大限度提高生产率、降低生产成本。

切削参数具体数值应根据数控机床使用说明书，切削原理中规定的方法并结合实践经验加以确定。切削深度由机床、刀具和工件的刚度确定。粗加工时应在保证加工质量、刀具耐用度和机床—夹具—刀具—工件工艺系统的刚性所允许的条件下，充分发挥机床的性能和刀具切削性能，尽量采用较大的切削深度、较少切削次数，得到精加工前的各部分余量尽可能均匀的加工状况，即粗加工时可快速切除大部分加工余量，尽可能减少走刀次数，缩短粗加工时间；精加工时主要保证零件加工的精度和表面质量，故通常取较小切削深度，零件的最终轮廓应由最后一刀连续精加工而成。主轴转速由机床允许的切削速度及工件直径选取。进给速度则按零件加工精度、表面粗糙度要求选取，粗加工取较大值，精加工取较小值，最大进给速度则受机床刚度及进给系统性能限制。需要特别注意：①当进给速度选择过大时，则加工带圆弧或带拐角的内轮廓易产生过切现象，加工外轮廓则易产生欠切现象；②当切削深度、进给速度大而系统刚性差时，则加工外轮廓易产生过切，加工内轮廓易产生欠切现象。

4. 对刀点、换刀点的设置

编程过程中，必须正确地选择对刀点和换刀点的位置。所谓对刀点就是在数控机床上加工零件时，刀具相对于工件运动的起点。由于程序是从对刀点开始执行，因此对刀点又称程序起点或起刀点。选择对刀点遵循以下原则。

（1）便于在机床上找正和检查。

（2）便于进行数字处理和简化编程。

（3）对加工精度影响要小。

对刀点无论是选择在工件上还是选择在工件外面，都必须与零件的定位基准有确定的尺寸关系。如图 1.15 所示，对刀点相对于机床原点为（X_0，Y_0），相对于工件原点为（X_1，Y_1），据此便可明确地表示出机床坐标系、工件坐标系和对刀点之间的位置关系。对刀点既是程序的起点又是程序的终点。因此在成批生产中要考虑对刀点的重复精度，这个精度依靠对刀点相距机床原点的坐标来保证。

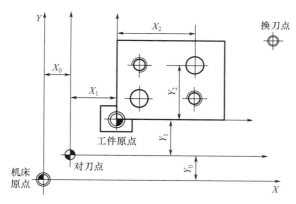

图 1.15 对刀点与换刀点

在实际切削中，往往需要使用多把刀具，这时就要设置换刀点。换刀点则是指加工过程中需要换刀时刀具的相对位置点。换刀点往往设在工件的外部，以能顺利换刀、不碰撞工件和其他部件为准。如在铣床上，常以机床参考点为换刀点；在加工中心上，以换刀机械手的固定位置点为换刀点；在车床上，则以刀架远离工件的行程极限点为换刀点。选取的这些点，都是便于计算的相对固定点。

1.4.4　数控加工刀具

数控加工刀具可以分为常规刀具和模块化刀具两大类。目前模块化刀具已经成为数控刀具的发展趋势，主要原因如下。

（1）模块化刀具可以缩短换刀及安装时间，减少换刀等待时间，提高生产效率。

数控加工
刀具

（2）模块化刀具提高了刀具的标准化、合理化程度。

（3）模块化刀具提高了刀具的管理和柔性加工水平。

（4）模块化刀具有效消除了刀具测量的中断现象，可以采用线外预调。

基于模块化刀具的发展，数控加工刀具形成了三大系统，即车削刀具系统、镗铣刀具系统和钻削刀具系统（相对简单，详细资料请自行参考刀具手册）。

1. 车削刀具

数控车床使用的刀具可分为外圆车刀、内孔车刀、螺纹车刀、切槽刀等。图 1.16 所示为常用焊接式硬质合金车刀的种类、形状与用途。图 1.17 所示为可转位车刀的种类、形状与用途。

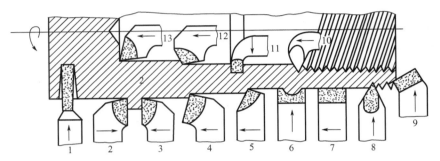

1—切断刀；2—90°左偏刀；3—90°右偏刀；4—弯头车刀；5—直头车刀；
6—成形车刀；7—宽刃精车刀；8—外螺纹车刀；9—端面车刀；
10—内螺纹车刀；11—内槽车刀；12—通孔车刀；13—盲孔车刀

图 1.16　常用焊接式硬质合金车刀的种类、形状与用途

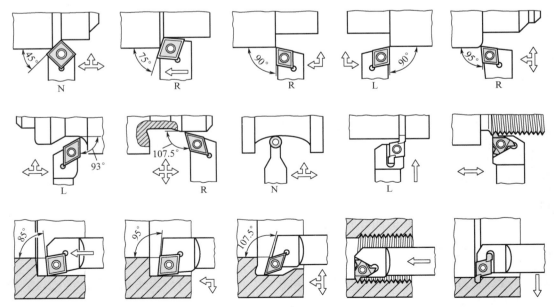

图 1.17　可转位车刀的种类、形状与用途

（1）可转位刀片。

可转位刀片分为正前角基本形状刀片和负前角基本形状刀片，如图1.18所示。可转位刀片有带断屑槽的和无断屑槽的。

（2）刀片的选择。

① 刀片形状。如图1.19所示，应针对刀具所需的主偏角可达性选择刀片形状。应采用尽可能大的刀尖角以保证刀片强度和可靠性。

数控车刀

外圆车刀
安装

外圆车刀更
换刀片（P型
夹紧）

（a）正前角基本形状刀片

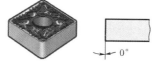

（b）负前角基本形状刀片

图 1.18　可转位刀片

大刀尖角强度高，但需要较高的机床功率并易产生振动；小刀尖角刚性差，但切削刃吃刀较小，这使得切削刃对热量的影响更敏感。刻度1指示切削刃强度：越往左侧，刀尖角越大，强度越高，越往右侧，刀片的多样性和可达性越好。刻度2指示切削的振动趋势：往左侧振动趋势增加，往右侧所需的功率减少。

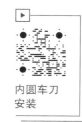

内圆车刀
安装

螺纹、切槽
刀片安装

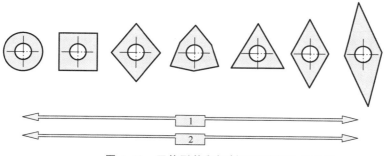

图 1.19　刀片形状和切削刃强度振动的关系

② 刀片形状选择的影响因素。刀片形状选择的影响因素见表1-7，80°刀尖角（C型刀片）的菱形刀片具有切削应用的多面性，经常被使用，因为它是所有刀片形状的一个有效的折中，并可适用于大多数工序。

③ 刀片形状——切削刃数。刀片上切削刃数随刀片和刀尖角的选择而变（图1.20）。负前角基本形状刀片的切削刃数通常是正前角刀片的两倍。

在重载粗加工中，一般使用单面负前角基本形状刀片，以获得最佳稳定性，而对于其他粗加工工序，一般使用双面负前角基本形状刀片，其切削刃数是单面负前角基本形状刀片的两倍。切削刃数最多的刀片是圆刀片。

表 1－7　刀片形状选择的影响因素

基本形状名称，刀尖角	R 90° ○	S 90° □	C 80°	W 80°	T 60°	D 55°	V 35°
粗加工（强度）	●	●	●	○	○		
轻型粗加工/半精加工（切削刃数）		○	●	●	●	●	
精加工（切削刃数）			○	○	●	●	●
纵向车削（进给方向）			●	○	○	●	●
仿形切削（接近能力）			○	○		●	●
车端面（进给方向）	○	●	●	●	○	○	
操作多样性	○	●	●	○	○	●	○
机床功率受限			○	○	●	●	●
振动趋势				○	●	●	●
硬材料	●	●					
间断加工	●	●	○	○	○		
大主偏角			●	●		●	
小主偏角	●	●		●	●		

注：●表示最适用；○表示适用。

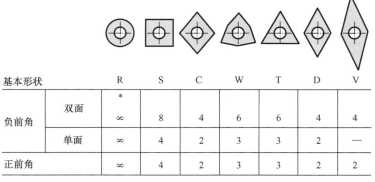

基本形状		R	S	C	W	T	D	V
负前角	双面	*∞	8	4	6	6	4	4
	单面	∞	4	2	3	3	2	—
正前角		∞	4	2	3	3	2	2

注：＊表示切削刃数由切削深度与刀片尺寸的关系而定。

图 1.20　刀片的切削刃数

（3）刀片与刀杆的固定方式。

通常有螺钉式压紧、上压式压紧、杠杆式压紧和综合式压紧等几种，如图 1.21～图 1.24 所示。

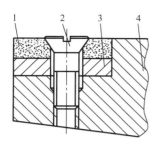

1—刀片；2—螺钉；3—刀垫；4—刀体

图 1.21　螺钉式压紧

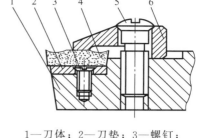

1—刀体；2—刀垫；3—螺钉；
4—刀片；5—压紧螺钉；6—压板

图 1.22　上压式压紧

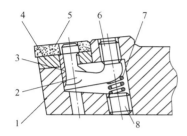

1—刀体；2—杠杆；3—弹簧套；4—刀垫；
5—刀片；6—压紧螺钉；7—调整弹簧

图 1.23　杠杆式压紧

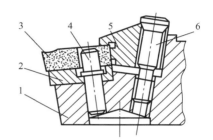

1—刀体；2—刀垫；3—刀片；4—圆柱销；
5—压块；6—压紧螺钉

图 1.24　综合式压紧

（4）可转位车刀的选择过程。

数控车床刀具的选择从以下七个方面进行，见表 1-8。

表 1-8　数控车床刀具的选择

序号	项　　目	说　　明
1	刀片夹持系统	刀片夹持系统的选择直接影响刀具的寿命及性能。 ① 大直径工件使用负前角刀片，小直径和内径镗削工序使用正前角刀片； ② 使用负前角刀片和正前角刀片对应的刀杆及夹紧系统，以使刀片精确定位和可靠夹紧
2	刀柄的尺寸和形式	刀柄尺寸选择准则：根据机床刀塔结构选择最大的尺寸。刀柄主偏角的选择准则：在工艺许可的情况下，尽量选择小的主偏角
3	刀片的外形	参考表 1-7
4	刀尖圆弧角的大小	刀尖圆弧角的大小将影响粗加工时的刀尖强度，精加工时的表面粗糙度
5	刀片断屑槽的形式	根据切削深度和进给量确定刀片断屑槽形式
6	刀片材料	根据被加工工件材质、形式确定刀片材质
7	切削数据	查厂家提供的刀具手册

数控铣刀具
安装

2. 铣削刀具

（1）数控铣削刀具的应用。

数控铣床上所采用的刀具要根据被加工零件的材料、几何形状、加工精度和表面质量要求、热处理状态、切削性能及加工余量等，选择刚性好、耐用度高的刀具。根据刀具的加工对象，以及被加工零件的几何形状，数控铣削刀具的应用见表1-9。

表1-9 数控铣削刀具的应用

铣削	铣刀应用
方肩面铣	
面铣	
仿形铣	
槽铣和螺纹铣	
孔和型腔铣	

（2）数控铣削刀具的类型。

刀具分为铣刀类型、孔和型腔类刀具。铣刀类型刀具主要包括：曲面、大平面、小平面、台阶面、轮廓、槽等形状加工刀具；孔和型腔类刀具主要包括：钻、粗镗、铣、精镗、铰、倒角、螺纹加工刀具。有些刀具既可以是铣刀类型刀具，也可以是孔和型腔类刀具。图1.25所示为铣削刀具对孔和型腔的加工。

1—两轴坡走铣（直线）；2— 三轴坡走铣（螺旋）；3— 扩孔；4— 外圆铣削/三轴坡走铣；
5— 插铣；6— 啄铣；7—切片铣方法；8—封闭凹窝/锐角

图 1.25　铣削刀具对孔和型腔的加工

数控铣床使用的刀具材料主要是各类硬质合金（具有高的耐用度）。刀具结构方面，数控铣床主要采用机夹可转位刀具。表1-10为数控铣床常用铣削刀具选用的影响因素。

表 1-10　数控铣床常用铣刀选用的影响因素

考虑因素	面铣刀				立铣刀					插铣刀具	三面刃铣刀
	圆刀片	高进给	45°	90°	圆刀片	90°	球头	长切削刃	整体硬质合金		
所需功率	++	++	++	+++	+++	+++	+++	++	+++	++	+++
扭矩	++	++	++	+++	+++	+++	+++	++	+++	++	+
表面质量	+	+	+++	++	+	++	++	++	+++	+	+++
仿形铣削	+++					+	+++	+	+		
大悬伸	+++	+++	++	++	+++	+	++	+	++	+++	+
可达性	++		++	+++	++	+++	++	++	++	++	+
轴向切削	++	++	+	++	++	++	++	++	++		
切削深度	++	+	++	+++	++	+++	+++	+++	++	++	++
进给能力	+++	+++	++	+	++	++	++	+	+	+	++
$Q/(cm^3/min)$	++	+++	++	++	++	++	+	++	+	++	++

注：1. Q 为金属去除率。

2. ＋表示好；＋＋表示良好；＋＋＋表示极好。

（3）铣削刀具选择。

铣削刀具主要从以下几方面进行选择。

① 确定工序类型。首先确定铣削的方式：面铣、方肩铣、仿形铣、孔铣、槽铣，然后确定工序的类型。

② 确定材料。根据被加工工件的材料，确定刀具的材料：钢（P）、不锈钢（M）铸铁（K）、有色金属（N）、耐热合金和钛合金（S）、淬硬材料（H）。

③ 选择刀具。考虑生产效率、可靠性和质量的前提下，选择最合适的刀具类型和主偏角及相关的几何参数。

④ 选择齿距。选择刀具齿距及安装类型，在大悬伸和不稳定工况下使用疏齿铣刀。

⑤ 选择刀片。选择适合的刀片槽型。刀片槽型共分 3 种，轻型适用于低切削力、低功率的轻型切削；中等型是混合加工的首选；重载适用于有硬皮的铸、锻件粗加工，粗加工选择生产效率最佳的刀片。

⑥ 确定参数。不同材料的切削速度和进给量在参数表中都已明确，但必须根据机床和系统刚性等具体工作情况对参数进行优化。

习　题

一、填空题

1. 数控加工程序结构三要素是_____、加工程序段和_____。编程用工件坐标系，永远假定刀具围绕相对_____的工件运动。

2. 增量式位置反馈系统的数控机床返回参考点后，机床坐标系中显示的坐标值均为零，说明机床原点与机床参考点_____。

3. 手工数控编程主要由_____、_____、_____、_____、_____、_____ 6 个步骤组成，其中_____这一步骤说明，不会操作加工不可能编制出正确、合理的数控加工程序。

4. 数控机床的进给单位速度包括_____和_____。

5. 数控机床中的标准坐标系采用_____，并规定_____刀具与工件之间距离的方向为正方向。

二、简答题

1. 何谓模态和非模态 G 代码？

2. 数控加工工艺与普通加工工艺有何异同？

3. 数控铣床 X、Y、Z 三坐标轴和 A、B、C 分度轴是如何判定的？

4. 工件坐标系原点确定的主要方法和依据是什么？

三、综合题

1. 叙述机床坐标原点（机械原点）与机床参考点之间的关系，工件坐标系与机床坐标系的关系。

2. 辅助功能中的 M00、M01、M02 和 M30 指令功能有何不同？各应用于哪些场合？

3. 叙述子程序的结构、调用、使用注意事项及场合。

4. 标注图 1.26 中所示数控机床的坐标轴名称和方向（用＋字母形式）。

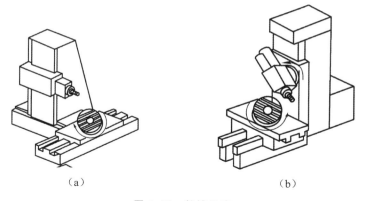

（a）　　　　　　　　　　　（b）

图 1.26　数控机床

5. 在（　　）中填入图 1.27 所示图形名称。

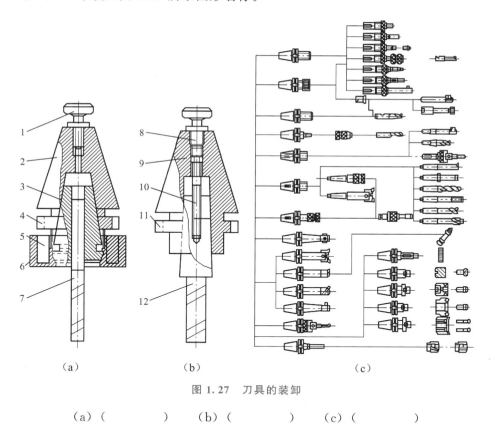

（a）　　　　　（b）　　　　　　　　（c）

图 1.27　刀具的装卸

（a）（　　　　　）　　（b）（　　　　　）　　（c）（　　　　　）

第2章
数控铣床和加工中心编程

 学习目标

1. 能够说明数控铣床和加工中心程序编制的基础和特点。
2. 能够运用数控铣床和加工中心的基本编程指令和固定循环功能，编写相应的数控程序。
3. 能够运用数控铣床和加工中心的刀具补偿和子程序功能，编写相应的数控程序。
4. 能够阐述数控铣床及加工中心的宏程序、高级编程指令及其应用场合。
5. 能够说明手工编制加工程序的基本方法和流程。

 教学要求

知识要求	相关知识	能力要求
能够说明数控铣床和加工中心程序编制的基础、特点及工艺	数控机床基础、机械制造技术基础	能够根据不同零件的工艺方案，编写和阅读相应的数控铣削程序
能够建立、调用数控铣床和加工中心机床坐标系、工件坐标系	右手笛卡儿数控机床坐标系	
能够运用数控铣床和加工中心的基本编程指令、固定循环功能、刀具补偿和子程序功能，编写相应的数控程序	数控铣床编程指令、加工中心换刀指令	
能够阐述数控铣床及加工中心的宏程序、高级编程指令及其应用场合	数控铣床高级编程指令、宏程序、编程中的数学处理	
能够说明数控机床坐标系原点与参考点的定义、区别及相互关系	数控机床坐标系的建立	

功能丰富的数控铣床和加工中心，在现代化的制造企业和先进的生产线上应用十分广泛。数控铣床和加工中心是十分高效的加工设备。数控铣床是在一般铣床的基础上发展起来的一种自动加工设备。数控铣床和一般铣床的加工工艺基本相同，结构也有些相似。数控铣床分为不带刀库和带刀库两大类。其中带刀库的数控铣床即加工中心。

2.1　数控铣床和加工中心编程基础简介

2.1.1　数控铣床和加工中心简介

1. 数控铣床

根据数控机床的用途进行分类，用于完成铣削加工或镗削加工的数控机床称为数控铣床。数控铣床根据主轴放置形式可分成立式、卧式和立卧两用3种形式。图2.1所示为立式数控铣床，图2.2所示为立式龙门数控铣床，图2.3所示为卧式数控铣床，图2.4所示为数控铣床立卧转换主轴头。

铣削零件加工实例

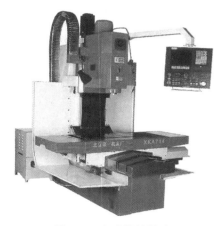

图2.1　立式数控铣床

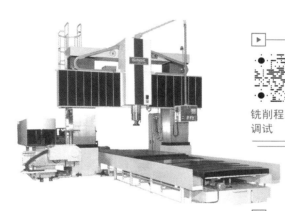

图2.2　立式龙门数控铣床

铣削程序调试

图2.3　卧式数控铣床

图2.4　数控铣床立卧转换主轴头

数控铣床操作面板功能键使用

数控铣床开机及原点复位

2. 加工中心

通常所指的加工中心是指带有刀库和刀具自动交换装置（Automatic Tool Changer，ATC）的数控铣床。同样，加工中心也可分成立式和卧式两种形式。图 2.5 所示为立式加工中心，图 2.6 所示为盘式刀库，图 2.7 所示为卧式加工中心，图 2.8 所示为链式刀库。

数控铣床手动控制

数控铣床工件安装

加工中心零件加工实例

五轴复合加工中心

图 2.5　立式加工中心

图 2.6　盘式刀库

图 2.7　卧式加工中心

图 2.8　链式刀库

3. 数控系统

目前，在数控铣床及加工中心上配置的主流数控系统有 FANUC（发那科）和 SIEMENS（西门子）等进口数控系统及 KND（北京凯恩帝）、HNC（华中）、GSK（广州数控）等国产数控系统。本章中均以 FANUC－0iM 数控系统为例进行编程。

2.1.2　数控铣床和加工中心的主要功能

各种类型数控铣床所配置的数控系统虽然各有不同，但各种数控系统的功能，除一些特殊功能不尽相同外，其主要功能基本相同。

1. 点位控制功能

点位控制功能可以实现对相互位置精度要求很高的孔系加工，如钻孔、镗孔、锪孔及攻螺纹等。

2. 连续轮廓控制功能

连续轮廓控制功能可以实现直线、圆弧的插补功能及非圆曲线的加工。

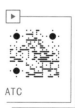

ATC

3. 刀具半径补偿功能

刀具半径补偿功能可以根据零件图样的标注尺寸来编程，而不必考虑所用刀具的实际半径尺寸，从而减少编程时的复杂数值计算。

4. 刀具长度补偿功能

刀具长度补偿功能可以自动补偿刀具的长短，适应加工中对刀具长度尺寸调整的要求。

工件自动
装夹

5. 比例及镜像加工功能

比例功能可以将编好的加工程序按指定比例改变坐标值来执行。镜像加工又称轴对称加工，如果一个零件的形状关于坐标轴对称，那么只要编出一个或两个象限的程序，其余象限的轮廓就可以通过镜像加工来实现。

6. 旋转功能

旋转功能可以将编好的加工程序在加工平面内旋转任意角度来执行。

托盘交换
系统

7. 子程序调用功能

有些零件需要在不同的位置上重复加工同样的轮廓形状，将这一轮廓形状的加工程序作为子程序，在需要的位置上重复调用，就可以完成对该零件的加工。

8. 宏程序功能

宏程序功能可用一个总指令代表实现某一功能的一系列指令，并能对变量进行运算，使程序更具灵活性和方便性。

回转交换式
APC

9. 数据输入输出及 DNC 功能

数据输入输出功能主要用来实现数控系统与相关设备之间的数据输入和输出，保证大的加工程序的执行。当程序过大、超过系统存储空间时，可以采用计算机直接控制数控加工模式，即 DNC（Distributed Numerical Control，分布数字控制或直接数字控制）功能。

10. 自诊断功能

自诊断是数控系统在运转中的自我诊断。自诊断功能是数控系统的一项重要功能，对数控机床的维修具有重要的作用。

移动交换式
APC

2.1.3　数控铣床和加工中心的工具系统

工具系统是刀具与数控铣床、加工中心的连接部分，通常由刀具、刀柄、拉钉及中间模块等组成，如图2.9所示，起到固定刀具及传递动力的作用。

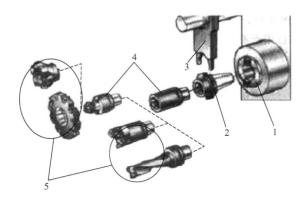

1—主轴；2—刀柄；3—换刀机械手；4—中间模块；5—刀具

图2.9　工具系统的组成

1. 刀柄

数控铣床和加工中心上使用的刀具种类繁多，而每种刀具都有其固定的结构和使用方法，要想实现刀具在主轴上的固定，必须有一个中间装置，该装置必须能够装夹刀具且实现主轴上准确定位，而这个中间装置就是刀柄。BT40刀柄如图2.10所示。

刀柄及其尾部供主轴内拉紧机构用的拉钉已实现标准化。目前，在我国经常使用的刀柄常分成BT、JT和ST等系列，这些系列的刀柄除局部槽的形状不同外，其余结构基本相同。数控铣床和加工中心刀柄一般采用7：24锥面与主轴锥孔配合定位，根据锥柄大端直径（D401）不同，数控刀柄又分成40、45和50等几种不同的锥度号，如BT/JT/ST50。而高速加工中心大多使用HSK系列的刀柄。

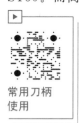

常用刀柄
使用

刀具安装

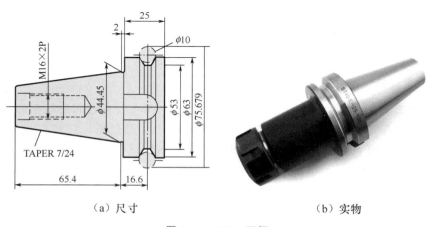

（a）尺寸　　　　　　　　（b）实物

图2.10　BT40刀柄

2. 拉钉

拉钉（图 2.11）已标准化，有 A 型和 B 型两种形式的拉钉，其中 A 型拉钉用于不带钢球的拉紧装置，而 B 型拉钉用于带钢球的拉紧装置。刀柄及拉钉的具体尺寸可查阅相关的标准。

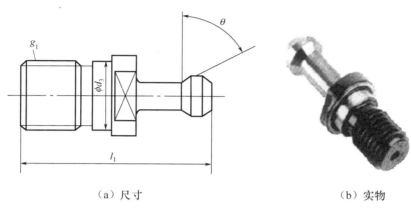

（a）尺寸　　　　　　　　　　　　　　　　　（b）实物

图 2.11　拉钉

3. 弹簧夹套及中间模块

如图 2.12 所示，弹簧夹套有两种，即 ER 弹簧夹套和 KM 弹簧夹套，前者用于切削力较小的场合，而后者多用于强力铣削的场合。

（a）ER弹簧夹套　　　　　　　　　　　（b）KM弹簧夹套

图 2.12　弹簧夹套

中间模块（图 2.13）是刀柄与刀具之间的中间连接装置，通过中间模块的使用，提高刀柄的通用性能。

（a）精镗刀中间模块　（b）扭力套攻螺纹夹套　　　（c）钻夹头接柄　　　　（d）莫式圆锥中间套

图 2.13　中间模块

4. 数控铣床和加工中心的刀具种类

数控铣床和加工中心的刀具种类很多，根据刀具的加工用途，可将刀具分为轮廓类加工刀具和孔类加工刀具等几种类型。刀具种类及适用范围如图 2.14 所示。

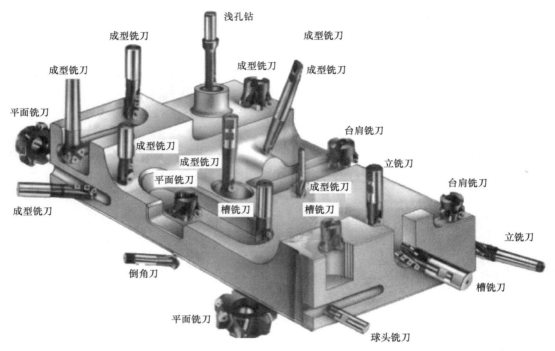

图 2.14　刀具种类及适用范围

2.1.4　数控铣床和加工中心的夹具

1. 平口钳和压板

平口钳具有较大的通用性和经济性，适用于较小的方形工件的装夹。

常见的螺旋夹紧式通用平口钳如图 2.15 所示。对于较大或者四周不规则的零件，无法采用平口钳或者其他夹具装夹时，可以直接采用压板（图 2.16，包括压板、垫铁、梯形螺母和螺栓等）及平板进行装夹。加工中心压板与平板的装夹通常采用 T 形螺母与螺栓的夹紧方式。

2. 卡盘和分度头

在数控铣床和加工中心上应用较多的是自定心卡盘和四爪卡盘。特别是自定心卡盘，由于其具有自动定心作用和装夹简单的特点，因此中小型圆柱形工件在数控铣床或者加工中心加工时，常采用自定心卡盘进行装夹。卡盘的夹紧有螺旋式、液压式或气动式等多种形式，如图 2.17 所示。

图 2.15　螺旋夹紧式通用平口钳

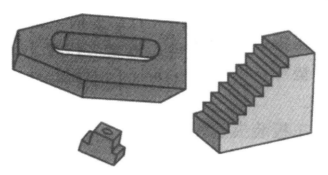

图 2.16　压板与平板

（a）螺旋式自定心卡盘　　　　（b）液压式自定心卡盘　　　　（c）气动式四爪卡盘

图 2.17　数控铣床和加工中心用卡盘

　　许多机械零件，如花键、齿轮等零件在加工中心加工时，常采用分度盘［图 2.18（a）］和分度头［图 2.18（b）］进行分度，从而加工出合格的零件。

（a）分度盘　　　　　　　　　　　　（b）分度头

图 2.18　分度盘和分度头

3. 专用夹具、组合夹具和成组夹具

　　中小批量工件在加工中心加工时，可采用组合夹具进行装夹。而大批量零件加工时，大多采用专用夹具或成组夹具进行装夹。

　　总之，在数控铣床和加工中心加工零件选择夹具时要根据零件精度等级、结构特点、产品批量及机床精度等因素综合考虑。选择顺序是首先考虑通用夹具，其次考虑组合夹具，最后考虑专用夹具、成组夹具。

2.1.5　数控铣床和加工中心进退刀路的工艺处理

1. 正确选择程序起始点和返回点

　　程序的起始点是指程序开始时，刀尖点初始的位置；程序的返回点是指程序执行完毕

时，刀尖点返回后的位置，一般指换刀点。

2．合理选择铣刀的刀位点

刀位点（图2.19）是指加工和编制程序时，用于表示刀具特征的点，也是对刀和加工的基准点。镗刀和车刀的刀位点，通常指刀具的刀尖；钻头的刀位点通常指钻尖；立铣刀、端面铣刀和键槽铣刀的刀位点指刀具底面的中心；而球头铣刀的刀位点指球头中心。

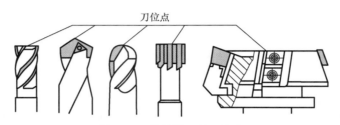

图 2.19　数控铣刀的刀位点

3．刀具的下刀方式

如图2.20所示，程序开始时刀尖一般在距离工件最高点之上50～100mm处的起始平面上，在此平面上刀具以G00速度运行。当刀具距离被加工表面3～5mm处（此平面称为安全平面或进刀平面）时，为了防止撞刀，应将速度转为工作进给速度（G01），在安全平面以下，刀具以工作进给速度一直切至切削深度。如果加工型腔，可在工件加工位置上方直接落刀（如果使用立铣刀，事先需要用钻头做好落刀孔，或者采用斜线、螺旋下刀）。

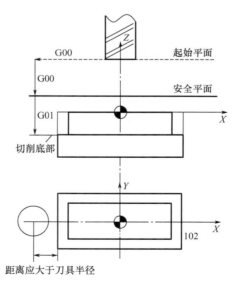

图 2.20　刀具的下刀方式

4．进刀、退刀方式的确定

对于铣削加工，刀具切入工件的方式不仅影响加工质量，同时直接关系到加工安全。对于二维轮廓的铣削加工常见的进刀、退刀方式有垂直进刀、侧向进刀和圆弧进刀等方式，如图2.21所示。对于二维型腔铣削的常见进刀、退刀方式有垂直进刀和圆弧进刀，如图2.22所示。垂直进刀路径短，但工件表面有接痕，常用于粗加工；侧向进刀和圆弧进刀工件加工表面质量高，多用于精加工。刀具从安全平面高度下降到切削高度时，应离开工件毛坯边缘一定距离，不能直接贴着被加工零件理论轮廓直接下刀，以免发生危险。下刀运动过程不要用快速（G00）运动，而要用（G01）直线插补运动。对于型腔的粗铣加工，一般应先钻一个工艺孔至型腔底面（留一定精加工余量）并扩孔，以便所使用的立铣刀能从工艺孔进刀进行型腔粗加工。然后可以选择立铣刀的螺旋下刀和斜线下刀方式来加工型腔。型腔粗加工方式一般为从中心向四周扩槽。

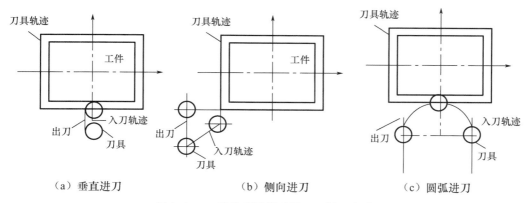

（a）垂直进刀　　　　　　（b）侧向进刀　　　　　　（c）圆弧进刀

图2.21　二维轮廓铣削的进刀、退刀方式

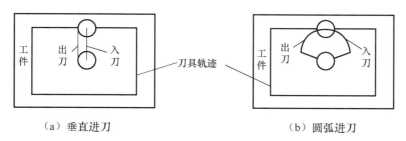

（a）垂直进刀　　　　　　　　　　　（b）圆弧进刀

图2.22　二维型腔铣削的进刀、退刀方式

2.1.6　数控铣床和加工中心的加工对象

1. 数控铣床的加工对象

根据数控铣床的特点，数控铣削的主要加工对象有以下几类。

（1）平面类零件。加工面平行或者垂直于水平面，或者加工面与水平面的夹角为定角的零件为平面类零件，如图2.23所示。这类零件的特点是各个加工面是平面或者可以展开成平面，加工时一般只需用三坐标数控铣床的两坐标或者两轴半联动即可加工出来。

（2）变斜角类零件。加工面与水平面的夹角呈连续变化的零件称为变斜角类零件，如图2.24所示，以飞机零部件常见。这类零件的特点是加工面不能展开成平面，加工中加工面与铣刀周围接触的瞬间为一条直线。对于此类零件一般采用四坐标或五坐标数控铣床摆角加工。

（3）曲面类零件。加工面为空间曲面的零件称为曲面类零件，如图 2.25 所示。这类零件的特点是加工面不能展开成平面，加工中铣刀与零件表面始终是点接触。加工此类零件一般采用三坐标联动数控铣床。加工此类零件一般采用球头刀具，因为其他刀具加工曲面时容易产生干涉而铣到邻近表面。

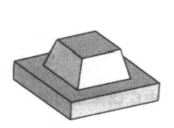

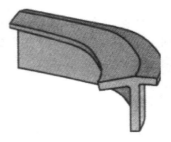

| 图 2.23　平面类零件 | 图 2.24　变斜角类零件 | 图 2.25　曲面类零件 |

（4）孔及螺纹。采用定尺寸刀具进行钻、扩、铰、镗及攻螺纹等，一般数控铣都有镗、钻、铰功能。

2．加工中心的加工对象

（1）既有平面又有孔系的零件。既有平面又有孔系的零件主要指箱体类零件〔图 2.26（a）〕和盘、套类零件〔图 2.26（b）〕。加工这类零件时，最好采用加工中心在一次装夹中完成平面的铣削、孔系的钻削、镗削、铰削、铣削、倒角及攻螺纹等多工步加工，以保证该类零件各加工表面间的相互位置精度。

（2）结构形状复杂、普通机床难加工的零件。结构形状复杂的零件是指其主要表面由复杂曲线、曲面组成的零件。加工这类零件时，通常需采用加工中心进行多坐标轴联动加工。常见的典型零件有平板类零件（图 2.26）和叶轮类零件（图 2.27）等。

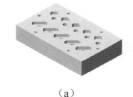

| （a） | （b） | （a） | （b） |
| 图 2.26　平板类零件 | | 图 2.27　叶轮类零件 | |

图 2.28　异形零件

（3）外形不规则的异形零件。异形零件是指支架（图 2.28）、拨叉类外形不规则的零件，大多采用点、线、面多工位混合加工。

（4）其他类零件。加工中心除常用于加工以上特征的零件外，还适宜加工周期性投产的零件、加工精度要求较高的中小批量零件和新产品试制中的零件等。

2.1.7　数控铣床和加工中心的编程特点

（1）为了方便编程中的数值计算，在数控铣床、加工中心的编程中广泛采用刀具半径补偿和刀具长度补偿来进行编程。

（2）为适应数控铣床、加工中心的加工需要，对于常见的镗孔、钻孔及攻螺纹等切削加工动作，用数控系统自带的孔加工固定循环功能来实现，以简化编程。

（3）大多数的数控铣床与加工中心都具备镜像加工、坐标系旋转、极坐标及比例缩放等特殊编程指令，以提高编程效率，简化编程。

（4）数控铣床与加工中心广泛采用子程序编程的方法。编程时尽量将不同工序内容的程序安排到不同的子程序中，以便对每一独立的工序进行单独调试，也便于工序不合理时重新调整。主程序主要用于完成换刀及子程序的调用等工作。

（5）数控铣床与加工中心的宏程序编程功能。用户宏程序允许使用变量、算术及逻辑运算和条件转移，使得编制同样的加工程序更简便。

2.2 数控铣床和加工中心坐标系

为了使编程不受机床坐标系约束，需要在工件上确定工件坐标系，告知工件在机床工作台上的安装位置。而这个过程通常包括编程坐标系和工件坐标系的建立。这里先介绍编程坐标系和工件坐标系。

1. 编程坐标系

编程坐标系是编程人员根据零件图样及加工工艺等建立的坐标系。编程坐标系一般供编程使用，确定编程坐标系时不必考虑工件毛坯在机床上的实际装夹位置。如图 2.29 所示，其中 O_2 即为编程坐标系原点。

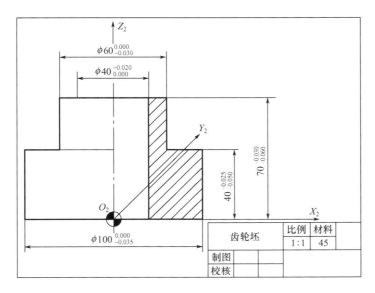

图 2.29 编程坐标系

编程原点是根据加工零件图样及加工工艺要求选定的编程坐标系原点。编程原点应尽量选择在零件的设计基准或工艺基准上，编程坐标系中各轴的方向应该与所使用的数控机床相应的坐标轴方向一致。

2. 工件坐标系

工件坐标系是指以确定的加工原点为基准所建立的坐标系。

加工原点也称程序原点，是指零件被装夹好后，相应的编程原点在机床坐标系中的位置。

在加工过程中，数控机床是按照工件装夹好后所确定的加工原点位置和程序要求进行加工的。编程人员在编制程序时，只要根据零件图样就可以选定编程原点、建立编程坐标系、计算坐标数值，而不必考虑工件毛坯装夹的实际位置。对于加工人员来说，则应在装夹工件、调试程序时，将编程原点转换为加工原点，并确定加工原点的位置，在数控系统中给予设定（即给出原点设定值），设定工件坐标系后就可根据刀具当前位置，确定刀具起始点的坐标值。在加工时，工件各尺寸的坐标值都是相对于加工原点而言的，这样数控机床才能按照准确的工件坐标系位置开始加工。图 2.30 中 O_3 为加工原点。

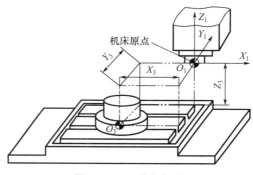

图 2.30　工件坐标系

2.3　工件坐标系的建立方法

所谓设定工件坐标系就是确定工件坐标系原点在机床坐标系中的位置。工件坐标系可由 G92 指令设定或 G54～G59 指令设定两种方法。

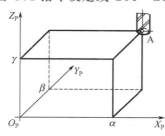

图 2.31　G92 指令设定工件坐标系

2.3.1　G92 指令设定工件坐标系

G92 指令是在程序中设定工件坐标系，以刀具当前位置设定工件坐标系。工件坐标系的原点由 G92 后面的坐标值建立，坐标值为刀位点在工件坐标系中的坐标。

指令格式：G92 Xα Yβ Zγ；

G92 指令设定工件坐标系如图 2.31 所示。

G92 指令仅仅用来建立工件坐标系，在 G92 指令段中机床不发生运动。使用 G92 的程序结束后，若机床没有回到上一次程序的起点，而再次启动此程序，程序就以当前所在位置确定工件坐标系。新的工件坐标原点就和上一次不同。两次程序运行的工件坐标系原点不一致，容易发生事故。

用 G92 在程序中设定工件坐标系时，可用机床坐标系的零点来设定工件坐标系，即每次运行程序时，刀具的起始位置在机床坐标系的零点，程序运行中，由于某种原因终止运行，在下一次运行程序之前，只需机床回零，即可运行程序，操作简单，不易出错。

2.3.2　G54～G59 指令设定工件坐标系

G54～G59 指令是在程序运行前设定的工件坐标系，通过确定工件坐标系的原点在机床坐标系的位置来建立工件坐标系。用 G54～G59 指令可以建立 6 个工件坐标系，而且使用 G54～G59 指令运行程序时与刀具的初始位置无关。G54～G59 在批量加工中广泛使用。

G54 设定工件坐标系如图 2.32 所示，G55～G59 设定工件坐标系的方法与 G54 相同。G54 工件坐标系的原点的设置：需要在 MDI（Manul Data Input，手动数据输入）方式下，将工件坐标系原点的机械坐标输入 G54 偏置寄存器中，输入画面如图 2.32 所示。

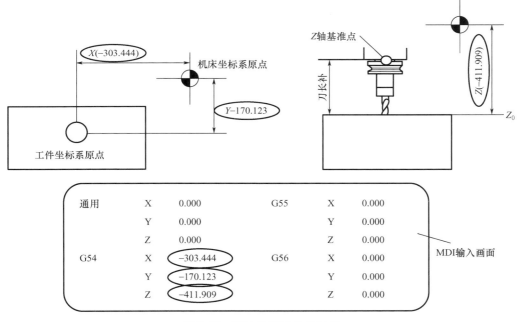

图 2.32　G54 设定工件坐标系

工件坐标系的原点在机床坐标系中的值存储在机床存储器内，在机床重新开机时仍然存在，在程序中可以分别选取其中之一使用。

一旦指定了 G54～G59 之一，则该工件坐标系原点即为当前程序原点，后续程序段中的工件绝对坐标均为相对此程序原点的值。

【例 2 - 1】　假定 G55 的零点偏置是 $(x, y) = (-100, -200)$，G56 的零点偏置是 $(x, y) = (-200, -80)$，刀具起点在机床坐标系的原点处。用 1：10 的比例画出程序 O01 在 XY 平面上的刀具中心路径，并标注坐标尺寸。G53 指令详见 2.5.1 小节，结果如图 2.33 所示。

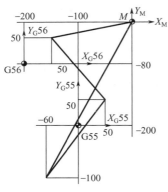

图 2.33　工件坐标系的使用

程序如下：

N10G90 G01 G55 X-60 Y-100 F100 S800 M03；

N20X50 Y50；

N30G56 X50 Y50；

N40G53 X0 Y0；

……

G54～G59 是在加工前设定的坐标系，它通过确定工件坐标系的原点在机床坐标系的位置来建立工件坐标系。用 G54～G59 建立的工件坐标系，运行时与刀具的初始位置无关。G54～G59 在批量加工中广泛使用。

G92 指令需后续坐标值指定当前工件坐标系，并不产生运动。用了 G54～G59 就没有必要再使用 G92，否则 G54～G59 会被替换，应当避免。

采用程序原点偏移的方法还可实现零件的空运行试切加工，具体应用时，将程序原点向刀轴（Z 轴）方向偏移，使刀具在加工过程中抬起一个安全高度即可。对于编程员而言，一般只要知道工件上的程序原点就够了，因为编程与机床原点、机床参考点及装夹原点无关，也与所选用的数控机床型号无关（注意与数控机床的类型有关）。但对于机床操作者来说，必须十分清楚所选用的数控机床的上述各原点及其之间的偏移关系，不同的数控系统，程序原点设置和偏移的方法不完全相同，必须参考机床用户手册和编程手册。

2.4　数控铣床编程指令

2.4.1　基本编程指令

1. 快速定位 G00

G00 指令能快速移动刀具到达指定的坐标位置，用于刀具进行加工前的空行程移动或加工完成后的快速退刀，以提高加工效率。

指令格式：G00 IP_；

在此，IP_如同 X_ Y _ Z _，IP_可以是 X、Y、Z 轴中的任意一个、两个或者是三个。

在绝对指令时，刀具以快速进给速率移动到加工坐标系的指定位置，或在相对增量指令时，刀具以快速进给率从现在位置移动到指定距离的位置。

G00 快速定位指令在执行时，各轴移动独立执行，移动的速度由机床制造厂设定，配合机床面板上的快速进给倍率修调旋钮实现。当 IP_为一个轴时，刀具是直线移动；为两个轴或者三个轴时，刀具路径通常不是直线，而是折线。

【例 2-2】　某数控机床快速定位时 X、Y 轴的移动速度为 9600mm/min。

当使用指令 G00 G90 X300.0 Y150，0；时，X 轴移动的距离为 300，Y 轴移动的距离为 150，X 轴首先到达终点，刀具移动的轨迹如图 2.34 所示是一条折线。

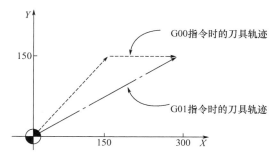

图 2.34　G00、G01 指令时的刀具轨迹

2. 进给切削（直线插补）G01

G01 指令能使刀具按指定的进给速度移动到指定的位置。当主轴转动时，使用 G01 指令可对工件进行切削加工。

指令格式：G01 α_ β_ F_；

（α、β＝X，Y，Z，A，B，C，U，V，W）

α_ β_ 可以是 X、Y、Z、A、B、C、U、V、W 轴中的任意一个、两个或者是多个。当为两个轴时，即为二轴联动，当为三个轴时，即为三轴联动。当为多个轴时（如为五个轴），即为五轴联动。

G01 以编程者指定的进给速度进行直线运动或斜线运动，运动轨迹始终为直线。α、β 值定义了刀具移动的终点坐标，与现在状态 G90/G91 有关。F 码是一个模态码，规定了实际切削的进给速度。

使用 G01 指令，刀具轨迹是一条直线；使用 G00 指令，刀具轨迹路径通常不是直线，而是折线。G01 指令中，需要指定进给速度，而在 G00 指令，不需要指定速度。

如图 2.34 所示，当使用指令 G01 G90 X300.0 Y150，0 F100；时，刀具运动按照进给速度 300mm/min 移动，轨迹是一条直线。

【例 2 - 3】　G01、G00 的使用（图 2.35）

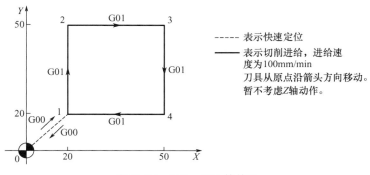

图 2.35　G01、G00 的使用

绝对指令（G90）

O1；

N1 G90 G54 ⬚G00⬚ X20.0 Y20.0 S1000 M03;　　　　　　0→1

N2 G01 Y50.0 F100;   1→2

N3 X50.0 ;   2→3

N4 Y20.0;   3→4

N5 X20.0;   4→1

N6 G00 X0 Y0 M05;   1→0

N7 M30;

相对指令（G91）

O1;

N1 G91 G54 G00 X20.0 Y20.0 S1000 M03; 0→1

N2 G01 Y30.0 F100;   1→2

N3 X30.0 ;   2→3

N4 Y-30.0;   3→4

N5 X-30.0;   4→1

N6 G00 X-20.0 Y-20.0 M05;   1→0

N7 M30;

面轮廓加工

圆弧铣

3. 圆弧插补 G02、G03

（1）平面选择

由 G 代码选择圆弧插补平面、刀具半径补偿平面及钻孔平面，平面的确定如图 2.36 所示。

G17、G18、G19 平面，均是从 Z、Y、X 各轴的正方向向负方向观察进行确定。

平面选择指令：G17 为 XY 平面，G18 为 ZX 平面，G19 为 YZ 平面。

图 2.36 G17、G18、G19 平面

（2）加工圆弧格式

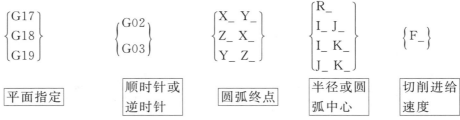

$$\begin{Bmatrix} G17 \\ G18 \\ G19 \end{Bmatrix} \quad \begin{Bmatrix} G02 \\ G03 \end{Bmatrix} \quad \begin{Bmatrix} X\_ \ Y\_ \\ Z\_ \ X\_ \\ Y\_ \ Z\_ \end{Bmatrix} \quad \begin{Bmatrix} R\_ \\ I\_ \ J\_ \\ I\_ \ K\_ \\ J\_ \ K\_ \end{Bmatrix} \quad \{ F\_ \}$$

平面指定	顺时针或逆时针	圆弧终点	半径或圆弧中心	切削进给速度

G02、G03 圆弧插补用于加工圆弧，顺逆方向的判别：沿着不在圆弧平面内的坐标轴，由正方向向负方向看，顺时针方向 G02，逆时针方向 G03，如图 2.37 所示。

各平面内圆弧的情况如图 2.38 所示，说明如下。

X、Y、Z 的值是指圆弧插补的终点坐标值。

I、J、K 是指圆弧起点到圆心的增量坐标（圆心坐标减去起点坐标得到的增量值），与 G90、G91 无关。

R 为指定圆弧半径，当圆弧的圆心角小于或等于 180°时，R 值为正，当圆弧的圆心角大于 180°时，R 值为负。R 值的正负如图 2.39 所示。

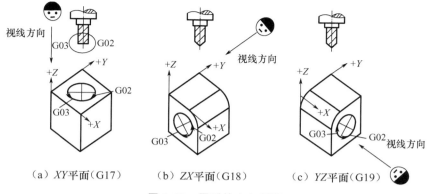

图 2.37　圆弧的方向判断

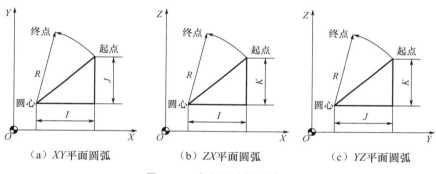

图 2.38　各平面内圆弧情况

【例 2 - 4】　在图 2.40 中，当圆弧 A 的起点为 P_1，终点为 P_2 时，圆弧插补程序段如下。

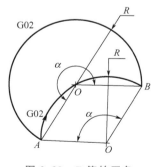

图 2.39　R 值的正负

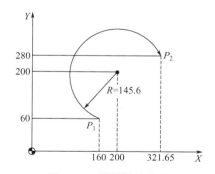

图 2.40　圆弧插补应用

G02 X321.65 Y280 I40 J140 F50；

或 G02 X321.65 Y280 R-145.6 F50；

当圆弧 A 的起点为 P_2，终点为 P_1 时，圆弧插补程序段如下。

G03 X160 Y60 I-121.65 J-80 F50；

或 G03 X160 Y60 R-145.6 F50；

在实际铣削加工中，往往要求在工件上加工出一个整圆轮廓，在编制整圆轮廓程序时需注意不用 R 编程，并且圆心坐标 I、J 不能同时为零。否则，在执行此命令时，刀具将原地不动或系统发出错误信息。

I、J、K 指令主要用于整圆加工，也可用于圆弧加工，圆弧在图纸标注一般为半径，因此，圆弧加工多用 R 指令。如果使用 R 指令加工整圆，需要将整圆进行等分。

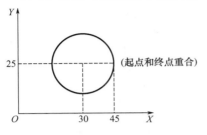

图 2.41 整圆编程指令

下面以图 2.41 为例，说明整圆的编程指令。

用绝对值编程

G90 G02 X45 Y25 I-15 J0 F100;

用增量值编程

G91 G02 X0 Y0 I-15 J0 F100;

2.4.2 刀具长度补偿的建立和取消指令 G43、G44、G49

1. 刀具长度补偿的用途

刀具长度补偿设置

（1）在数控机床中，Z 轴的坐标以主轴端面为基准。实际程序制作中为不同长度刀具设定轴向（Z 向）长度补偿，Z 轴移动指令的终点位置比程序给定值增加或减少一个补偿量，从而实现不同长度刀具的相同编程。

（2）在程序中使用刀具长度补偿功能，当刀具长度尺寸变化时（如刀具磨损），可以在不改动程序的情况下，通过改变补偿量达到加工尺寸，从而实现长度磨损补偿。

（3）利用刀具长度补偿功能，可在加工深度方向上进行分层铣削，即通过改变刀具长度补偿值，多次运行程序而实现。

（4）利用刀具长度补偿功能，通过改变刀具长度补偿值，可在加工深度方向上实现粗、精加工调整。

（5）利用刀具长度补偿功能，可以空运行程序，检验程序的正确性。

2. 刀具长度补偿格式

$$\begin{Bmatrix} G43 \\ G44 \end{Bmatrix} \begin{Bmatrix} G00 \\ G01 \end{Bmatrix} Z\_\ H\_ \begin{Bmatrix} ; \\ F\_; \end{Bmatrix} \text{或 } G49 \begin{Bmatrix} G00 \\ G01 \end{Bmatrix} Z\_ \begin{Bmatrix} ; \\ F\_; \end{Bmatrix}$$

（1）补偿方向。

G43 用于 Z 正方向补偿，G44 用于 Z 负方向补偿。

无论在绝对指令中还是相对指令中，Z 轴移动的终点坐标值都是 G43 加算、G44 减算。计算结果的坐标值成为终点。Z 轴的移动速度根据 G00、G01 指令来确定。

（2）补偿值。

其中 Z 为指令终点位置，H 为刀补号的内存地址，用 H00～H99 来指定。在 H00～H99 内存地址所指的内存中，存储着刀具长度补偿的数值，用 H00～H99 来调用内存中刀具长度补偿的数值。

执行 G43 时，控制系统认为刀具加长，刀具远离工件（图 2.42），则

Z 实际值 ＝ Z 指令值 ＋（H××）

Z 实际移动距离＝Z 指令值 ＋Z_{G54} －（H××）

执行 G44 时，控制系统认为刀具缩短，刀具趋近工件（图 2.42），则

Z 实际值 ＝ Z 指令值－（H××）

Z 实际移动距离＝Z 指令值 ＋Z_{G54} －（H××）

其中（H××）是指××寄存器中的补偿量，其值可以是正值或者是负值。当刀具长度补偿量取负值时，G43 和 G44 的功效将互换，但一般不常用 G44 指令。Z_{G54} 为 G54 对应寄存器里存储的 Z 值，一般在加工开始前抬至安全高度的过程中施加刀具长度补偿。

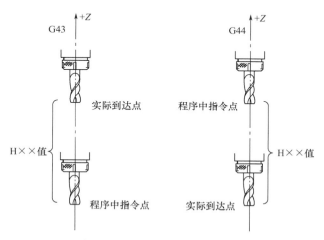

图 2.42 刀具长度补偿的应用

（3）刀具长度补偿取消。

用 G49 指令取消刀具长度补偿。刀具长度补偿取消一般在刀具加工完成后，抬至安全高度的过程中执行。Z 轴移动的速度根据 G00、G01 指令来确定。

（4）G43 、G44 、G49 均为模态指令

【例 2－5】 G43、G49 的使用（图 2.43）

设（H02）＝ 200mm

N1 G92 X0 Y0 Z0；	设定当前点 O 为程序零点
N2 G90 G00 G43 Z10.0 H02；	指定点 A，实到点 B
N3　　G01 Z0.0 F200 ；	实到点 C
N4　　　　Z10.0 ；	实际返回点 B
N5　　G00 G49 Z0；	实际返回点

使用 G43、G44 相当于平移了 Z 轴原点，即将坐标原点 O 平移到了 O' 点，后续程序中的 Z 坐标均相对于 O' 进行计算。使用 G49 时则又将 Z 轴原点平移回到了 O 点。

在机床上有时可用提高 Z 轴位置的方法来校验运行程序。

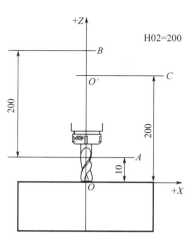

图 2.43 刀具长度补偿的使用

【例 2－6】 如图 2.44 所示，工件表面为 Z 轴的零点，程序中，刀具长度补偿使用正补偿（G43），第一次加工后的有关参数如下。

深度：$10^{+0.1}_{0}$

程序中的加工深度（按中差设置）：Z-10.05

切削加工后，测量深度：9.9

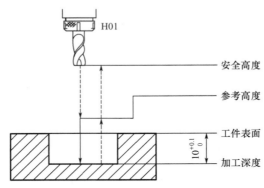

图 2.44　刀具长度补偿的应用

显然，深度没有达到要求，第二次加工时，应当更改刀具长度补偿值，假定原刀具长度补偿值为零，具体计算如下。

加工深度-测量深度=10.05-9.9=0.15

因此，为了达到加工深度，H01=-0.15。

实际加工时，为了消除对刀误差和加工工艺条件的影响，第一次一般给刀具长度加上一个补偿值，并不加工到深度，加工后，根据测量深度更改刀具长度补偿值。第一次加工的参数如下。

H01=1

程序中的加工深度（按中差设置）：Z-10.05

切削加工后，测量深度：8.9

第二次加工时，刀具长度补偿值：1.15（10.05-8.9）

H01=-1.15。

图 2.44 中参数说明如下。

安全高度：刀具在此高度，在 G17XY 平面移动不会发生碰撞。

参考高度：一般作为 Z 轴的进刀点，从安全高度移动到参考高度一般采用快速移动。

工件表面：通常将工件表面作为 Z 轴的原点。

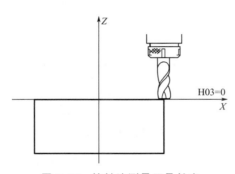

图 2.45　接触法测量刀具长度

从参考高度到加工深度按进给速度移动，返回时可快速移动到参考高度或安全高度，参考高度和工件表面的距离一般为 3～5mm，可根据工件表面情况而定。

（5）刀具长度补偿方法。

① 数控铣床的刀具长度补偿方法。

在数控铣床上，刀具长度补偿方法主要采用接触法测量刀具长度来进行刀具长度补偿。

接触法测量刀具长度如图 2.45 所示，设置过程就是使刀具的刀尖运动到程序原点位置（Z0）。

在控制系统的刀具长度补偿菜单下相应的 H 补偿号里输入值。

例如，设置刀具长度补偿值为 0，该刀具的补偿号为 H03，操作人员在补偿显示屏上的 03 号里输入测量长度 0，即

02⋯⋯

03 　0.

04⋯⋯

② 加工中心的刀具长度补偿方法。

加工中心刀具长度补偿的方法主要有 3 种。

a. 预先设定刀具方法：基于外部加工刀具的测量装置（机外对刀仪）。

机外对刀仪，主要用于加工中心。机外对刀仪用来测量刀具的长度、直径和刀具形状、角度。刀库中存放的刀具其主要参数都要有准确的值，这些参数值在编制加工程序时都要加以考虑。使用中因刀具损坏需要更换新刀具时，用机外对刀仪可以测出新刀具的主要参数值，以便掌握与原刀具的偏差，然后通过修改刀具长度补偿值确保其正常加工。此外，用机外对刀仪还可测量刀具切削刃的角度和形状等参数，有利于提高加工质量。机外对刀仪测量刀具长度如图 2.46 所示。

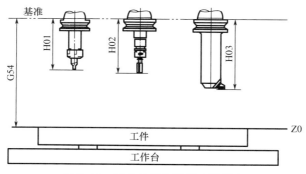

图 2.46　机外对刀仪测量刀具长度

b. 接触式测量方法：基于机上的测量。

使用接触式测量方法是一种常见的测量刀具长度方法。如图 2.47 所示，为方便起见，每一把刀具指定的刀具长度补偿号通常对应于刀具编号，T01 刀具对应的长度补偿号为 H01。

设置过程就使测量刀具从机床某一点（基准）运动到程序原点（Z0）的距离。这一距离通常为负，通过 MDI 方式，将刀具长度参数输入刀具参数表，由此被输入控制系统的刀具长度补偿菜单下相应的 H 补偿号里。

c. 主刀方法：一般基于最长刀具的长度。

主刀方法，一般使用特殊的基准刀（通常是最长的刀）长度法，可以显著加快使用接触式测量方法时的刀具测量速度。基准刀，可以是长期安装在刀库中的实际刀具，也可以是长杆。在 Z 轴行程范围内，这一"基准刀"的伸长量通常比任何可能使用的期望刀具都长。

基准刀并不一定是最长的刀。严格来说，最长刀具的概念只是为了安全。它意味着其他所有刀具都比它短。

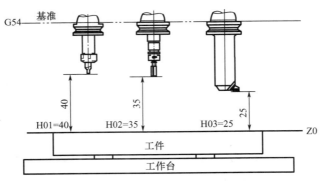

图 2.47　接触式测量刀具长度

选择任何其他刀具作为基准刀，逻辑上程序仍然一样。任何比基准刀长的刀具的 H 补偿输入将为正值；任何比它短的刀具的输入则为负值；与基准刀完全一样长短的刀具的补偿输入为 0。主刀方法如图 2.48 所示。

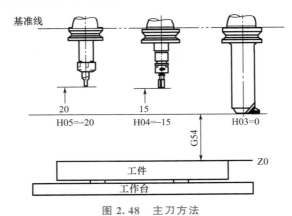

图 2.48　主刀方法

2.4.3　刀具半径补偿的建立和取消指令 G41、G42、G40

为了要用半径 R 的刀具切削一个用 A 表示的工件形状，如图 2.49 所示，刀具的中心路径需要离开 A 图形，刀具中心路径为 B，刀具这样离开切削工件形状的一段距离称为半径补偿，简称径补。

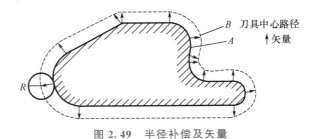

图 2.49　半径补偿及矢量

径补的值是一个矢量，这个值记忆在控制单元中，这个补偿值是为了知道在刀具方向做多少补偿，由控制装置的内部做出，从给予的加工图形，以半径 R 来计算补偿路径。这个矢量在刀具加工时，依附于刀具，在编程时了解矢量的动作是非常重要的，矢量通常与刀具的前进的方向成直角，方向是从工件指向刀具中心的方向。

1. 刀具半径补偿的作用

（1）实现不同直径刀具的相同编程。

（2）用刀具半径补偿指令，调整刀具半径补偿值来补偿刀具的磨损量和重磨量。

（3）运用刀具半径补偿指令，还可以实现使用同一把刀具对工件进行粗、精加工。

（4）实现轮廓方向的分次铣削。

2. 刀具半径补偿的格式

X、Y、Z 值是建立补偿的终点坐标值。

使用 G01 时，须指定进给速度 F_。

D 为刀具半径补偿号地址，用 D00～D99 来指定，它用来调用内存中刀具半径补偿的数值。

（1）刀具半径补偿 G41、G42。

径补计算在由 G17、G18、G19 决定的平面执行，选择的平面称为补偿平面。例如，当选择 X、Y 平面时，程序中用 X、Y 执行补偿计算，作补偿矢量。在补偿平面外的轴（Z 轴）的坐标值不受补偿影响，用原来程序指令的值移动。

① G17（XY 平面）：程序中用 X、Y 执行补偿计算，Z 轴坐标值不受补偿影响。

② G18（ZX 平面）：程序中用 Z、X 执行补偿计算，Y 轴坐标值不受补偿影响。

③ G19（YZ 平面）：程序中用 Y、Z 执行补偿计算，X 轴坐标值不受补偿影响。

在进行刀具半径补偿前，必须用 G17 或 G18、G19 指定刀具半径补偿在哪个平面上进行。

刀具半径补偿位置的左右应是在补偿平面上顺着编程轨迹前进的方向进行判断的。刀具在工件的左侧前进为左补，用 G41 指令表示，如图 2.50 所示。刀具在工件的右侧前进为右补，用 G42 指令表示，如图 2.51 所示。

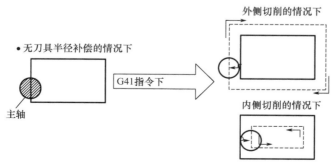

图 2.50　刀具半径补偿 G41

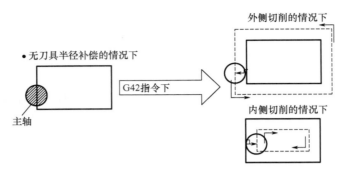

图 2.51　刀具半径补偿 G42

（2）刀具半径补偿的取消

$$\begin{Bmatrix} G00 \\ G01 \end{Bmatrix} \quad \begin{Bmatrix} G40 \end{Bmatrix} \quad \begin{Bmatrix} X\_Y\_ \\ Z\_X\_ \\ Y\_Z\_ \end{Bmatrix}$$

刀具半径补偿在使用完成后需要取消，刀具半径补偿的取消通过刀具移动一段距离，使刀具中心偏移半径值。取消刀具半径补偿注意以下问题。

① 刀具半径补偿的引入和取消应在 G00 或 G01 程序段，不要在 G02、G03 程序段上进行。

② 当刀具半径补偿值为负时，则 G41、G42 功效互换。

③ G41、G42 指令不要重复规定，否则会产生一种特殊的补偿。

④ G40、G41、G42 都是模态代码，可相互注销。

3. 刀具半径补偿的应用

下面我们通过一个应用刀具半径补偿的实例，来讨论刀具半径补偿使用中应注意的一些问题。

【例 2-7】　刀具半径补偿（图 2.52）

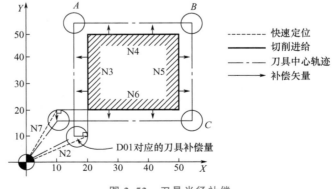

图 2.52　刀具半径补偿

O0000；

N1 G90 G54 G17 G00 X0 Y0 S1000 M03；

N2 `G41` `X20.0Y10.0` `D01` ;　　　　刀具半径补偿开始

N3 G01 Y50.0 F100; 　　　　　　　N3～N6 为形状加工

N4 X50.0;

N5 Y20.0;

N6 X10.0;　　　　　　　　　　　　N3～N6 为形状加工

N7 G40 G00 X0 Y0　　　　　　　　刀具半径补偿取消

N8　M05;

N9　M30;

（1）刀具半径补偿量。

刀具半径补偿量的设置是在呼出 D 代码后的画面内，以 MDI 方式输入刀具半径补偿值。在本例中，程序中刀具半径补偿的 D 代码为 D01，刀具半径为 5，可在对应的 01 后（图 2.53），以 MDI 方式输入刀具半径补偿量的值。其值设为 5。

利用同一个程序、同一把刀具，通过设置不同大小的刀具半径补偿值（图 2.54），逐步减少切削余量，可达到粗、精加工的目的。

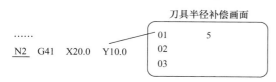

图 2.53　刀具半径补偿量的设置

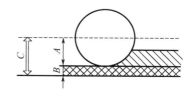

A—刀具的半径；B—精加工余量；C—补偿量

图 2.54　具半径补偿值的改变

粗加工时的补偿量：$C＝A＋B$

精加工时的补偿量：$C＝B$

（2）刀具半径补偿开始。

在取消模式下，当单段满足以下全部条件时刀具半径补偿开始执行，装置进入径补模式，单段称为径补开始单段。

① G41 或 G42 已指令，或控制进入 G41 或 G42 模式。

② 刀具补偿的补偿量的号码不是 0。

③ 在指令的平面上任何一轴（I、J、K 除外）的移动，指令的移动量不是 0。

④ 在补偿开始单段，不能用圆弧指令（G02、G03），否则会产生报警，刀具会停止。

（3）刀具半径补偿中预读（缓冲）功能的使用。

目前数控系统常用的 C 类偏置，程序中只使用 G40 、G42 和 G41。C 类补偿具有预读（缓冲）功能，可以预测刀具的运动方向，从而避免过切。具有预读功能的控制器，一般只能预读几个程序段，有的只能预读一个程序段，有的可以预读两个或两个以上的程序段，先进的控制系统可以预读 1024 个程序段。本例中，假设只能预读两个程序段。

刀具半径补偿指令从 N2 单段的 G41 开始，控制装置预先读 N3、N4 两个单段进入缓冲，N2 单段中的 X、Y 及 N3 单段中的 Y 确定了刀具补偿的始点 P（图 2.55），同时也给出了刀具在工件的左侧加工及刀具前进的方向。

N3 中的 Y50.0 对刀具的前进的方向及始点 P 确定非常重要。

（4）形状加工。

当进入补偿后，可用直线插补（G01），圆弧插补（G02、G03），快速定位（G00）指令。在第一个单段 N3 执行时，下两个单段 N4、N5 进入缓冲，当执行 N4 单段时，N5、N6 单段进入缓冲，依次进行。控制装置通过对单段的计算，可确定刀具中心的路径轨迹，以及两个单段的交点 A、B、C。

（5）刀具半径补偿的取消。

刀具半径补偿取消必须在程序结束前指定，使控制系统处于取消模式。在取消模式矢量一定为 0，刀具中心路径与程序路径相重合。

本例中，N6 单段中指定了刀具中心终点的位置，N7 单段中用 G40 指定刀具半径补偿取消，刀具从 N6 单段指定的刀具中心终点位置向坐标原点移动，在移动中将刀具半径补偿取消（图 2.56）。

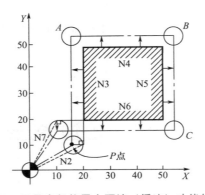

图 2.55 刀具半径偏置中预读（缓冲）功能的使用

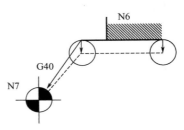

图 2.56 刀具半径补偿取消

下面我们继续通过图 2.52 重新编写程序，讨论刀具半径补偿的使用。

```
O0003;
N1 G90 G54 G17 G00 X0 Y0 S1000 M03;
N2 G43 Z100 H01;                      抬至安全高度，施加刀具长度补偿
N3 X20.0;
N4 Z5.0;
N5 G01 Z-10.0 F200;                   进给至切深
N6 G41 Y10.0 D01;                     施加刀具半径补偿
N7 Y50.0 F100;
N8 X50.0;
N9 Y20.0;
N10  X10.0;
N11  G40 X0 Y0;                       取消刀具半径补偿
N12  G00 Z100.0 G49;                  抬至安全高度，取消刀具长度补偿
N13  M05;
N14  M30;
```

注意：程序中，刀具半径补偿的施加、执行和取消一般要在切深平面上完成，而刀具长度补偿的施加和取消则通常都在抬至安全高度的过程中进行；建立刀具半径补偿，使用

G00 或 G01 指令使得刀具移动，刀具移动的长度一般要大于刀具半径补偿值。通过移动一定的长度使刀具的中心相对编程路径偏移半径补偿值。否则刀具半径补偿无法建立。

6. 刀具半径补偿应用的注意事项

（1）较刀具半径小的内圆弧加工时（图 2.57）。

当转角半径小于刀具半径时，刀具的内侧补偿将会产生过切。

为了避免过切，内侧圆弧的半径 R 应该大于刀具半径与剩余余量之和。外侧圆弧加工时，不存在过切的问题。

内侧圆弧的半径 $R \geq$ 刀具半径 $r +$ 剩余余量

图 2.57 所示的形状，为了避免过切，刀具的半径应小于图中最小的圆弧半径。

（2）较刀具半径小的沟槽加工时。

如图 2.58 所示，因为刀具半径补偿强制刀具半中心路径向程序路径反方向移动，会产生过切。

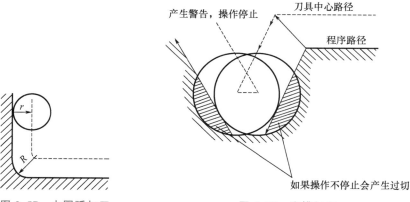

图 2.57　内圆弧加工　　　　　图 2.58　沟槽加工

（3）精加工时，轮廓内侧一般采用逆时针方向铣削，刀具半径补偿使用 G41，轮廓外侧一般采用顺时针方向铣削，半径补偿使用 G41，保证加工面为顺铣。提高工件表面的加工质量。

对于封闭的内轮廓一般采用圆弧切入、切出，保证接刀点（进刀点）光滑，对于外轮廓可采用切线切入、切出，切线可以是直线或者圆弧。

2.4.4　孔加工固定循环

在铣削加工中，工件的孔加工是数控铣床和加工中心加工的主要内容。在编程过程中，对于孔加工（钻孔、攻螺纹、镗孔、深孔钻削等）常常使用孔加工固定循环指令，以简化加工程序和提高编程效率。

1. 孔加工固定循环指令

表 2-1 列出了孔加工固定循环指令。一般一个孔加工固定循环完成以下 6 步动作（图 2.59）。

孔加工实例1

孔加工实例2

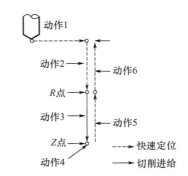

图 2.59　孔加工固定循环的动作顺序

孔加工固定循环加工

① X、Y 轴快速定位。

② Z 轴快速定位到 R 点。

③ 孔加工。

④ 孔底动作。

⑤ Z 轴返回 R 点。

⑥ Z 轴快速返回初始点。

表 2-1　孔加工固定循环指令

G 代码	加工运动 (Z 轴负向)	孔底动作	返回运动 (Z 轴正向)	应用
G73	分次，切削进给	—	快速定位进给	高速深孔钻削
G74	切削进给	暂停－主轴正转	切削进给	左旋攻螺纹
G76	切削进给	主轴定向，让刀	快速定位进给	精镗循环
G80	—	—	—	取消固定循环
G81	切削进给	—	快速定位进给	普通钻削循环
G82	切削进给	暂停	快速定位进给	钻削或粗镗削
G83	分次，切削进给	—	快速定位进给	深孔钻削循环
G84	切削进给	暂停－主轴反转	切削进给	右旋攻螺纹
G85	切削进给	—	切削进给	镗削循环
G86	切削进给	主轴停	快速定位进给	镗削循环
G87	切削进给	主轴正转	快速定位进给	反镗削循环
G88	切削进给	暂停－主轴停	手动	镗削循环
G89	切削进给	暂停	切削进给	镗削循环

对孔加工固定循环指令的执行有影响的指令主要有 G90、G91 及 G98、G99。G90、G91 对孔加工固定循环的影响如图 2.60 所示。

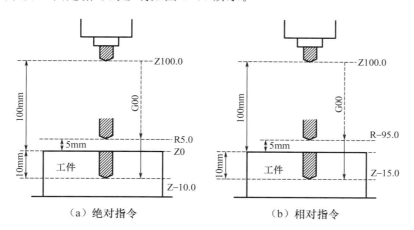

攻丝加工

（a）绝对指令　　　　　　　　（b）相对指令

图 2.60　G90、G91 对孔加工固定循环的影响

加工中心加工精度孔

刀具从起始点（安全位置）快速移动到 R 点，从 R 点开始刀具以给出的切削速度切削工件。Z 点为孔底位置。R 点、Z 点可分别用绝对指令、相对指令实现。

G90 G□□R5.0 Z-10.0 …；
G91 G□□R-95.0 Z-15.0 …；

缸盖的加工

G98、G99 决定固定循环在孔加工完成后返回 R 点还是起始点，在 G98 模态下，孔加工完成后 Z 轴返回起始点；在 G99 模态下，则返回 R 点。

一般地，如果被加工的孔在一个平整的平面上，我们可以使用 G99 指令，因为 G99 模态下返回 R 点进行下一个孔的定位，而一般编程中 R 点非常靠近工件表面，这样可以缩短零件加工时间，但如果工件表面有高于被加工孔的凸台或筋，使用 G99 时非常有可能使刀具和工件发生碰撞，这时，就应该使用 G98，使 Z 轴返回初始点后再进行下一个孔的定位，这样就比较安全，如图 2.61 所示。

维纳斯的加工

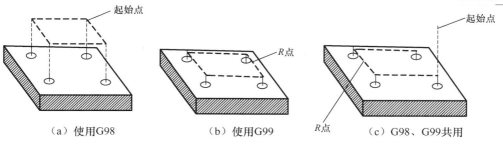

（a）使用G98　　　　　（b）使用G99　　　　　（c）G98、G99共用

图 2.61　G98、G99 对孔加工固定循环的影响

在 G73、G74、G76、G81～G89 后面，给出孔加工参数，格式如下。

```
                                              ┌──→ 重复次数
                              ┌──────→ 孔的加工参数
                  ┌──────→ 被加工孔的位置参数
        ┌──→ 孔加工方法
```

G×× X_ Y_ Z_ R_ Q_ P_ F_ K_；

表 2-2 则说明了各地址指定的加工参数的含义。

表 2-2　加工参数的含义

加工参数	含　义
孔加工方式 G	见表 2-1
被加工孔位置参数 X、Y	以增量值方式或绝对值方式指定被加工孔的位置，刀具向被加工孔运动的轨迹和速度与 G00 的相同
孔加工参数 Z	在绝对值方式下指定沿 Z 轴方向孔底的位置，增量值方式下指定从 R 点到孔底的距离
孔加工参数 R	在绝对值方式下指定沿 Z 轴方向 R 点的位置，增量值方式下指定从初始点到 R 点的距离
孔加工参数 Q	用于指定深孔钻循环 G73 和 G83 中的每次进刀量，精镗循环 G76 和反镗循环 G87 中的偏移量（无论 G90 或 G91 模态，总是增量值指令）
孔加工参数 P	用于孔底动作有暂停的固定循环中指定暂停时间，单位为 s
孔加工参数 F	用于指定固定循环中的切削进给速度，在固定循环中，从初始点到 R 点及从 R 点到初始点的运动以快速进给的速度进行，从 R 点到 Z 点的运动以 F 指定的切削进给速度进行，而从 Z 点返回 R 点的运动则根据固定循环的不同可能以 F 指定的进给速度或快速进给速度进行
重复次数 K	指定固定循环在当前定位点的重复次数，如果不指定 K，则系统认为 K=1，如果指令 K0，则固定循环在当前点不执行

由 G×× 指定的孔加工方式是模态的，如果不改变当前的孔加工方式模态或取消固定循环，孔加工模态会一直保持下去。使用 G80 或 01 组的 G 指令（G01、G02、G00、G03）可以取消固定循环。孔加工参数也是模态的，在被改变或固定循环被取消之前也会一直保持，即使孔加工模态改变。我们可以在指令一个固定循环时或执行固定循环中的任何时候指定或改变任何一个孔加工参数。

重复次数 K 不是一个模态的值，它只在需要重复的时候给出。进给速率 F 则是一个模态的值，即使固定循环取消后它仍然会保持。

如果正在执行固定循环的过程中数控系统被复位，则孔加工模态、孔加工参数及重复次数 K 均被取消。

下面的例子（表 2-3）可以让大家更好地理解以上内容。

表 2 - 3　应用举例

序号	程序内容	注　释
1	S_M03；	给出转速，并指令主轴正向旋转
2	G81X_Y_Z_R_F_K_；	快速定位到 X、Y 指定点，以 Z、R、F 给定的孔加工参数，使用 G81 给定的孔加工方式进行加工，并重复 K 次，在固定循环执行的开始，Z、R、F 是必要的孔加工参数
3	Y_；	X 轴不动，Y 轴快速定位到指令点进行孔的加工，孔加工参数及孔加工方式保持 2 中的模态值。2 中的 K 值在此不起作用
4	G82X_P_K_；	孔加工方式改变，孔加工参数 Z、R、F 保持模态值，给定孔加工参数 P 的值，并指定重复 K 次
5	G80X_Y_；	固定循环取消，除 F 以外的所有孔加工参数取消
6	G85X_Y_Z_R_P_；	由于执行 5 时固定循环已取消，因此必要的孔加工参数除 F 之外必须重新给定，即使这些参数和原值相比没有变化
7	X_Z_；	X 轴定位到指令点进行孔的加工，孔加工参数 Z 在此程序段中改变
8	G89X_Y_；	定位到 X、Y 指令点进行孔加工，孔加工方式改变为 G89。R、P 由 6 中指定，Z 由 7 中指定
9	G01X_Y_；	固定循环模态取消，除 F 外所有的孔加工参数都取消

当加工在同一条直线上的等分孔时，可以在 G91 模态下使用 K 参数，K 的最大取值为 9999。

G91 G81 X_ Y_ Z_ R_ F_ K5；

以上程序段中，X、Y 给定了第一个被加工孔和当前刀具所在点的距离。

2. 孔加工固定循环指令具体动作

可采用以下方式表示各段的进给。

—··→表示以快速进给速率运动，——→表示以切削进给速率运动，---→表示手动进给。

（1）高速深孔钻削循环 G73（图 2.62）。

在高速深孔钻削循环中，从 R 点到 Z 点的进给是分段完成的，每段切削进给完成后 Z 轴向上抬起一段距离，然后进行下一段的切削进给，Z 轴每次向上抬起的距离为 d，由 531♯ 参数给定，每次进给的深度由孔加工参数 Q 给定。该固定循环主要用于径深比小的孔（如 φ5，深 70）的加工，每段切削进给完毕后 Z 轴抬起的动作起到了断屑的作用。

（2）左螺纹攻螺纹循环 G74（图 2.63）。

在使用左螺纹攻螺纹循环时，循环开始前必须给 M04 指令使主轴反转，并且使 F 与 S

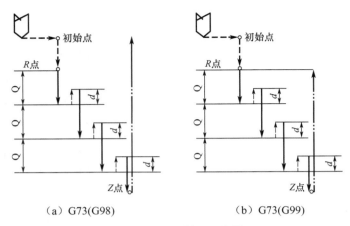

（a）G73(G98)　　　　　　　　（b）G73(G99)

图 2.62　G73 循环示意图

的比值等于螺距。另外，在 G74 或 G84 循环进行中，进给倍率开关和进给保持开关的作用被忽略，即进给倍率保持在 100%，而且在一个固定循环执行完毕之前不能中途停止。

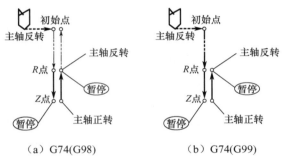

（a）G74(G98)　　　　　　　　（b）G74(G99)

图 2.63　G74 循环示意

（3）精镗循环 G76（图 2.64）。

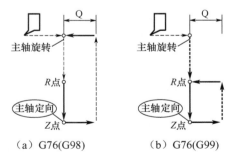

（a）G76(G98)　　　　　　　　（b）G76(G99)

图 2.64　G76 循环示意图

X、Y 轴定位后，Z 轴快速运动到 R 点，再以 F 给定的速度进给到 Z 点，然后主轴定向并向给定的方向移动一段距离，再快速返回初始点或 R 点，返回后，主轴再以原来的转速和方向旋转。在这里，孔底的移动距离由孔加工参数 Q 给定，Q 始终应为正值，移动的方向由机床参数 #2 的第 4 和 5 位给定。在使用该固定循环时，应注意孔底移动的方向是使主轴定向后，刀尖离开工件表面的方向，如图 2.65 所示，这样退刀时便不会划伤已加工好的工件表面，可以得到较好的精度和表面质量。

注意：每次使用该固定循环或者更换使用该固定循环的刀具时，应检查主轴定向后刀尖的方向与要求是否相符。如果加工过程中出现刀尖方向不正确的情况，将会损坏工件、刀具甚至机床。

（4）取消固定循环 G80。

G80 指令执行以后，固定循环（G73、G74、G76、G81～G89）被该指令取消，R 点和 Z 点的参数及除 F 外的所有孔加工参数均被取消。另外 01 组的 G 代码 G00、G01、G02 和 G03 也会起到同样的作用。

图 2.65 刀尖离开工件表面的方向示意图

（5）钻削循环 G81（图 2.66）。

G81 是最简单的固定循环，执行过程为 X、Y 定位，Z 轴快进到 R 点，以 F 速度进给到 Z 点，快速返回初始点（G98）或 R 点（G99），没有孔底动作。

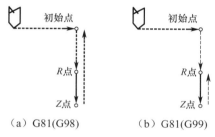

（a）G81(G98)   （b）G81(G99)

图 2.66 G81 循环示意图

（6）钻削循环及粗镗削循环 G82（图 2.67）。

G82 固定循环在孔底有一个暂停的动作，除此之外和 G81 完全相同。孔底的暂停可以提高孔深的精度。

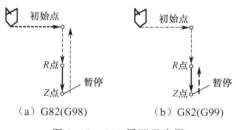

（a）G82(G98)   （b）G82(G99)

图 2.67 G82 循环示意图

（7）深孔钻削循环 G83（图 2.68）。

和 G73 指令相似，G83 指令下从 R 点到 Z 点的进给也分段完成，和 G73 指令不同的是，每段进给完成后，Z 轴返回的是 R 点，然后以快速进给速率运动到距离下一段进给起点上方 d 的位置开始下一段进给运动。

每段进给的距离由孔加工参数 Q 给定，Q 始终为正值，d 的值由 532♯ 机床参数给定。

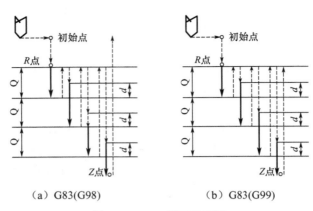

（a）G83(G98)　　　　　（b）G83(G99)

图 2.68　G88 循环示意图

（8）攻螺纹循环 G84（图 2.69）。

G84 固定循环除主轴旋转的方向完全相反外，其他与左螺纹攻螺纹循环 G74 完全一样，注意在循环开始以前指令主轴正转。

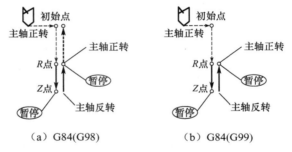

（a）G84(G98)　　　　　（b）G84(G99)

图 2.69　G84 循环示意图

（9）镗削循环 G85（图 2.70）。

G85 固定循环非常简单，执行过程为 X、Y 定位，Z 轴快速到 R 点，以 F 给定的速度进给到 Z 点，以 F 给定的速度返回 R 点，如果在 G98 模态下，返回 R 点后再快速返回初始点。

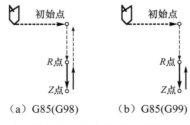

（a）G85(G98)　　　（b）G85(G99)

图 2.70　G85 循环示意图

（10）镗削循环 G86（图 2.71）。

G86 固定循环的执行过程和 G81 相似，不同之处是 G86 中刀具进给到孔底时使主轴停止，快速返回 R 点或初始点时再使主轴以原方向、原转速旋转。

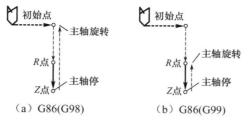

图 2.71　G86 循环示意图

（11）反镗削循环 G87（图 2.72）。

G87 循环中，X、Y 轴定位后，主轴定向，X、Y 轴向指定方向移动由加工参数 Q 给定的距离，以快速进给速度运动到孔底（R 点），X、Y 轴恢复原来的位置，主轴以给定的速度和方向旋转，Z 轴以 F 给定的速度进给到 Z 点，然后主轴再次定向，X、Y 轴向指定方向移动 Q 指定的距离，以快速进给速度返回初始点，X、Y 轴恢复定位位置，主轴开始旋转。

G87 固定循环用于图 2.72（a）所示孔的加工。该固定循环不能使用 G99，注意事项同 G76。

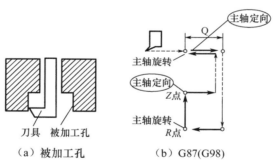

图 2.72　G87 循环示意图

（12）镗削循环 G88（图 2.73）。

G88 固定循环是带有手动返回功能的用于镗削的固定循环。

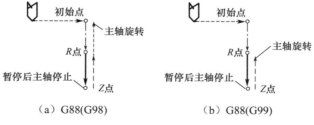

图 2.73　G88 循环示意图

（13）镗削循环 G89（图 2.74）。

G89 固定循环在 G85 的基础上增加了孔底的暂停。

（14）使用孔加工固定循环的注意事项。

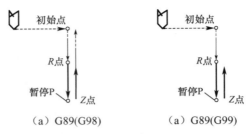

图 2.74　G89 循环示意图

① 编程时需注意在固定循环指令之前，必须先使用 S 和 M 代码指令主轴旋转。

② 在固定循环模式下，包含 X、Y、Z、A、R 的程序段将执行固定循环，如果一个程序段不包含上列的任何一个地址，则在该程序段中将不执行固定循环，G04 中的地址 X 除外。另外，G04 中的地址 P 不会改变孔加工参数中的 P 值。

③ 孔加工参数 Q、P 必须在固定循环执行的程序段中被指定，否则指令的 Q、P 值无效。

④ 在执行含有主轴控制的固定循环（如 G74、G76、G84 等）过程中，刀具开始切削进给时，主轴有可能还没有达到指令转速。这种情况下，需要在孔加工操作之间加入 G04 暂停指令。

⑤ 01 组的 G 代码也能起到取消固定循环的作用，所以不要将固定循环指令和 01 组的 G 代码写在同一程序段中。

⑥ 如果执行固定循环的程序段中指令了一个 M 代码，M 代码将在固定循环执行定位时同时执行，M 指令执行完毕的信号在 Z 轴返回 R 点或初始点后被发出。使用 K 参数指令重复执行固定循环时，同一程序段中的 M 代码在首次执行固定循环时执行。

⑦ 在固定循环模式下，刀具偏置指令 G45～G48 将被忽略（不执行）。

⑧ 单程序段开关置上位时，固定循环执行完 X、Y 轴定位、快速进给到 R 点及从孔底返回（到 R 点或初始点）后，都会停止。也就是说需要按循环起动按钮 3 次才能完成一个孔的加工。3 次停止中，前面的两次是处于进给保持状态，后面的一次是处于停止状态。

⑨ 执行 G74 和 G84 循环时，Z 轴从 R 点到 Z 点和 Z 点到 R 点两步操作之间如果按进给保持按钮的话，进给保持指示灯立即会亮，但机床的动作却不会立即停止，直到 Z 轴返回 R 点后才进入进给保持状态。另外 G74 和 G84 循环中，进给倍率开关无效，进给倍率被固定在 100%。

【例 2 - 8】　用精镗循环 G76 多孔加工（图 2.75）

```
O0160;
G90 G54 G17 G00 X0 Y0 S500 M03;
G43 Z100.0 H01;
G91 G99 G76 X100.0 Y-100.0 Z-102.0 R-98.0 Q0.1 F100;加工第 1 行第 1 列孔
X200.0 K4;                          孔加工循环 4 次，加工第 1 行其他孔
Y-200.0;                            加工第 2 行第 1 列孔
X-200.0 K4;                         孔加工循环 4 次，加工第 2 行其他孔
Y-200.0;                            加工第 3 行第 1 列孔
```

X200.0 K4;　　　　　　　　　　　　　孔加工循环 4 次，加工第 3 行其他孔

G80 Z98.0;　　　　　　　　　　　　　返回 R 点，取消固定循环

G49 G90 X0 Y0 M05;

M30;

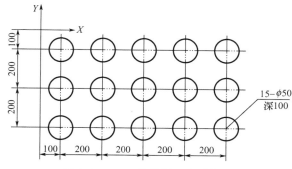

图 2.75　G76 精镗循环多孔加工

2.4.5　子程序

1. 子程序的概念

在一个加工程序中，如果其中有些加工内容完全相同或相似，为了简化程序，可以把这些重复的程序段单独列出，并按一定的格式编写成子程序。主程序在执行过程中如果需要某一子程序，通过调用指令来调用该子程序，子程序执行完后又返回主程序，继续执行后面的程序段。型腔和凸台加工是数控铣床加工的主要内容，在编程过程中常常使用子程序，简化加工程序和提高编程的效率。

（1）子程序的嵌套。

为了进一步简化程序，子程序可以调用另一个子程序，这种程序的结构称为子程序嵌套。在编程中使用较多的是二重嵌套，其程序的执行情况如图 2.76 所示。

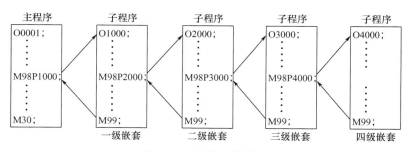

图 2.76　子程序的嵌套

（2）子程序的应用。

① 零件上若干处具有相同的轮廓形状，在这种情况下，只要编写一个加工该轮廓形状的子程序，然后用主程序多次调用该子程序就可完成对工件的加工。

② 加工中反复出现具有相同轨迹的走刀路线，如果相同轨迹的走刀路线出现在某个加工区域或在这个区域的各个层面上，采用子程序编写加工程序比较方便，在程序中常用

增量值确定切入深度。

③ 在加工较复杂的零件时，往往包含许多独立的工序，有时工序之间需要进行适当的调整，为了优化加工程序，把每一个独立的工序编成一个子程序，这样形成了模块式的程序结构，便于对加工顺序的调整，主程序中只有换刀和调用子程序等指令。

2. 调用子程序 M98 指令

指令格式：M98 P×××□□□□

指令功能：调用子程序

指令说明：P×××为重复调用的子程序的次数，若只调用一次子程序可省略不写，系统允许重复调用次数为 1～999 次。□□□□为重复调用子程序的程序名（必须为 4 位）。

3. 子程序结束 M99 指令

指令格式：M99

指令功能：子程序运行结束，返回主程序

指令说明如下。

（1）执行到子程序结束 M99 指令后，返回主程序，继续执行 M98 P×××□□□□程序段下面的主程序。

（2）若子程序结束指令用 M99 P_格式时，表示执行完子程序后，返回主程序中由 P_指定的程序段。

（3）若在主程序中插入 M99 程序段，则执行完该指令后返回主程序的起点。

（4）若在主程序中插入 M99 程序段，当程序跳步选择开关为"OFF"时，则返回主程序的起点；当程序跳步选择开关为"ON"时，则跳过 M99 程序段，执行其下面的程序段。

（5）若在主程序中插入 M99 P_程序段，当程序跳步选择开关为"OFF"时，则返回主程序中由 P_指定的程序段；当程序跳步选择开关为"ON"时，则跳过该程序段，执行其下面的程序段。

4. 子程序的格式

O（或：）□□□□

……

M99

格式说明：其中 O（或：）□□□□为子程序号，"O"是 EIA 代码，"："是 ISO 代码。

【例 2-9】 使用子程序调用，加工图 2.77 所示的图形外侧，工件表面为 Z 轴原点，安全高度为 100，参考高度（Z 轴进刀点）5，加工深度为 20。

主程序

```
O0111（MAIN）;
G90 G54 G17 G00 X0 Y0 S500 M03;        定位到工件坐标系原点
G43 Z100.0 H01;
M98 P111;                              调用子程序，加工左下工件外形
G90 G00 X130.0 Y0;                     定位于右下工件外形的起点
```

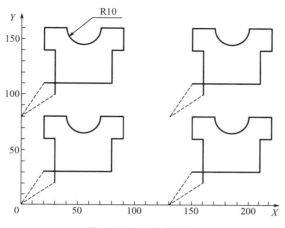

图 2.77 外轮廓加工

M98 P111;	调用子程序，加工右下工件外形
G90 G00 X0 Y80.0;	定位于左上工件外形的起点
M98 P111;	调用子程序，加工左上工件外形
G90 G00 X130.0 Y80.0;	定位于右上工件外形的起点
M98 P111;	调用子程序，加工右上工件外形
G90 G49 G00 X0 Y0 M05;	
M30;	

子程序

O0111（SUB）;	
G91 G00 Z-98.0;	使用增量坐标编程
G41 X30.0 Y20.0 D01;	使用左补，保证顺铣
G01 Z-22.0 F100;	
Y40.0;	
X-10.0;	
Y20.0;	
X20.0;	
G03 X20.0 R10.0;	
G01 X20.0;	
Y-20.0;	
X-10.0;	
Y-30.0;	
X-50.0;	
G00 Z120.0;	
G40 X-20.0 Y-30.0;	快速定位到图形的起点
M99;	返回主程序

【例 2－10】 使用子程序调用，加工图 2.78 所示的孔。

子程序一般用 G91 实现，也可用 G90 实现，这时需要考虑子程序返回主程序时的操作。

主程序

O1；

G90 G54 G00 X0 Y0 S1000 M03；

G43 Z100.0 H01；

G98 G73 R2.0 Z-30.0 Q2.0 F100 K0；

M98 P2；

G90 G80 G49 X0 Y0 M05；

M30；

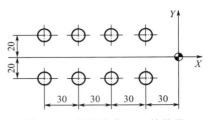

图 2.78　子程序中 G91 的使用

子程序

O2；

G91 X-30.0 Y20.0；

X-30.0 K3；

X90.0 Y-40.0；

X-30.0 K3；

M99；

在钻孔循环中，当指定 K＝0 时，只记忆钻孔资料而不执行钻孔。

2.5　数控铣床和加工中心高级编程指令

FANUC 控制系统的功能分为标准功能和选择功能，机床的标准配置中一般不包含选择功能。在购置机床时，选择功能需要用户特别要求，不同的选择功能价格也不同。因此用户应当根据自己的需要进行选择。本章主要介绍与坐标和图形变换有关的一些指令，这些指令中有些为标准功能有些为选择功能，用户在使用这些功能时，需要了解机床技术合同，清楚哪些功能在你的机床上能够使用，哪些功能在你的机床上不能够使用。但一般来说，低版本中的选择功能，在高版本中可能就成为标准功能。对于 FANUC 系统来说，FANUC－0i 系统是一款中端产品，它分为 FANUC－0i－MA/MB/MC，其中尤以 MC 的版本最高。

2.5.1　机床坐标系指令 G53

机床坐标系指令 G53 的格式：（G90）G53　IP_；

当这个指令被指定在机床坐标系中时，刀具移动到 IP_ 坐标值位置，为暂态代码。G53 仅在 G53 指定的单段和绝对模式（G90）下有效，在增量模式（G91）下无效。由于机床坐标系必须在指定 G53 指令前设定，在电源 ON 后至少一次回零。

当刀具移动到机床特别指定位置时，如换刀位置时，可用 G53 来指定。而 G53 也常用来和 G92 配合使用，确保程序运行起点的一致性。如

G90 G53 G00 X_Y_ Z_；

G92 X_Y_ Z_；

【例 2－11】　如图 2.79，使用 G53 移动刀具到机床指定的位置。

P1: G90 G53 G00 X-340.0 Y-210.0;
P2: G90 G53 G00 X-570.0 Y-340.0;

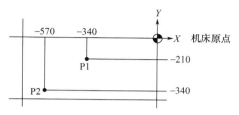

图 2.79　使用 G53 移动到机床指定的位置

2.5.2　子坐标系指令 G52

在工件坐标系中制作程序，有时为了制作程序方便，需要在工件坐标系中建立子坐标系，这个子坐标系也称局部坐标系。

格式：G52　IP_；（IP_＝X_Y_ Z_）。

G52 指令指定的子坐标系，即是所有工件坐标系（G54～G59）的子坐标系。每个子坐标系原点在对应的工件坐标系的坐标与 IP_相等。

当子坐标系用绝对模式（G90）设定时，该模式保持继续，在工件坐标系中移动的坐标值为子坐标系中的坐标值。

当需要取消子坐标系时，设置子坐标系的原点与工件坐标系的原点重合，即 G52 IP0；。

数控机床的坐标系的关系如图 2.80 所示

图 2.80　数控机床的坐标系的关系

【例 2－12】　如图 2.81 所示，刀具从 G54 原点开始，加工孔，最后回到 G54 原点。刀具安全位置距工件表面 100mm，切削深度 10mm。

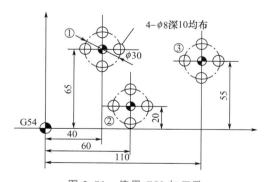

图 2.81　使用 G52 加工孔

主程序

```
O0190 (MAIN);
G90 G54 G17 G00 X0 Y0 S500 M03;
G43 Z100.0 H01;
G52 X40.0 Y65.0;                建立子坐标系
M98 P191;                       调用子程序加工①位置处 4-φ8 孔
G52 X60.0 Y20.0;                建立子坐标系
M98 P191;                       调用子程序加工②位置处 4-φ8 孔
G52 X110.0 Y55.0;               建立子坐标系
M98 P191;                       调用子程序加工③位置处 4-φ8 孔
G52 X0 Y0;                      取消子坐标系
G49 G00 X0 Y0 M05;
M30;
```

子程序（加工 4-φ8 孔）

```
O0191 (SUB);
G90 X0 Y0;
G99 G73 X15.0 Z-10.0 R2.0 Q2.0 F100;   使用啄式钻孔循环，返回到 R 点
X0 Y15.0;
X-15.0 Y0;
G98 X0 Y-15.0;                  最后一个孔加工完成后，返回到 Z 点
G80 X0 Y0;                      取消钻孔固定循环
M99;
```

2.5.3 极坐标指令 G15、G16

G15 指令极坐标模式取消，

G16 指令极坐标模式有效。

格式：（G17、G18、G19）G16 α β

其中 α 为极坐标半径；β 为极坐标角度，逆时针为正，顺时针为负。

如在极坐标模式下并且 G17 有效时（XY 平面），两个字的含义截然不同，它们表示半径和角度。

① X 地址字表示螺栓圆周的半径。

② Y 地址字表示孔与 0°位置的夹角。

除了 X 值和 Y 值，极坐标还需要旋转中心，它是 G16 指令前的最后一个编程点。

半径和角度值都可以在绝对模式（G90）和增量模式（G91）下编写。

在各种极坐标加工中，共有三种不同平面，见表 2-4。

表 2-4 极坐标加工中的平面

G 代码	平面	代码	平面
G17	XY 平面选择	G19	YZ 平面选择
G18	ZX 平面选择		

选择合适的平面对正确使用极坐标非常关键，编写程序中要编写所需的平面，甚至默认的 G17 平面也要编写出来。G17 为 XY 平面，如果在其他平面下工作，一定要遵循以下规则。

① 将圆弧半径值编写在所选平面的第一根轴坐标位置。

② 将孔的角度值编写在所选平面的第二根轴坐标位置。

表 2－5 列出了所有三种平面选择。如果程序中没有选择平面，控制系统默认为 G17 即 XY 平面。

表 2－5　平面选择

G 代码	选择平面	第一根轴	第二根轴
G17	XY	X＝半径	Y＝角度
G18	ZX	Z＝半径	X＝角度
G19	YZ	Y＝半径	Z＝角度

大多数的极坐标应用发生在 XY 平面上，所以通常使用 G17 指令。

【**例 2－13**】　（图 2.82）钻 4-ϕ7 通孔，深 13。

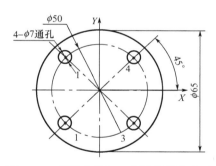

图 2.82　用极坐标加工螺栓圆周分布孔

O00002

N102 G0 G17 G40 G49 G80 G90

N103 G43 Z30 H01

N106 G0 G90 G54 X0 Y0 S500 M3

N108 G16　　　　　　　　　　　　　　　　极坐标开

N109 G43 H1 Z30

N110 G99 G81 X25 Y135 Z-13 R3.0 F180.0　　加工与 X 轴夹角为 135°、半径为 25 的孔

N112 X25 Y225　　　　　　　　　　　　加工与 X 轴夹角为 225°、半径为 25 的孔

N114 X25 Y-45　　　　　　　　　　　　加工与 X 轴夹角为 −45°、半径为 25 的孔

N116 G98 X25.0 Y45.0　　　　　　　　　加工与 X 轴夹角为 45°、半径为 25 的孔

N118 G80 G49

N119 G15　　　　　　　　　　　　　　　极坐标关

N120 M5

N122 G91 G28 Z0

N123 M30

2.5.4 缩放比例指令 G50、G51

可在程序中指定形状缩放比例。在指定缩放比例的场合，先设定比例参数，缩放比例才有效。

1. 缩放比例 ON 格式

G51 X_Y_ Z_ P_；

X、Y、Z：缩放中心的坐标值。

P：缩放比例（最小输入单位：0.001 或 0.00001…与参数选择有关）。

2. 缩放比例 OFF 格式

G50；

G51 指令以下的移动指令以 P 指定的缩放比例，X、Y、Z 指定的缩放中心移动。

如果 X、Y、Z 省略，G51 指令点视为缩放中心。

相同的形状，缩放中心不同，缩放的结果不同。图 2.83（a）和图 2.83（b）的缩放中心均为 C，缩放比例为 1/2。

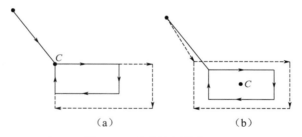

图 2.83　缩放比例的中心

缩放比例取值范围：0.00001～9.99999 或 0.001～999.999。

缩放比例不适用于补偿量（图 2.84），如刀具的长度补偿值、刀具的半径补偿值和刀具偏置值。

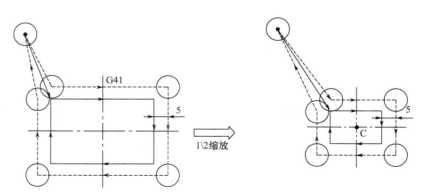

（a）缩放比例OFF(刀具半径补偿5mm)　　　　（b）缩放比例ON(刀具半径补偿5mm)

图 2.84　缩放比例的刀具半径补偿

【例 2 - 14】 基本形状经缩放后加工，缩放比例为 1.1 : 1，切削深度为 10mm，刀具的径补偿为 D21。

O100；（图 2.85）

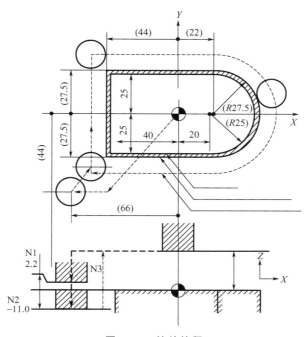

图 2.85 缩放编程

```
      G90 G00 G54 X0 Y0；
      Z100.0；
      G51（X0 Y0）Z0 P1100；
      X-60.0 Y-40.0；
N1    Z2.0；
N2    G01 Z-10.0 F100；
      G41 X-40.0 Y-30.0 D21 F200；
      Y25.0；
      X20.0；
      G02 Y-25.0 J-25.0；
      G01 X-45.0；
      G40 X-60.0 Y-45.0；
N3    G50 G00 Z100.0；
      X0 Y0；
      M30；
```

2.5.5 坐标系旋转指令 G68、G69

当工件置于工作台上与坐标系形成一个角度时，可用旋转坐标系来实现。这样，程序制作的时间及程序的长度都可以减少。

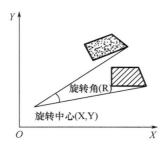

图 2.86　坐标系旋转

坐标系旋转格式：（图 2.86）G17　G68 X_ Y_　R_；

X、Y：旋转中心坐标值（G90、G91 有效）。

R：旋转角度（＋是逆时针方向，用绝对指令，使用参数也可设定使用增量指令）。

这个指令指定后，以（X，Y）点为中心，R 为旋转角度来旋转，角度的最小值为 0.001°，旋转范围为 0°≤ R ≤360.000°

当使用 G68 时，旋转平面取决于所选的平面（G17、G18、G19），G17、G18、G19 不需要与 G68 在同一段中。

当使用 G18、G19 时，坐标系旋转的指令如下。

G18　G68 X_ Z_ R_；

G19　G68 Y_ Z_ R_；

当 X、Y、Z 坐标省略时，G68 指令所在的位置为旋转中心。

当 R 省略时，在相应系统参数中设定的值被认为是旋转角度。

坐标系旋转取消格式：G69；

G69 可与其他指令在同一段中使用。

在坐标系被旋转前使用的刀具补偿，在坐标系旋转后，刀具的长度、半径补偿或刀具位置仍然使用。

【例 2 – 15】　刀具刀尖距工件表面 100mm（安全位置），切削深度 5mm。加工的形状如图 2.87 所示。

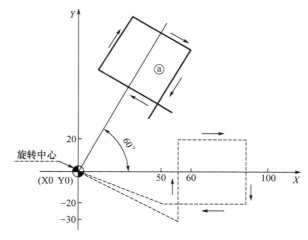

图 2.87　加工工件

```
O10；
G90 G54 G00 X0 Y0 S1000 M03；
G43 Z100.0 H01；
G68（X0 Y0）R60.0；
G41 X60.0 Y-30.0 D01；
Z-5.0；
G01 Y20.0 F100；
```

```
X100.0；
Y-20.0；
X50.0；
G00 Z100.0；
G40 X0 Y0；
G49；
G69；
M30；
```

G68 与 G69 指令中坐标点均为同一点（X0，Y0）时，可省略。坐标系旋转平面必须与刀补偿平面一致。在 G69 指令中不要改变所选择的平面。

2.5.6　可编程镜像

当加工的工件与坐标轴对称时，采用镜像编程比较简单、方便。

可编程镜像建立格式：G51.1 IP_；

G51.1：建立镜像。

IP_：IP_为 X_Y_Z_，表示镜像的轴，有 G90 和 G91 两种模态。

可编程镜像取消格式：G50.1 IP_；

可编程镜像取消格式中的 IP_通常为 X0，Y0，Z0。

当分别使用 X、Y 轴镜像时，实际的刀具移动（在非镜像轴上）、刀具半径补偿、圆弧的方向与原图形的方向相逆。当同时使用 X、Y 轴镜像时，刀具在各轴移动的方向相反，而刀具半径补偿、圆弧的方向与原图相同。

【例 2-16】　利用镜像加工图 2.88 所示的形状。

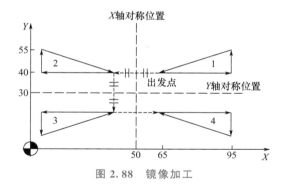

图 2.88　镜像加工

```
……

N1 G90 G00 G54；
N2 M98 P100；            1 形状加工
N3 G51.1 X50.0；         X50.0 镜像 ON
N4 M98 P100；            2 形状加工
N5 G51.1 Y30.0；         Y30.0 镜像 ON
N6 M98 P100；            3 形状加工
N7 G50.1 X0；            X 轴镜像取消
N8 M98 P100；            4 形状加工
```

```
N9 G50.1 Y0；          Y 轴镜像取消
……
```

下面的子程序用来加工形状。

```
O100；
G90 G00 X65.0 Y40.0；
G01 X95.0 F150；
Y55.0；
X65.0 Y40.0；
M99；
```

2.6 加工中心换刀编程指令

加工中心是由数控机床和自动换刀装置组成的。自动换刀装置由存放刀具的刀库和换刀机构组成。刀具交换的相关指令主要有以下几个。

1. 自动原点复归

机床参考点 （R）是机床上一个特殊的固定点，该点一般位于机床原点的位置，可用 G28 指令很容易地移动刀具到这个位置。在加工中心，机床参考点一般为主轴换刀点，使用自动原点复归主要用来进行刀具交换准备。

格式：G91 （G90）G28　X_ Y_ Z_；

X_ Y_ Z_是一个用绝对值或增量值指定的中间点坐标。

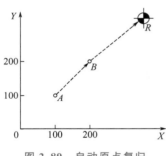

图 2.89　自动原点复归

G28 指令的动作过程（图 2.89）如下。

先在指令轴将刀具以快速移动速度向中间点 B（X_Y_Z_）定位，然后从中间点以快速移动速度移动到原点。如果没有设定机械锁定，原点复归后灯会亮。

（1）增量指令。

A→B→R

G91 G28 X100.0 Y100.0；

（2）绝对指令。

A→B→R

G90 G28 X200.0 Y200.0；

如：

```
O0012；
……
G91 G28 X0 Y0；          X、Y 轴原点复归（机械原点）
……
G91 G29 X0 Y0；          从原点复归到 G28 开始执行时的位置
……
M30；
```

自动原点复归中的 Z0 表示了中间点，在 G91、G90 情况下的意义如下。

G91 G28 Z0；表示主轴由当前 *Z* 坐标（中间点，*X*、*Y* 坐标保持不变）快速移动到原点。

G90 G28 Z0；表示主轴经快速移动到工件坐标系的 *Z* 轴零点（中间点，*X*、*Y* 坐标保持不变），然后快速移动到原点。

使用相对当前坐标移动量为"0"（G91 G28 Z0；G91 G28 X0 Y0）的场合比较多。G91 G28 X0 Y0 Z0；可使三轴同动，较少使用。

在 G28 中指定的坐标值（中间点）会被记忆，如果在其他的 G28 指令中，没有指定坐标值，就以前 G28 指令中指定的坐标值为中间点。

G28 指令用于自动换刀，所以为了安全，刀具半径补偿、刀具长度补偿在执行 G28 指令前必须取消。

2. 刀具交换条件

机械手与主轴的换刀共有五个动作，如图 2.90 所示，具体如下：①机械手首先顺时针旋转抓刀（同时抓主轴换刀点和主轴上的刀具）；②机械手臂向外移动，拔刀；③机械手旋转 180°换刀；④机械手臂向内移动，将下一把刀具装入主轴（装刀），将原主轴上的刀具装入主轴换刀点上的刀座中；⑤机械手主臂旋转，返回至换刀前的初始位置，机械手复位。

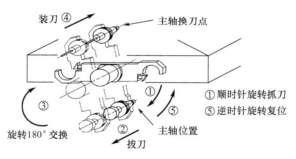

图 2.90　刀臂式换刀机械手换刀动作顺序

加工中心在进行刀具交换之前，必须将主轴回到换刀点（由 G28 指令执行）；另外下一把刀应当处在主轴换刀点位置。

卧式加工中心主轴可做 *Y*、*Z* 轴方向移动，刀具交换的条件是，*Y* 轴与 *Z* 轴完成机械原点的返回，*X* 轴与 *B* 轴可以是任意位置。

编程：G91 G28 Y0 Z0；

立式加工中心主轴可做 *Z* 轴移动，刀具交换的条件是，*Z* 轴完成机械原点的返回，*X* 轴与 *Y* 轴可以是任意位置。

编程：G91 G28 Z0；

3. 刀具交换指令

刀具交换主要由两条指令完成，分别为刀具准备指令 T 和换刀指令 M06。

（1）刀具准备 T□□。

格式：T□□

□□表示刀具号，取值为 00～99。

T□□表示需要交换的下一把刀具移动到机床的主轴换刀点，准备换刀。

（2）换刀指令 M06。

M06 表示将主轴换刀点的刀具和主轴上的刀具进行交换。在使用 M06 指令前首先需要使用 T□□指令和自动原点复归。

加工中心的刀具交换主要有手动和自动两种方式。在手动模式下进行刀具交换，先进行主轴返回换刀点的操作，然后移动其他坐标轴，使工作台及工件与换刀动作不发生干涉，这样便可采用 M06 及 T 代码换刀。在加工过程中，由于加工工艺的要求需要换刀时，一般采用自动换刀方式。

【例 2 - 17】 在卧式加工中心加工一个零件，需要换三把刀具 T01～T03，其编程如下。

O××××；	开始时，主轴上为任意刀具
T01；	确定主轴刀具是 T01，当主轴刀具不是 T01 时，T01 刀具准备
G91 G28 Y0 Z0；	主轴快速返回 Y、Z 机械原点
M06；	主轴刀具为 T01 时，刀具交换指令不执行，主轴刀具不是 T01 时，T01 换刀
（……T01 刀工作）	
T02；	T02 准备，移送到主轴换刀点，准备换刀
G91 G28 G00 Y0 Z0；	主轴快速返回 Y、Z 原点，主轴回到换刀位置
M06；	刀具交换，T02 安装到主轴上
（……T02 刀工作）	
T03；	T03 准备，移送到主轴换刀点，准备换刀
G91 G28 G00 Y0 Z0；	
M06；	执行刀具交换指令，T03 安装到主轴上
（……T03 刀工作）	
G91 G28 Y0 Z0；	
G28 B0；	
M30；	加工结束

2.7 用户宏程序

虽然子程序对编制相同的加工程序非常有用，但用户宏程序由于允许使用变量，算术和逻辑运算及条件转移，使得编制同样的加工程序更简便。例如，型腔加工宏程序和用户开发固定循环。使用时，加工程序可用一条简单的指令调出用户宏程序，和调用子程序完全一样。

2.7.1 变量

使用用户宏程序时，数值可以直接指定或用变量指定。当用变量时，变量值可用程序或用 MDI 面板操作改变。

1. 变量的表示

变量用变量符号♯和后面的变量号（数字或表达式）指定。如♯1 和♯2［♯1＋♯2-12］。

2. 变量的类型

变量根据变量号可以分成四种类型（表2-6）：空变量、局部变量、公共变量和系统变量。

表2-6 变量类型

变量号	变量类型	功　能
♯0	空变量	该变量总是空，没有值能赋给该变量
♯1～♯33	局部变量	局部变量只能用在宏程序中存储数据，如运算结果。当断电时，局部变量被初始化为空。调用子程序，自变量对局部变量赋值
♯100～♯199 ♯500～♯999	公共变量	公共变量在不同的宏程序中意义相同。当断电时，变量♯100～♯199初始化为空；变量♯500～♯999的数据保存
♯1000—	系统变量	系统变量用于读写数控系统的各种数据，如刀具的当前位置和补偿量

3. 变量值的范围

局部变量和公共变量可以为0值或下面范围中的值：$-10^{47} \sim -10^{-29}$ 或 $10^{-29} \sim 10^{47}$。如计算结果超出有效范围，则发出 P/S 报警。

4. 变量的引用

在地址后面指定变量即可引用其变量值。

例如：×♯1（×为地址，♯1为变量），♯1引用该变量值。

5. 变量使用的规定

（1）当用表达式指定变量时，要把表达式放在方括号 ［ ］ 中。

例如：G01 X ［♯1＋♯2］F♯3；

（2）被引用的变量值根据地址的最小设定单位自动舍入。

例如：当系统的最小输入增量为1/1000mm 单位时，对于指令 G00 X♯1，♯1＝12.3456；实际指令为 G00 X12.346；

（3）当改变引用变量的值的符号时，要把负号放在♯的前面。

例如：G00 X-♯1；

（4）当引用未定义的变量时，变量为空变量。

例如：当变量♯1的值是0，并且变量♯2的值是空时（未定义），G00 X♯1Y♯2执行的结果是 G00 X0；当变量未定义时，这样的变量成为"空"变量，变量♯0总是空变量，它不能写，只能读。

2.7.2 运算

1. 算术、逻辑和关系运算及函数

表2-7中列出的运算可以在变量中执行。运算符右边的表达式可以包含常量或由函数或运算符组成的变量。表达式中的变量♯j和♯k可以用常量代替。左边的变量也可以

用表达式赋值。

表 2-7　运算

功能	格式	备　注
定义	#i＝#j	—
加法	#i＝#j＋#k	
减法	#i＝#j－#k	—
乘法	#i＝#j＊#k	
除法	#i＝#j/#k	
正弦	#i＝SIN〔#j〕	角度以度指定。如 90°30′表示为 90.5°
反正弦	#i＝ASIN〔#j〕	ASIN〔#j〕取值范围：
余弦	#i＝COS〔#j〕	当参数（No.6004#0）NAT 位设为 0 时，取值 270°～90°
反余弦	#i＝ACOS〔#j〕	当参数（No.6004#0）NAT 位设为 1 时，取值－90°～90°
正切	#i＝TAN〔#j〕	ATAN〔#j〕的取值范围：
正切	#i＝TAN〔#j〕	当参数（No.6004，#0）NAT 位设为 0 时，取值 0°～360°
反正切	#i＝ATAN〔#j〕	当参数（No.6004，#0）NAT 位设为 1 时，取值－180°～180°
平方根	#i＝SORT〔#j〕	—
绝对值	#i＝ABS〔#j〕	—
舍入	#i＝ROUND〔#j〕	当算术运算或逻辑运算指令 IF 或 WHILE 中包含 ROUND 函数时，则 ROUND 函数在第 1 个小数位置四舍五入。 当在 NC 语句地址中使用 ROUND 函数时，ROUND 函数根据地址的最小设定单位将指定值四舍五入
或 异或 与	#i＝#j OR #k; #i＝#j XOR #k; #i＝#j AND #k;	逻辑运算一位一位地按二进制数执行
等于	#j EQ #k	
不等于	#j NE #k	
大于	#j GT #k	
小于	#j LT #k	—
大于或等于	#j GE #k	
小于或等于	#j LE #k	

2. 运算次序

在一个表达式中可以使用多种运算符。运算从左到右根据优先级的高低依次进行，在构造表达式时可用方括号重新组合运算次序。运算的优先级次序方括号〔　〕，函数，乘和除运算（＊、/、AND）加和减运算（＋、－、OR、XOR）关系运算（EQ、NE、GT、

LT、GE、LE）。

括号用于改变运算次序。括号可以使用 5 级，包括内部使用的括号。当超过 5 级时，出现 P/S 报警 No.118。

2.7.3 系统变量

系统变量用于读写数控系统内部数据，如刀具偏置量和当前位置数据。但是某些系统变量只能读。系统变量是自动控制和通用程序开发的基础。

（1）刀具补偿值。

用系统变量可以读写刀具补偿值。可使用的变量数取决于刀具补偿，分为外形补偿和磨损补偿，刀长补偿和刀尖补偿。当偏置组数小于或等于 200 时，也可使用 ♯2001～♯2400。变量与刀具补偿值的关系见表 2-8

表 2-8　变量与刀具补偿值的关系

补偿号	刀具长度补偿（H）		刀具半径补偿（I）	
	外形补偿	磨损补偿	外形补偿	磨损补偿
1	♯11001（♯2201）	♯10001（♯2001）	♯13001	♯12001
⋮	⋮	⋮		
200	♯11201（♯2400）	♯10201（♯2200）	⋮	⋮
⋮	⋮	⋮		
400	♯11400	♯10400	♯13400	♯12400

（2）宏程序报警 ♯3000。

当变量 ♯3000 的值为 0～200 时，数控系统停止运行且报警。可在表达式后指定不超过 26 个字符的报警信息。CRT 屏幕上显示报警号和报警信息，其中报警号为变量 ♯3000 的值加上 3000。

例如：♯3000＝1（TOOL NOT FOUND）

→报警屏幕上显示"3001 TOOL NOT FOUND"（刀具未找到）

（3）自动运行控制 ♯3003、♯3004。

自动运行控制可以改变自动运行的控制状态，主要与两个系统变量 ♯3003、♯3004 有关。运行时的单程序段是否有效取决于 ♯3003 的值（表 2-9），运行时进给暂停、进给速度倍率是否有效取决于 ♯3004 的值（表 2-10）。

表 2-9　自动运行控制的系统变量（♯3003）

♯3003	单程序段	辅助功能的完成
0	有效	等待
1	无效	等待
2	有效	不等待
3	无效	不等待

使用自动运行控制的系统变量 ♯3003 时，应当注意以下几点。

① 当电源接通时，该变量的值为 0。

② 当单程序段停止无效时，即使单程序段开关设为 ON，也不能执行单程序段停止。

表 2-10　自动运行控制的系统变量（♯3004）

♯3004	进给暂停	进给速度倍率	准确停止
0	有效	有效	有效
1	无效	有效	有效
2	有效	无效	有效
3	无效	无效	有效
4	有效	有效	无效
5	无效	有效	无效
6	有效	无效	无效
7	无效	无效	无效

使用自动运行控制的系统变量 ♯3004 时，应当注意以下几点。

① 当电源接通时，该变量的值为 0。

② 当进给暂停无效时，存在以下情况。

a. 当按下进给暂停按钮时，机床以单段停止方式停止。但是，当用变量 ♯3003 使单程序段方式无效时，单程序段停止不能执行。

b. 当按下又松开进给按钮时，进给暂停灯亮，但是机床不停止，程序继续执行，并且机床停在进给暂停有效的第一个程序段。

c. 当进给速度倍率无效时，倍率总为 100%，而不管机床操作面板上的进给速度倍率开关的设置。

d. 当准确停止检测无效时，即使那些不执行切削的程序段也不进行准确停止检测（位置检测）。

（4）模态信息 ♯4001～♯4130。

正在处理的程序段之前的模态信息可以读出，对于不能使用的 G 代码，如果指定系统变量读取相应的模态信息，则发出 P/S 报警。模态信息与系统变量的关系见表 2-11。

表 2-11　模态信息与系统变量的关系

模态信息	系 统 变 量	
♯4001	G00，G01，G02，G03，G33	（组 01）
♯4002	G17，G18，G19	（组 02）
♯4003	G90，G91	（组 03）
♯4004		（组 04）
♯4005	G94，G95	（组 05）
♯4006	G20，G21	（组 06）
♯4007	G40，G41，G42	（组 07）
♯4008	G43，G44，G49	（组 08）
♯4009	G73，G74，G76，G80-G89	（组 09）

续表

模态信息	系统变量	
♯4010	G98，G99	（组 10）
♯4011	G50，G51	（组 11）
♯4012	G65，G66，G67	（组 12）
♯4013	G96，G97	（组 13）
♯4014	G54-G59	（组 14）
♯4015	G61-G64	（组 15）
♯4016	G68，G69	（组 16）
⋮	⋮	（组 22）
♯4022	B 代码	
♯4102	D 代码	
♯4107♯	F 代码	
♯4109	H 代码	
♯4111	M 代码	
♯4113	顺序号	
♯4114	程序号	
♯4115	S 代码	
♯4119	T 代码	
♯4120		
♯4130		

例如：当执行♯1＝♯4001时，在♯1中得到的值是组 01（00，01，02，03 或 33）的值。具体是哪一个值，由宏程序前的主程序的状态决定。

（5）当前位置。

当前位置信息不能写，只能读。当前位置与系统变量的关系见表 2-12。

表 2-12　当前位置信息与系统变量的关系

变量号	位置信息	坐标系	刀具补偿值	运动时的读操作
♯5001～♯5004	程序段终点		不包含	可能
♯5021～♯5024	当前位置	机床坐标系	包含	不可能
♯5041～♯5044	当前位置	工件坐标系		
♯5081～♯5084	刀具长度补偿值			不可能

说明如下。

① 第 1 位代表轴号（1～4），如♯5003 存储当前工件坐标系的 Z 坐标值。

② 变量♯5081～♯5084 存储的刀具长度补偿值是当前的执行值，不是后面程序段的处理值。

③ 移动期间不能读取是指由于缓冲（预读）功能的原因，不能读期望值。

【例 2-18】　编写攻螺纹宏程序。

```
O0001
N1 G00 G91 X♯24 Y♯25;                              快速移动到螺纹孔中心
N2 Z♯18 G04;                                      快速移动到 Z 点，暂停
N3 ♯3003＝3;                                       单程序段无效、辅助功能的完成不等待
N4 ♯3004＝7;                                       进给暂停、进给速度倍率、准确停止无效
N5 G01 Z♯26 F♯9;                                  按螺距攻螺纹孔到 Z 点
N6 M04;                                          主轴反转
N7 G01 Z-[ROUND［♯18］＋ROUND［♯26］];              丝锥从螺纹孔退出到 R 点
G04;                                            暂停
N8 ♯3004＝0;                                      进给暂停、进给速度倍率、准确停止有效
N9 ♯3003＝0;                                      单程序段有效，辅助功能的完成等待
N10 M03;                                         主轴正转
```

2.7.4 转移和循环

使用 GOTO 语句和 IF 语句可以改变控制的流向。有三种转移和循环操作可供使用，GOTO 语句（无条件转移）；IF 语句（条件转移 IF … THEN…）；WHILE 语句（当……时循环）。

1. 无条件循环 GOTO 语句

无条件循环的格式：GOTOn；

n：顺序号（1～99999）。

转移到标有顺序号 n 的程序段。当指定 1～99999 以外的顺序时，出现 P/S 报警 No.128。可用表达式指定顺序号。

例如： GOTO 1；转移到 N1 语句，执行该语句。

GOTO♯10；转移到♯10 所表示的语句，执行该语句。

2. 条件转移

（1）条件转移 IF［＜条件表达式＞］GOTO。

条件转移的格式：IF［＜条件表达式＞］GOTO n

如果指定的条件表达式满足，转移到标有顺序号 n 的程序段。如果指定的条件表达式不满足，执行下个程序段。

【例 2-19】 用 IF 语句计算数值 1～10 的总和。

```
O9500;
♯1＝0;                                           存储和变量的初值
♯2＝1;                                           被加数变量的初值
N1 IF［♯2 GT 10］GOTO 2;                          当被加数大于 10 时转移到 N2
♯1＝♯1＋♯2;                                       计算和
♯2＝♯2＋1;                                        下一个被加数
GOTO 1;                                         转到 N1
N2 M30;                                         程序结束
```

（2）条件转移 IF［＜条件表达式＞］THEN。

条件转移的格式：IF［＜条件表达式＞］THEN 表达式

如果条件表达式满足，执行预先决定的宏程序语句，并且执行一个宏程序语句。

例如：如果♯1和♯2的值相同，0赋给♯3

IF［♯1 EQ ♯2］THEN ♯3＝0

（3）循环 WHILE 语句。

在 WHILE 后指定一个条件表达式，当指定条件满足时，执行从 DO 到 END 之间的程序；否则，转到 END 后的程序段。

【例 2 - 20】 用 WHILE 计算数值 1 到 10 的总和。

```
O0001；
♯1＝0；
♯2＝1；
WHILE［♯2 LE 10］DO1；
♯1＝♯1＋♯2；
♯2＝♯2＋1；
END 1；
M30；
```

2.7.5　宏程序调用

调用宏程序方法有以下几种方法。

① 非模态调用 G65。

② 模态调用 G66、G67。

③ 用 G 代码调用宏程序。

④ 用 M 代码调用宏程序。

⑤ 用 T 代码调用宏程序。

在本书中只介绍常用的宏程序非模态调用 G65 方法。

当指定 G65 时，以地址 P 指定的用户宏程序被调用。数据（自变量）能传递到用户宏程序体中。

格式：G65 P p L I＜自变量＞；

p：要调用的宏程序的程序号。

I：重复次数，省略 L 值时，默认值为 1。

自变量：数据传送到宏程序。自变量值赋值到相应的局部变量。

自变量的指定，使用除了 G、L、O、N 和 P 以外的字母，每个字母指定一次，见表 2 - 13。

表 2 - 13　自变量的指定

地址	变量号	地址	变量号	地址	变量号
A	♯1	I	♯4	T	♯20
B	♯2	J	♯5	U	♯21
C	♯3	K	♯6	V	♯22
D	♯7	M	♯13	W	♯23
E	♯8	Q	♯17	X	♯24
F	♯9	R	♯18	Y	♯25
H	♯11	S	♯19	Z	♯26

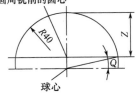

圆周铣削的圆心

R40

Z

Q

球心

图 2.91 外球面

【例 2 - 21】 加工图 2.91 所示的外球面。为对刀方便，宏程序编程零点在球面最高点处，采用从下向上进刀方式。

主程序如下。

```
O1000
G91 G28 Z0
M06 T01
G54 G90 G0 G17 G40
```

```
G43 Z50 H1 M03 S3000
G65 P9013 X0 Y0 Z-30 D6 I40.5
Q3 F800
G49 Z100 M05
G28 Z105
M06 T02
G43 Z50 H2 M03 S4000
G65 P9014 X0 Y0 Z-30 D6 I40
Q0.5 F1000
G49 Z100 M05
G28 Z105
M30
```

立铣刀加工宏程序如下。

```
O9013
#1=#4+#26;                          进刀点相对球心 Z 坐标
#2=SQRT [#4 * #4-#1 * #1];          切削圆半径
#3=ATAN#1/#2;                       角度初值
#2=#2+#7;
G90 G0 X [#24+#2+#7+2] Y#25;
Z5;
G1 Z#26 F300;
WHILE [#3 LT 90] DO1;               当进刀点相对水平方向夹角小于90°时加工
G1 Z#1 F#9;
X [#24+#2];
G2 I-#2;
#3=#3+#17;
#1=#4 * [SIN [#3] -1]; Z=-(R-RSINθ);
#2=#4 * COS [#3] +#7; r=RCOSθ;
END1;
G0 Z5;
M99;
```

球头铣刀加工宏程序如下。

```
O9014
#1=#4+#26;                          中间变量
```

```
#2＝SQRT［#4＊#4-#1＊#1］;          中间变量
#3＝ATAN#1/#2;                    角度初值
#4＝#4＋#7;                       处理球径
#1＝#4＊［SIN［#3］-1］; Z＝-(R-RSINθ);
#2＝#4＊COS［#3］; r＝RCOSθ;
G90 G0 X［#24＋#2＋2］Y［#25］;
Z5;
G1 Z#26 F300;
WHILE［#3 LT 90］DO1;              当角小于90°时加工
G1 Z#1 F#9;
X［#24＋#2］;
G2 I-#2;
#3＝#3＋#17;
#1＝#4＊［SIN［#3］-1］; Z＝-(R-RSINθ);
#2＝#4＊COS［#3］; r＝RCOSθ;
END1;
G0 Z5;
M99;
```

宏程序调用参数说明如下。

X（#24）/Y（#25）表示球心坐标，Z（#26）表示球高，D（#7）表示刀具半径，Q（#17）表示角度增量［单位（°）］，I（#4）表示球径，F（#9）表示走刀速度。

习　　题

1. 简要说明 G00、G01 的区别。

2. 简要说明 G92 与 G54～G59 设定工件坐标系的区别，以及主要适用的加工场合。

3. 圆弧加工的 R 格式中，R 的取值为什么有正、负区分？

4. 整圆铣削的编程怎样实现？

5. 请说明以下几种孔加工所使用的 G 代码：普通钻孔、断屑钻孔、深孔钻孔、扩孔、铰孔、粗镗孔、精镗孔、镗台阶孔、攻右螺纹。

6. 简要说明刀具半径补偿的用途。

7. 简要说明刀具半径补偿功能的指令、实现过程及注意事项。

8. 下列说法是否正确。

① G43 正补偿相当于工件坐标系沿 Z 轴平移一个刀具补偿值。

② 通过改变刀具半径补偿值，可以使用一把铣刀，完成粗铣、半精铣、精铣。

③ 刀具半径补偿建立可以在圆弧运动中实现。

④ 孔加工固定循环可以使用其他指令编写程序实现。

⑤ 子程序调用的次数不受限制。

⑥ 为了方便调用子程序，子程序一般采用相对坐标编写。

⑦ 精镗孔必须使用单刃镗刀。

⑧ 加工中心的刀具使用 G43 时，刀具长度补偿值均为负值。

9. 简要说明 G53、G54～G59、G52 的区别，以及适用的场合。

10. 在（ ）中填入图 2.92 所示工作名称。

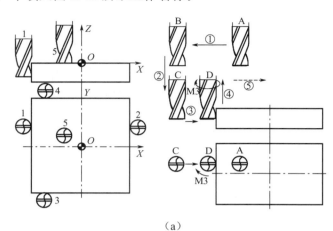

（a）

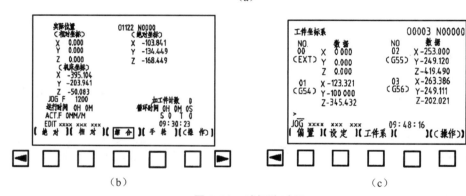

（b） （c）

图 2.92　试切法对刀

（a）（　　　　　　）　（b）（　　　　　　　）　（c）（　　　　　）

11. 在（ ）中填入图 2.93 所示工作名称。

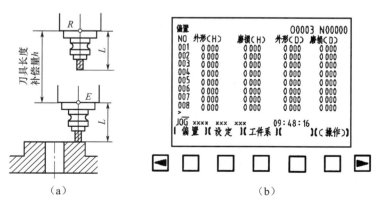

（a） （b）

图 2.93　刀具补偿值设置

（a）（　　　　　　）　（b）（　　　　　　）

12. 编程 1。

使用 ϕ20mm 立铣刀铣削图 2.94、图 2.95 所示零件外形，铣削深度分别为 10mm、5mm。要求：使用刀具长度、半径补偿，图 2.95 零件 110h7 尺寸公差采用中差编程。

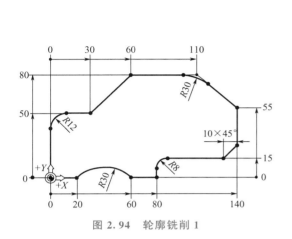

图 2.94　轮廓铣削 1

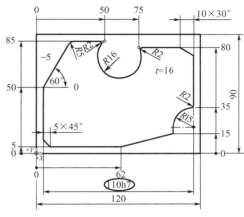

图 2.95　轮廓铣削 2

13. 编程 2。

图 2.96 使用 ϕ8mm 钻头钻孔，钻孔深度为 10mm；图 2.97 使用 ϕ10mm 立铣刀铣槽。要求：使用刀具长度补偿、子程序调用。

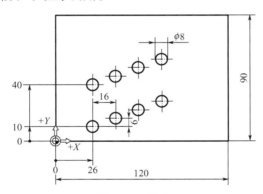

图 2.96　钻孔

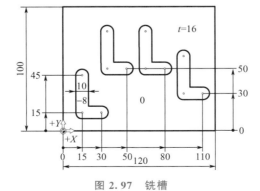

图 2.97　铣槽

14. 加工中心编程。

使用 ϕ25mm 铣刀、ϕ12mm 定心钻、ϕ8mm 钻头加工图 2.98 所示零件的深 3mm、7mm 台阶面和 6-ϕ8mm 孔并孔口倒角。（提示：ϕ12mm 定心钻可同时完成定心孔和孔口倒角加工）

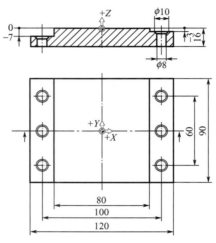

图 2.98　铣台阶面、钻孔

15. 宏程序编程。

铣削内半球体：在数控铣床上用 ϕ12mm 球头铣刀对图 2.99 所示的半球体进行精加工。要求：用同一程序及用不同半径的刀具加工不同半径的内球体，编写相应的宏程序。（提示：采用 G65 非模态调用）

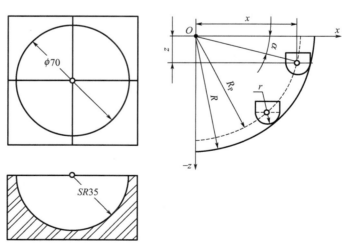

图 2.99　铣削内球面

第**3**章
数控车床编程

学习目标

1. 能够说明数控车床程序编制的基础和特点。
2. 能够运用数控车床的基本编程指令，编写相应的数控程序。
3. 能够运用数控车床的刀具补偿和子程序功能，编写相应的数控程序。
4. 能够说明手工编制加工程序的基本方法和流程。

教学要求

知识要求	相关知识	能力要求
能够说明数控车床程序编制的基础、特点及工艺	数控车床基础、机械制造技术基础	能够根据不同零件的工艺方案，编写和阅读相应的数控车削程序
能够建立、调用数控车床机床坐标系、工件坐标系	右手笛卡儿数控机床坐标系	
能够运用数控车床的基本编程指令、简单循环和复合循环功能、刀具补偿和子程序功能，编写相应的数控程序	数控车床编程指令	
能够说明数控机床坐标系原点与参考点的定义、区别及相互关系	数控机床坐标系的建立	

　　数控车床，是现代化的制造企业中非常重要的加工设备，可用于轴类零件或盘类零件的内外圆柱面、任意锥角的内外圆锥面、复杂回转内外曲面和圆柱、圆锥螺纹等切削加工，并能进行切槽、钻孔、扩孔、铰孔及镗孔等。

3.1 概　　述

　　数控车床主要用于轴类和套类回转体零件的加工，适合多品种、多规格的中小批量形状复杂零件的生产，具有高精度、高效率、高柔性化等特点。

车削零件加工实例

　　数控车床可以在一次装夹中完成许多加工操作，如车削、镗削、钻削、螺纹加工、槽加工、滚花；也可以在不同模式下使用，比如卡盘工作、弹簧夹头工作、棒料进给器等。数控车床采用特殊的转塔刀架，刀架上装夹数把刀具，它们有可能拥有铣削装置、分度卡盘、辅助轴等许多普通车床不具备的特征，甚至四轴以上的车床也较为常见。其加工特点主要如下。

　　（1）适应性强。适应性即所谓的柔性，是指数控车床随生产对象变化而变化的适应能力。在数控车床上改变加工零件时，只需重新编制程序，输入新的程序后就能实现对新的零件的加工。这就为复杂结构零件的单件、小批量生产及新产品试制提供了极大的方便。

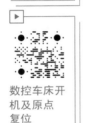

数控车床开机及原点复位

　　（2）精度高，质量稳定。数控车床工作台的脉冲当量普遍达到了0.01～0.0001mm，而且进给传动链的反向间隙与丝杠螺距误差等均可由数控装置进行补偿。闭环控制的数控车床采用光栅尺进行精度反馈，定位精度、加工精度得到了很大的提高。此外，数控车床的传动系统与机床结构都具有很高的刚度和热稳定性。通过补偿技术，数控车床可获得比本身精度更高的加工精度。

车削程序输入与调试

　　（3）生产效率高。数控车床主轴的转速和进给量的变化范围比普通机床大，因此数控车床每一道工序可选合适的切削用量。数控车床结构刚性好，允许进行大切削用量的强力切削，提高了数控车床的切削效率。数控车床的移动部件空行程运动速度快，工件装夹时间短，刀具可自动更换，辅助时间比一般机床大为减少。

　　（4）车铣复合机床加工能实现复杂的运动。普通机床难以实现或无法实现曲线或曲面的运动，如螺旋桨、汽轮机叶片之类的空间曲面。而车铣复合机床则可实现几乎是任意轨迹的运动和加工任何形状的空间曲面，适合加工复杂异形零件。

数控车床工件安装

　　（5）有利于生产管理的现代化。数控车床使用数字信息与标准代码处理、传递信息，特别是在数控车床上使用计算机控制，为计算机辅助设计、制造及管理一体化奠定了基础。

3.2 数控车床基础知识

3.2.1 数控车床的类型

数控车床可以根据设计类型和轴的数目进行分类。卧式数控车床和立式数控车床是两种最基本的类型。其中，卧式数控车床在实际应用中更广泛，而立式数控车床在大型零件加工中具有不可替代的作用。

常见的卧式数控车床分为普通数控车床、车削中心、双主轴结构数控车床、车铣复合机床。

1. 普通数控车床

由于倾斜床身排屑更为理想，机床刚度高，因此倾斜床身后置刀架数控车床（图3.1）在实际应用中更受欢迎。工件通过卡盘或夹头安装在车床主轴上。床身通常为倾斜床身结构，对于一些大型数控车床，则采用平床身更为合适。切削刀具安装在转塔刀架上，通常可以装夹4把、6把、8把、12把，甚至更多的刀具。

图 3.1　倾斜床身后置刀架数控车床

2. 车削中心

车削中心是在普通数控车床基础上发展起来的一种复合加工机床。除具有一般二轴联动数控车床（图3.2）的各种车削功能外，车削中心的转塔刀架上有能使刀具旋转的动力刀座，主轴具有按轮廓成形要求连续（不等速回转）运动和进行连续精确分度的 C 轴功能，并能与 X 轴或 Z 轴联动（图3.3），控制轴除 X、Z、C 轴之外，还可有 Y 轴。车削中心可进行端面和圆周上任意部位的钻削、铣削和攻螺纹等加工，在具有插补功能的条件下，还可以实现各种曲面铣削加工。

图 3.2　二轴联动数控车床

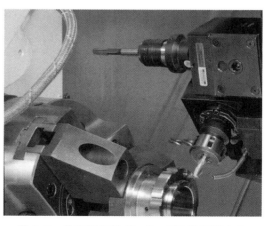

图 3.3　具有控制轴 X、Z、C 轴的车削中心

3．双主轴结构数控车床、车铣复合机床

随着数控技术的发展，数控车床的工艺和工序将更加复合化和集中化，即把各种加工任务（如车、铣、钻等）都集中在一台数控车床上完成。目前国际上出现的双主轴结构数控车床（图 3.4）、车铣复合机床（图 3.5）就是这种构思的体现。

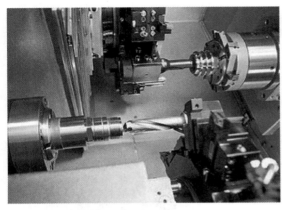 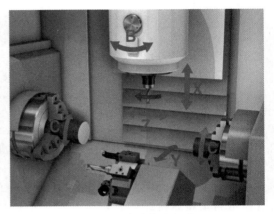

图 3.4 双主轴结构数控车床   图 3.5 车铣复合机床

在车铣复合机床中，工件可以通过一次机床装夹完成加工，如车削、铣削、仿形加工和倾斜表面的铣削及磨削。机床能够自动选择和更换所需刀具。

对于车铣复合机床，工件可以从主轴传递到副轴。整个操作包括工件正面铣削和车削，工件背面铣削和车削，通过一次装夹完成。对于该加工程序，单独的铣削和车削机床需要四次装夹。

3.2.2 数控车床加工的主要对象

1．精度、表面质量要求高的回转体零件

数控车床可以加工在尺寸精度、形状精度和位置精度方面要求较高的零件。由于数控车床具有恒线速度切削功能，能加工出表面粗糙度 R_a 值小而均匀的零件。数控车床还适合于车削各部位表面粗糙度要求不同的零件，表面粗糙度 R_a 值要求大的部位选用大的进给量，要求小的部位选用小的进给量。

2．表面形状复杂的回转体零件

数控车床可以车削任意直线和曲线组成的形状复杂的回转体零件。

3．带螺纹的回转体零件

数控车床能车削增导程、减导程及要求等导程和变导程之间平滑过渡的螺纹。数控车床车削螺纹时，主轴转向简单，可以不停顿地进行循环，直到完成，所以车削螺纹的效率很高。而且车削出来的螺纹精度高、表面粗糙度 R_a 值小。

4．淬硬工件的加工

在大型模具加工中，有不少尺寸大而形状复杂的零件。这些零件热处理后的变形量较

大，磨削加工困难，因此可以用陶瓷车刀在数控车床上对淬硬后的零件进行车削加工，以车代磨，提高加工效率。

3.2.3 数控车床的参数

1. 最大直径和长度、坐标轴的行程

加工工件的行程及坐标轴的行程是数控车床最主要的参数。工件的最大直径和长度限制了工件的大小，基本轴的行程反映了机床的加工范围。一般情况下加工件的轮廓尺寸应在机床坐标轴的行程内，个别情况也可以工件尺寸大于机床坐标轴的行程范围，但必须要求零件上的加工区处在机床坐标轴的行程范围之内，而且要考虑机床的允许承载能力，以及工件是否与机床换刀空间干涉等一系列问题。

2. 主轴转速、进给速度范围和主轴电动机

主轴转速、进给速度范围和主轴电动机也是数控机床的主要参数，代表了机床的加工效率，也从一个侧面反映了机床的刚性。如果加工过程中以加工小直径工件为主，则一定要选择高速主轴，否则加工效率无法提高。

3. 车床精度

机床精度主要有主轴回转精度、导轨导向精度、各坐标轴间的相互位置精度、机床的热变形特性等。不同类型的机床，对精度的侧重点是不同的。车床、磨床类机床主要以尺寸精度为主，镗床、铣床类机床主要以位置精度为主。车床精度主要包括以下几方面。

（1）定位精度和重复定位精度。

一般数控车床的定位精度为 ± 0.01mm，重复定位精度为 ± 0.005mm，20 世纪 90 年代初中期数控车床的定位精度已达到 $\pm 0.002 \sim \pm 0.005$mm。高精密数控车床的重复定位精度在 ± 0.001mm 以内。

（2）具有 C 轴的数控车床的主轴的分度精度。

（3）脉冲当量和分辨率。简易数控车床的脉冲当量为 0.01mm，普通数控车床的脉冲当量为 1μm，精密或超精密数控车床的脉冲当量为 0.1μm。分辨率是指旋转编码器的测量最小角度或光栅尺测量的最小长度，中高档数控机床的数控系统分辨率可达 0.001mm，运动系统分辨率可达 $0.005 \sim 0.008$mm。

（4）加工精度。高精密数控车床加工圆度可达 0.2μm 以下，粗糙度 R_a 可达 0.3μm 以下。

例如，CY－HTC4050 高精密数控车床，采用花岗岩整体床身，高精度导轨，配置静压主轴，气动高精度卡盘，定位精度 2μm，重复定位精度 1μm，表面粗糙度值 $R_a 0.2\mu$m。

4. 车床功能

数控机床的功能包括坐标轴数和联动轴数、辅助功能、数控系统功能选择等许多内容。

在所有功能中，坐标轴数和联动轴数是主要选择内容。对于用户来说，坐标轴数和联动轴数越多，则机床功能越强。每增加一个标准坐标轴，则机床价格增加 30％～40％，故不能盲目追求坐标轴数量。

某数控车床和某车削中心主要技术参数见表 3－1 和表 3－2。

表 3-1　某单刀架二轴联动数控车床的主要技术参数

项目	参数	项目	参数
最大旋径	$\phi470mm$	主轴转速	7000r/min
最大车削旋径	$\phi95mm$	主轴轴承直径	$\phi45mm$
最大棒料加工能力	32 mm	刀塔刀位数	刀塔：H8（选配）
X 轴最大行程	300mm	快速进给（X、Z 轴）	300mm/min
Z 轴最大行程	240mm	电动机功率	5.5kW

表 3-2　刀架 X、Y、Z、C 四轴控制车削中心技术参数

项目	参数	项目	参数
最大车削直径	$\phi420mm$	主轴转速	4000r/min
最大加工长度	1025mm	铣削主轴转速	4000r/min
最大棒料加工能力	77mm	刀塔形式	鼓型刀塔
X、Z 轴最大行程	260mm/1030mm	刀塔刀位数	12
Y 轴最大行程	150mm	快速进给（X、Y、Z、C 轴）	X：24m/min　Y：2m/min Z：24m/min　C：$300min^{-1}$

3.3　前置刀架和后置刀架车床坐标系

按刀架与机床主轴的位置来看，数控车床具有前置刀架和后置刀架之分。刀架布局在操作者和主轴之间位置，称为前刀架。刀架布局在操作者和主轴外侧位置，称为后刀架。传统的普通车床就是前置刀架车床的一个例子，所有斜床身类型车床都属于后置刀架车床。

3.3.1　数控车床的机床坐标系

1. 坐标轴的定义

数控车削的主运动是工件的旋转运动，辅助运动为刀具的平面移动。在国家标准规定的坐标轴定义中，Z 坐标的运动由传递切削力的主轴决定，与主轴轴线平行，远离工件为正。对于工件旋转的机床，垂直于工件旋转轴线的方向为 X 轴，而刀架上刀具远离工件旋转中心的方向为 X 轴正方向。因此，数控车床或车削中心的 Z 轴，无论是前刀架还是后刀架，均平行于车床主轴，向尾架方向为正。X 轴对应工件的径向，前后刀架正方向呈镜像关系，具体情况如图 3.6 和图 3.7 所示。

2. 数控车床的机床原点

在第 2 章已介绍了机床原点，对于数控车床或者车削中心，机床原点一般设置在卡盘

端面与主轴中心线的交点处，如图3.6和图3.7所示。

3. 数控车床的机床参考点

在数控车床或车削中心上，机床参考点设置在每根轴行程范围的正半轴的末端，即X轴和Z轴运动正方向的极限位置，它与机床原点之间的坐标关系已知。前后刀架数控车床具体情况如图3.6和图3.7所示。

在机床设置过程中，尤其是打开电源时，所有轴的预先设置位置应该始终一样，不随日期和工件的改变而改变。FANUC数控系统和其他许多数控系统在执行回零指令之前不允许机床自动操作，通过参考点的确认，从而确认机床原点，为数控车床刀架的移动提供基准。机床参考点与机床原点之间的X、Z方向的偏移值均存储在机床参数中。

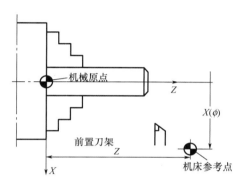

图 3.6 前置刀架数控车床机床坐标系

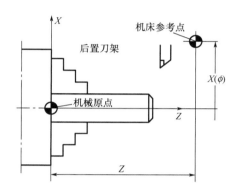

图 3.7 后置刀架数控车床机床坐标系

3.3.2 数控车床的工件坐标系（工件参考点）

机床加工之前，先通过夹具将工件安装在机床上，然后使用工件参考点以确定它与机床参考点、刀具参考点及图样尺寸的关系，即建立工件坐标系。

工件坐标系是确定零件图上各几何要素的位置而建立的坐标系。编程人员可以在工件坐标系中描述工件形状，计算程序数据。工件坐标系的确定直接影响编程计算量、程序繁简程度和零件的加工精度。

工件参考点一般也称程序原点或工件原点，如图3.8所示，工件参考点处于工件右端面与轴心线的交点处。由于可以在任何地方选择表示工件参考点的坐标点，因此它不是一个固定的点，而是一个可以移动的点。虽然从理论上这个点可以在工件的任意地方选择，但由于实际机床操作中的限制，有3个因素决定了如何选择工件参考点：加工精度、调试和操作的便利性和安全性。

（1）加工精度：工件加工必须符合图样的技术要求，尤其对于批量生产而言，所有后续的工作也必须相同。

（2）调试：在保证加工精度的前提下，必须定义一个方便在机床上进行调试和检查的工件参考点，这将大大提高工作效率。

（3）操作的便利性和安全性：操作便利性主要考虑工件原点的选择便于测量和检测。安全性是个非常重要的指标，工件参考点的选择对加工操作的安全性影响极大。

数控车床的工件坐标系应与机床坐标系的坐标方向一致，X轴垂直于工件旋转轴线、远离工件回转中心为正，Z 轴平行于工件旋转轴线、刀具远离工件方向为正。其后置刀架加工坐标系如图 3.8 所示。本书中除了特别进行说明，使用的工件坐标系均为后置刀架坐标系。

数控车床上的工件参考点选择较简单，一般只需要考虑两根轴，因为车床设计的缘故，X 轴工件参考点通常选择在主轴中心线上。对于 Z 轴工件参考点的选择，常用方法有三种。

（1）卡盘表面：即卡盘的主平面，如图 3.9 所示。使用卡盘表面很容易和切削刃接触，可使用传感器来防止刀具碰撞。除非工件紧靠在卡盘表面上，否则需要对坐标数据进行额外计算，而且不能轻易使用图样尺寸。

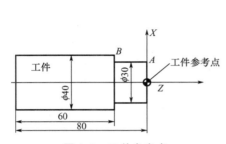

图 3.8　工件参考点

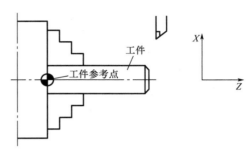

图 3.9　工件参考点在卡盘端面

（2）卡爪表面：即卡爪的定位面，如图 3.10 所示。在不规则零件表面加工时比较有利，如铸件、锻件等。

（3）工件表面：即加工工件的右端前表面，如图 3.11 所示，这是目前使用最多的方式。设置在工件表面，沿着 Z 轴的许多绘图尺寸可以直接转换到程序里，只是在正负号上进行区别。刀具运动的负 Z 值表明刀具处于工作区域，而正的 Z 值表明刀具处于非工作区域。在程序开发过程中，很容易忘记 Z 轴切削运动负号。这种错误如果不及时发现，可能会将刀具定位在远离工件的位置，此时由于尾座的影响，可能发生碰撞问题。

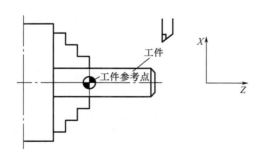

图 3.10　工件参考点在卡爪表面

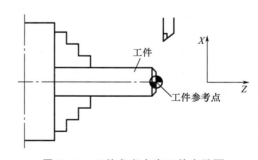

图 3.11　工件参考点在工件右端面

3.3.3　数控车床工件坐标系建立的三种方法

工件坐标系是确定零件图上各几何要素的位置而建立的坐标系。编程人员可以在工件坐标系中描述工件形状，计算程序数据。数控车床工件坐标系的建立通常有 3 种方法：试切对刀法、G50 设定工件坐标系和 G54～G59 设定工件坐标系。下面以 FANUC - 0i - TD 系统为例，分别就上述方法进行叙述和讨论。

1. 试切对刀法

设刀具号为 T01，刀具的补偿号为 01。X、Z 轴分别试切对刀建立工件坐标系，具体的过程如下。

（1）用车刀先试切一外圆，车刀沿 Z 向退出工件。测量外圆直径后，按【OFS/SET】→【补正】→【形状】键，移动光标到 01，输入"X49.0"，按【测量】键，即将工件坐标系零点的 X 坐标输入刀具几何形状里。补偿号为 01 的 X 值为：X −329.035，见表 3 − 3。

（2）用外圆车刀再试切外圆端面，车刀沿 X 向退出工件。按【OFS/SET】→【补正】→【形状】键，移动光标到 01，输入"Z0"，按【测量】键，即将工件坐标系零点的 Z 坐标输入刀具几何形状里。补偿号为 01 的 Z 值为：Z −249.035，见表 3 − 3。

表 3 − 3　刀具形状补正

工具补正/形状				
G 代码	X	Z	R	T
G01	−329.035	−249.035	0.0000	0
G02	0.0000	0.0000	0.0000	0
G03	0.0000	0.0000	0.0000	0
G04	0.0000	0.0000	0.0000	0
G05	0.0000	0.0000	0.0000	0
G06	0.0000	0.0000	0.0000	0

若 T01 刀具的补偿号为 02，在以上的操作过程中，需要将光标移到 02，其他的操作相同。

试切对刀的原理如图 3.12 所示，其原理为通过 X、Z 轴分别试切，确定工件坐标系零点在机床坐标系的位置。

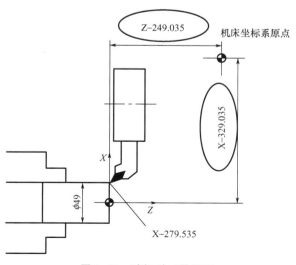

图 3.12　试切对刀的原理

2. G50 设定工件坐标系

G50 设置工件坐标系零点的原理为根据刀具当前位置，确定工件坐标系。

图 3.13 中，在 MDI 模式下，输入 G50 X49.0 Z0，并运行。图 3.14 中，在 MDI 模式下，输入 G50 X0 Z0，并运行。工件坐标系零点的位置相同。

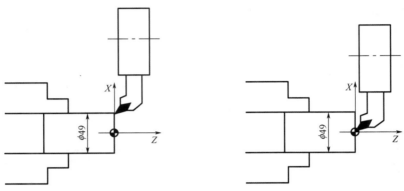

图 3.13　G50 设定工件坐标系的零点 1　　　图 3.14　G50 设定工件坐标系的零点 2

如果程序开头：G50 X150 Z150…程序终点必须与起点一致，即 X150 Z150，这样才能保证重复使用该程序加工不乱刀。

技巧：

用第一参考点 G28 作为程序开头，可以保证重复加工不乱刀。

```
G28 U0 W0
G50 X334.26 Z223.25
```

G50 使用参考点建立工件坐标系的原理如图 3.15 所示。G50 指令中 X、Z 的坐标计算如下。

X：100＋254.26－20＝334.26　　　Z：50＋93.250＋80＝223.50

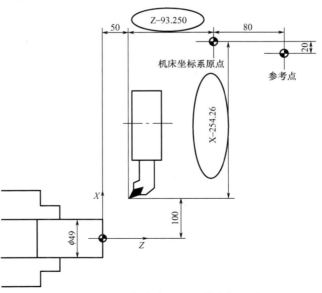

图 3.15　G50 使用参考点建立工件坐标系的原理

3. G54～G59 设定工件坐标系

　　将某一把刀作为标准刀，通过试切建立工件坐标系，其余的刀以标准刀作为参照，通过刀具补偿确定刀具在工件坐标系中的位置。

　　以下通过 T06、T04 说明工件坐标系建立的过程，T06 作为标准刀，刀具补偿号为 06；T04 的刀具补偿号为 04。

　　用 T06 外圆车刀先试切一外圆端面，选择 G54，建立工件坐标系。T06 的刀具补偿号为 06，其 X、Z 形状补正值为 "0"；T04 在刀塔安装与 T06 外圆车刀在 X、Z 方向存在误差，如图 3.16 和图 3.17 所示。T04 的刀具补偿号为 04，其 X、Z 形状补正值为 X－1.4，Z－6.7，见表 3-4。

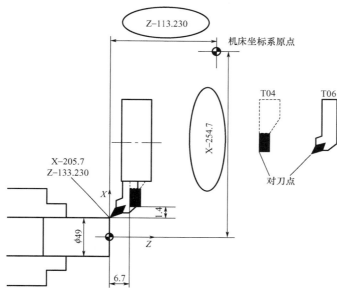

图 3.16　G54 试切对刀原理

通用	X	0.000	G55	X	0.000
	Z	0.000		Z	0.000
G54	X	−254.7	G56	X	0.000
	Z	−113.230		Z	0.000

图 3.17　机床坐标系的设定

表 3-4　刀具形状补正

工具补正/形状				
G 代码	X	Z	R	T
G01	0.0000	0.0000	0.0000	0
G02	0.0000	0.0000	0.0000	0
G03	0.0000	0.0000	0.0000	0
G04	−1.4	−6.7	0.0000	0
G05	0.0000	0.0000	0.0000	0
G06	0.0000	0.0000	0.0000	0

【例 3 - 1】 计算刀具的机械位置。

```
O08005;
N10 G28U0W0;              刀具返回参考点
N20 M04S500;
N30 G54T0606;             建立工件坐标系，换刀，建立刀具补偿
N40 G00X49Z50;            当前的机械坐标为 X-205.7，Z-63.230
N50 G00X100Z100;          刀具移动到安全位置
N60 T0404;                换刀，建立刀补
N70 G00X49Z50             当前的机械坐标为 X-207.1，Z-69.930
N80 M05;
N90 M30;
```

程序中 N70 的机械坐标计算如下。

X：－205.7－1.4＝－207.1

Z：－113.230－6.7＋50＝－69.930

提示：实际中主要采用试切对刀方法

3.4 数控车床编程特点

3.4.1 绝对坐标编程和相对坐标编程

1. 绝对坐标编程

绝对编程模式下，原点即程序参考点（程序原点）。机床的实际运动是当前绝对位置与前一位置的差。坐标值的正负号并不表示运动方向。绝对坐标编程的主要优点就是编程人员可以方便地进行修改，改变一个尺寸，并不会影响程序中的其他尺寸。

对于使用 FANUC 控制器的数控车床来说，用轴名称 X 和 Z 来表示绝对模式，它并不使用 G90 指令。

2. 相对坐标编程（增量编程）

相对编程模式下，所有尺寸都是指定方向上的间隔距离。机床的实际运动就是沿每根轴移动指定的数值，方向由数值的正负号控制，计算时以上一个点为原点进行。

相对坐标编程的主要优点是程序各部分之间具有可移植性，可以在工件的不同位置，甚至在不同的程序中，调用一个增量程序，它在子程序开发和重复相等的距离时用得最多。

对于使用 FANUC 控制器的数控车床来说，用轴名称 U 和 W 来表示相对（增量）模式，它并不使用 G91 指令。

3. 混合编程

许多 FANUC 控制器中，为了特殊编程的目的，可以在一段程序中混合使用绝对模式

和相对增量模式。由于数控车床并不使用 G90 和 G91，因此只在 X 和 Z 及 U 和 W 之间切换，X 和 Z 表示绝对值，U 和 W 则是相对值，二者坐标方向定义相同。正负方向判断如图 3.18 所示。可以在一段程序中使用上述两种类型。

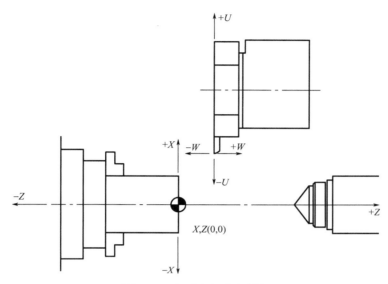

图 3.18 相对坐标方向判断

如图 3.19 和图 3.20 所示，实现图中所示刀具的移动过程，用 3 种方式编程分别如下。

绝对坐标编程：X20.0 Z5.0；

相对坐标编程：U-60.0 W-75.0；

混合编程：X20.0 W-75.0；

　　　　　U-60.0 Z5.0；

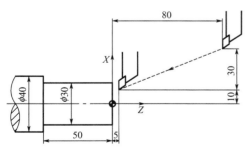

图 3.19 三种不同尺寸输入方式

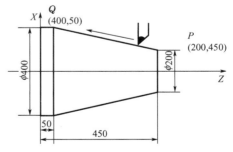

图 3.20 锥面切削中的尺寸输入

绝对坐标编程：X400.0 Z50.0；

相对坐标编程：U200.0 W-400.0；

混合编程：X400.0 W-400.0；

　　　　　U200.0 Z50.0；

3.4.2 恒表面线速度切削

数控车床上的加工工艺和铣削工艺不同，车刀不考虑刀具直径的影响，但在车削工件时，工件直径不断改变，如表面切削或粗加工操作中。如图 3.21 所示，这样以转速（r/min）模式为主轴编程就不够理想了，因此就需要在车床编程中使用表面速度。

恒线速度车削

选择表面速度，控制器必须设置表面速度模式，由于车床定尺寸刀具加工中依然使用转速（r/min）模式，如钻削、铰削等，在车床上区分两种选择方式，由准备功能 G96 和 G97 来完成，它们的优先级比主轴功能高。

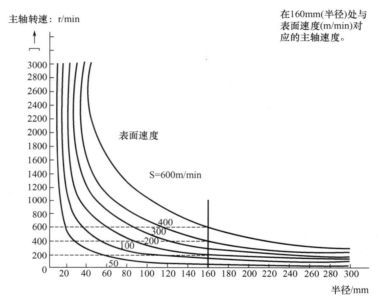

图 3.21　工件半径、主轴速度和表面速度的关系

G96 S；

其中 S 后面数字的单位为 m/min。

该模式中，实际的主轴转速将根据正在车削的当前直径，自动增加或减少。大多数的数控车床控制器中都有恒表面速度，该功能不仅可以节省编程时间，也允许刀具始终以恒切削量切除材料，从而避免刀具的额外磨损，获得良好的加工表面质量。

设置恒表面线速度后，如果不需要时可以取消，其方式如下。

G97S

其中 S 后面数字的单位为 r/min。

例如：　　G96 S300；　　　　表示主轴切向速度（圆周线速度）300m/min。

　　　　　G97 S300；　　　　表示转速 300r/min。

数控车床在恒表面速度模式下运行时，主轴转速和当前工件直径有关，工件直径越小，主轴转速越大。因此，当刀具靠近主轴中心线时，其转速通常会非常大，此时无法确保操作的安全性，因此在设置恒表面线速度之前，必须设置最大主轴转速或最大主轴转速限制。切削过程中执行恒表面线速度时，主轴最高转速将被限制在这个最高值。

设置方法如下：

G50 S；

其中 S 的单位为 r/min。

【例 3 - 2】 在刀具 T01 切削外表面时用 G96 设置恒表面线速度为 150m/min，而在钻头 T02 钻中心孔时用 G97 取消恒表面线速度，并设置主轴转速为 1000r/min。

这两部分的程序如下。

G50 S2000 T0101 ；	G50 限定最高主轴转速为 2000r/min，选择 01 号刀具
G96 S150 M03；	G96 设置恒表面线速度为 150m/min，主轴正转
G00 X45.0 Z2.0；	快速运行到点（45.0，2.0）
G01 Z-30.0 F0.3；	车削外表面
G00 X45.0 Z2.0；	快速退回
……	
T0202；	调 02 号刀具
G97 S1000 M03；	G97 取消恒切削速度，设置主轴转速为 1000r/min
G00 X0 Z5.0 M08；	快速走到点（0，5.0），冷却液打开
G01 Z-6.0 F0.12；	钻中心孔
……	

【例 3 - 3】 设置恒线速度程序如下。

O1000	
N10 G20 T0100；	选择英制单位
N20 G50 X10.0 Z6.0 S1700r/min；	限制最高转速为 1700r/min
N30 M42；	选择主轴齿轮传动范围
N40 G96 S400 M03；	设定恒表面线速度，主轴正转
N50 G00 G41 X5.5 Z0 T0101 M08；	在快速运动中激活刀具半径偏置和冷却液功能
N60 G01 X-0.07 F0.012；	端面切削
N70 G00 Z0.1；	刀具离开端面；
N80 G40 X10.0 Z6.0 T0100；	
……	

3.4.3　切削进给、G98、G99 及 F 指令

数控程序中使用两种进给率类型：每分钟进给和每转进给。车床操作中极少使用每分钟进给。因为对于数控车床，进给率不是以时间来衡量的，而是由刀具在主轴旋转一周的时间内所走过的实际距离来确定的，如图 3.22 所示。

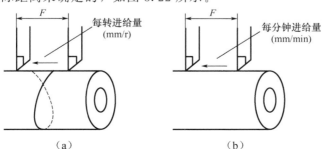

图 3.22　数控车削中进给速度模式

（1）进给率，单位为 mm/r，其指令为 G99。

G99；　　　　　　　　每转进给指令

G01 X_Z_F_；　　　　F 的单位为 mm/r

（2）进给速度，单位为 mm/min，其指令为 G98。

G98；　　　　　　　　每分钟进给指令

G01 X_Z_F_；　　　　F 的单位为 mm/min

数控车床在采用自动进料装置进行工件装夹时往往使用每分钟进给 G98 方式。G98 和 G99 都是模态指令且可以相互取消。

3.4.4　刀具功能 T 指令

刀具功能也称 T 功能，由地址码 T 及后续的若干位数字组成，用于更换刀具时指定刀具或显示待换刀号，在数控车床编程中，常用的刀具功能字格序为 T□□□□，其中前两位代表刀具安装到转塔上对应的刀位编号，后两位对应刀具的补偿寄存器号码，通常情况下，两组数字成一一对应关系。

通常意义下，T0202，02 为刀具号（选择 2 号刀具），02 为刀具补偿值组号（调用第 2 号刀具补偿值）。T0200 表示调用第 2 把刀，取消它的刀补。

提示：在试切方法直接对刀的情况下，T0202 的含义为调用 02 号刀及刀补，并据此建立工件坐标系，一般与 G00 组成的快速移动指令配合使用。

3.4.5　直径和半径编程

数控车床上，所有沿着 X 轴的尺寸都可以采用直径编程。这样可简化车床编程，使程序易读。通常，大多数 FANCU 控制器的默认值为直径编程，当然也可以通过改变控制系统参数将输入的 X 值作为半径值。对于实际操作而言，直径编程易于理解，因为一般情况下图纸中的回转体工件使用直径尺寸，而且车床上直径测量也更为普遍。需要注意的是，使用直径编程，所有 X 轴的刀具磨损偏置必须应用在工件直径上。

1. 直径编程

采用直径编程时，数控程序中 X 轴的坐标值即为零件图上的直径值。

2. 半径编程

采用半径编程时，数控程序中 X 轴的坐标值为零件图上的半径值。

考虑加工测量上的方便，一般采用直径编程。数控系统默认的编程方式为直径编程。如图 3.23 所示工件，A、B 点采用直径编程为 A（30.0，80.0），B（40.0，60.0）。A、B 点采用半径编程为 A（15.0，80.0），B（20.0，60.0）。

3.4.6　进、退刀方式

对于车削加工，刀具进给时首先采用快速走刀接近工件切削起点附近的某个点，之后使用切削进给方式进行切削加工，以减少空走刀的时间，提高加工效率。切削起点的确定和工件毛坯余量的大小有关，应以刀具快速走到该点时刀尖不与工件发生碰撞为原则，如

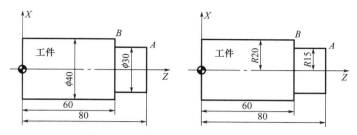

图 3.23　工件的直径编程与半径编程

图 3.24 所示。退刀时，沿轮廓延长线工进退出至工件附近，再快速退刀。一般先退 X 轴，后退 Z 轴。

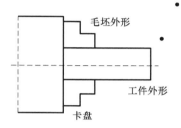

图 3.24　数控车床的进刀和退刀

3.5　数控车床编程格式

　　程序的连续性对于程序的开发、修改及编译非常重要，虽然每个人在编写数控程序时都有自己的风格和格式，但程序从逻辑上有自身一些基本的格式方法。在数控车床程序中，先以程序起始句开始，设置程序的数据输入格式、切削进给方式等，接下来的程序段中进行刀具选择、主轴转速设置等，然后是根据零件特征的走刀过程。切削完成后，返回出发点，依次完成取消刀具、主轴停转、程序停止。通常并不改变这样的做法，它遵循了程序的连续模式，形成了编程的基本模式。

　　　例如：O□□□□　　　　　　　　　　程序名称

　　　　　N10 G99 G21 G40…；　　　　　　程序开始

　　　　　N20 T□□□□；　　　　　　　　选择相应的刀具

　　　　　N30 G97 S…M03；　　　　　　　确定主轴转速

　　　　　N40 G00 X…Z…M08；　　　　　　快速趋近工件，打开冷却液

　　　　　N50 G96 S…；　　　　　　　　　确定恒表面线速度（选择使用）

　　　　　N60 G01…F…；　　　　　　　　　第一次切削运动

　　　　　N70…

　　　　　……

　　　　　……

　　　　　N… G00 X…Z…T□□00；　　　　返回换刀位置，取消当前使用的刀具补偿

　　　　　N…M05；　　　　　　　　　　　　停主轴

N…M30；   程序结束

　　　%

　　这种结构在大多数车床加工程序中可以使用，当然还要根据零件加工的实际要求进行调整。例如，G96 功能并不是所有的车削加工都需要，有时候也不需要使用 G97 功能来稳定转速等。

　　在程序中，完成程序初始化后，在切削加工前，有一个重要的工作就是刀具合理地趋近工件，趋近工件运动的设置是为了保证安全，避免刀具与工件之间发生碰撞。对于轴类零件，可以采用图 3.25（a）所示的趋近方式，刀具以快速运动方式直接趋近工件。图中 SP 为加工起点位置，该方法可以在外圆纵车、端面切削及镗削加工中采用。要确保起点位置在直径上方，起点和直径之间的安全间隙应该至少大于 2mm。图 3.25（b）所示的趋近方式一次只移动一根轴，可以先沿 Z 轴运动，然后沿 X 轴方向到达切削起点，也可以选择先沿 X 轴运动，然后沿 Z 轴方向到达切削起点。图 3.25（c）所示的趋近方式先以两轴方式运动到起点附近，此时 X 轴坐标到达起点，然后沿 Z 轴方向运动到起点 SP 位置，当然也可以以两轴方式运动到起点附近后，此时 Z 轴坐标到达起点，然后沿 X 轴最终运动到起

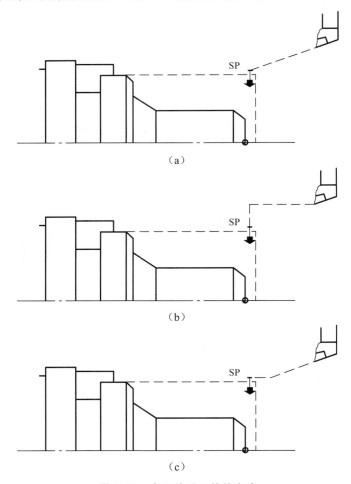

图 3.25　合理趋近工件的方式

点 SP 位置。当然，如果需要细分的话，可以将趋近运动进一步分为快速运动阶段和直线插补阶段。在刀具趋近工件过程中，还可以有其他的一些趋近方式，只要保证安全就可以。

3.6 基本 G 指令

数控车床准备功能与数控铣床相同，将控制系统预先设置为某种预期的状态，或者某种加工模式和状态，为数控系统的插补运算等做好准备。所以它一般都位于程序段中尺寸字的前面而紧跟在程序段序号字之后。准备功能字由地址码 G 及其后续两位数字组成（G00～G99 共 100 种）。G 代码功能表，其中一部分代码未规定其含义，等待将来修订标准时再指定。另一部分"永不指定"的代码，即使将来修订标准时也不再指定其含义，而由机床设计者自行规定其含义。表 3-5 是 FANUC0-TD 数控车削系统常用的 G 指令。

表 3-5 FANUC0-TD 数控车削系统常用的 G 指令

G 代码	组别	解释
G00	01	快速定位
G01		直线插补
G02		顺时针圆弧插补
G03		逆时针圆弧插补
G04	00	暂停（作为单独程序段使用）
G09		准确停检查
G20	06	英制单位输入
G21		公制单位输入
G22	04	内部行程限位 有效
G23		内部行程限位 无效
G27		机床参考点位置检查
G28	00	返回参考点
G29		从参考点返回
G30		回到第二参考点
G32		车螺纹（固定导程）
G40	07	取消刀尖圆弧半径偏置
G41		刀尖圆弧半径偏置（左侧）
G42		刀尖圆弧半径偏置（右侧）

续表

G 代码	组别	解释
G50	00	刀具位置寄存，设置主轴最大转速（r/min）
G52	00	设置局部坐标系
G53		选择机床坐标系
G54	12	工件坐标系偏置 1
G55		工件坐标系偏置 2
G56		工件坐标系偏置 3
G57		工件坐标系偏置 4
G58		工件坐标系偏置 5
G59		工件坐标系偏置 6
G70	00	轮廓精加工循环
G71		Z 轴方向粗车循环（内外径）
G72		X 轴方向粗车循环
G73		模式重复循环
G74		端面钻孔循环
G75		切槽循环
G76		车螺纹循环
G80		取消固定钻孔循环
G83	10	平面钻孔循环
G84		平面攻螺纹循环
G85		正面镗孔循环
G87		侧面钻孔循环
G88		侧面攻螺纹循环
G89		侧面镗孔循环
G90	01	（内外直径）切削循环
G92		螺纹切削循环
G94		端面车循环
G96	12	恒表面线速度控制
G97		恒表面线速度控制取消
G98	05	每分钟进给量
G99		每转进给量

FANUC 车床控制器使用三种 G 代码组类型：A、B、C。表 3－5 只提供了最常用的

A类。G代码分为下列两类（表3-6）。

表3-6 G代码的分类

类型	意 义
模态G代码	在指令该组其他G代码前该G代码一直有效
非模态G代码	只在指令它的程序段有效

1. 模态、非模态

（1）模态。

观察图3.26（a）中程序O0001中快速移动指令G00和直线定位指令G01的出现次数。G00只在N1、N7程序段中出现，而G01只在N5程序段中出现。在实际编程过程中，G00和G01指令不需要在每个程序段都重复，原因是G00在N1程序段出现就一直有效，直到N5程序段被另一种模式G01取消。而G01在N5程序段中出现就一直有效，直到N7程序段被G00模式取消。这一特征可用术语"模态"来表示。图3.26（a）中的程序等同于图3.26（b）中的程序，程序中的G00和G01属于01组的模态G代码。

大多数G代码指令都是模态的，所以不需要在每一个程序段中重复使用。模态值的目的就是避免不必要的重复。在控制系统说明书中，准备功能有模态和非模态之分。

而G00和G01属于01组指令，它们之间可以相互取消。事实上，任何G代码都将自动取代同组的另一个G代码，如图3.26所示。

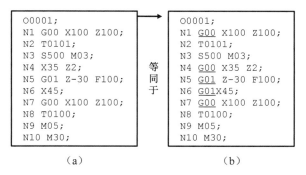

图3.26 G00和G01之间的取代

（2）非模态。

在图3.26中，00组中所有的准备功能都不是模态的。它们只在所在的程序段中有效，如果需要在连续几个程序段中使用，则必须在每个程序段中编写它们。所幸的是，非模态指令的使用并不频繁。

如下面的三个程序段，包含同一种功能，就是一个接一个地暂停。

```
N5 G04 P2000;
N10 G04 P1000;
N15 G04 P3000;
```

这样，在单个程序段输入总的暂停时间有效的多，避免了非模态指令的重复使用。

N5 G04 P6000;

此外，每一种数控系统在系统上电复位之后，默认的各组 G 代码指令选择情况不同（默认模式不同），我们把这个默认状态称为初态。例如，对 FANUC0 - TD 系统来说，默认状态为快速定位 G00 、恒表面线速度取消 G97、每分钟进给率 G98、取消刀尖圆弧半径偏置 G40、工件坐标系偏置 G54、公制单元输入 G20 等，具体情况详见数控系统说明书。认识数控系统初态，对于机床操作和编程都有比较重要的作用。

2. 指令字的省略输入

在实际编程过程中，除了上述的模态 G 代码，若在同一个程序中，在前面程序段中使用，对后续程序段保持有效，此时在后续程序段中该指令可以省略不写，直到需要改变工作状态时，通过指令同组其他 G 指令使之失效。另外，所有的 F、S、T 指令、部分 M 代码和所有的坐标轴指令字都属模态指令。图 3.27 所示的两个程序等同。

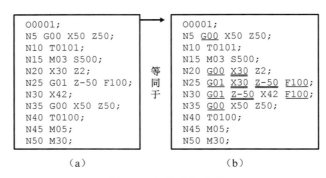

O0001;	O0001;
N5 G00 X50 Z50;	N5 <u>G00</u> X50 Z50;
N10 T0101;	N10 T0101;
N15 M03 S500;	N15 M03 S500;
N20 X30 Z2;	N20 <u>G00</u> <u>X30</u> Z2;
N25 G01 Z-50 F100;	N25 <u>G01</u> <u>X30</u> <u>Z-50</u> F100;
N30 X42;	N30 <u>G01</u> <u>Z-50</u> X42 <u>F100</u>;
N35 G00 X50 Z50;	N35 <u>G00</u> X50 Z50;
N40 T0100;	N40 T0100;
N45 M05;	N45 M05;
N50 M30;	N50 M30;
（a）	（b）

图 3.27　代码的省略

在编程过程中指令字的省略主要有以下几种情况。

（1）各程序段中，重复模态 G 代码的省略。

（2）各程序段中，相同坐标轴指令字（X、Z、U、W 等）、进给速度指令字 F 等的省略。

（3）开机复位后，机床默认模态 G 代码的书写省略。为了编程可靠起见，这种情况不推荐使用。

3.6.1　快速移动指令 G00

快速移动，有时也称定位运动，是以很快的机床设定的速度将切削刀具从一个位置移动到另一个位置的方法。在数控车床中，快速移动操作通常包括四种类型的运动。

（1）从换刀位置到工件的运动。

（2）从工件到换刀位置的运动。

（3）工件间不同位置的移动。

（4）绕过障碍物的运动。

最大快速移动速度由数控机床生产厂家确定，每根轴的运动速度可以是相同的或不同的，其运动轨迹不一定是直线。数控程序中需要用 G00 来启动快速运动模式。G00 并不需要进给率功能，如果编写 F 功能，在 G00 模式中会被忽略。该进给率将存储到存储器中，并且在任何切削运动第一次出现时有效。

例如：N10 G00 X30.0 F100.0；

　　　　N20 Z2.0；

　　　　N30 G01 Z-40.0；

程序段 N10 只执行快速运动，而 F100.0 被忽略，但 N30 为直线插补运动，由于该程序段中没有指定进给率，因此将使用上一个进给率，即 N10 中的 F100.0。

由于快速运动的唯一目的就是节省非生产时间，刀具路径本身与加工工件的形状无关，因此一定要考虑快速运动刀具路径的安全性，尤其是程序中同时使用两根或两根以上的轴时，刀具路径上一定不能有障碍物。在车床上常见的有可能产生障碍的有：车床尾座、卡盘、中心架、活顶尖、夹具、刀具和工件等。

指令格式：

G00 X（U）_Z（W）_；

X、Z：要求移动目标终点的绝对坐标值。

U、W：要求移动目标终点的相对坐标值。

注：同一程序段内，可以使用 M、S、T 功能。

如图 3.28 所示，几种路径的快速移动编程如下。

由 A 点至 D 点

G00 X40.0 Z5.0；	（绝对指令）
G00 U-100.0 W-80.0；	（增量指令）
G00 X40.0 W-80.0；	（混合使用）
G00 U-100.0 Z5.0；	
G00 U-100.0；或 G00 X40.0；	由 A 点至 B 点
Z5.0；　或　　W-80.0；	由 B 点至 D 点
G00 Z5.0；　或 G00 W-80.0；	由 A 点至 C 点
U-100.0；或　X40.0；	由 C 点至 D 点

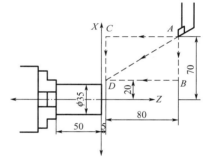

图 3.28　快速移动编程示例

3.6.2　直线插补指令 G01

直线插补使刀具以直线方式和指令给定的移动速率，从当前位置移动到指令指定的终点位置。数控车床在直线插补模式下，可以产生下述三种类型的运动。

（1）导轨方向水平运动：只有 Z 轴参与插补。

（2）导轨方向垂直运动：只有 X 轴参与插补。

（3）XZ 平面内斜线运动：X 轴、Z 轴同时参与插补。

在车削加工中可以实现外圆柱面、锥面和端面切削，以及倒角等切削动作。直线插补表示控制系统可以计算切削起点和终点之间的非常多的中间坐标点，这一计算结果就是两点间的最短路径。

直线插补

在 G01 模式中，进给率功能 F 必须是有效的。开始直线插补的第一个程序段必须包含有效的进给率，否则在开机后的首次运行中将报警。G01 和进给率都是模态指令，因此如果在程序中保持进给率不变，则在后面的直线插补程序段中可以省略，只需要改变程序段中指定轴的坐标位置。

要使用直线插补模式编写刀具运动，可以沿刀具运动的单轴或两轴使用 G01，同时在

程序段中指定当前工作的切削进给率 F。

指令格式：G01 X（U）_Z（W）_F_；

X、Z：要求移动目标终点的绝对坐标值。

U、W：要求移动目标终点的相对坐标值。

注：① F 代码指定的进给率，直到给定新的进给率前，一直保持有效，它不需要每个单节指定。

② 通常 F 值是每转进给率，如 F0.2 即每转进给 0.2mm。

③ 在 G01 指令中，一般在同一单节有 X、Z 或 U、W 时通常为锥度切削。

④ 数控车床上直线插补的最低进给率取决于 X、Z 两轴的最小坐标增量。

【例 3 - 4】 图 3.29 所示为沿 Z 轴的直线切削。

G01 Z-60.0 F0.1；

或 G01 W-63.0 F0.1；

【例 3 - 5】 图 3.30 所示为 X、Z 轴插补运动进行外圆锥面切削。

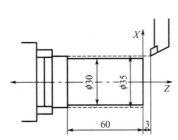

图 3.29 G01 外圆柱面单轴切削

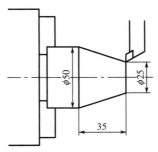

图 3.30 G01 外圆锥面切削

G01 X50.0 Z-35.0 F0.2；

或 G01 U25.0 Z-35.0 F0.2；

或 G01 X50.0 W-35.0 F0.2；

或 G01 U25.0 W-35.0 F0.2；

注意：两点之间（两个程序段之间）没有改变的坐标位置，不需要在后续程序段中重复编写。

在数控车削加工中，从轴肩到外圆或者相反的切削过程中，通常需要拐角过渡，通常是 45°的倒角和倒圆角。许多工程图中都会指定所有需要过渡的直角拐角，但并不给尺寸，这种情况就要由编程人员来决定。倒角加工主要出于以下 3 种因素。

① 外观：加工后的工件外观更好。

② 功能：方便装配，考虑尖角处的强度。

③ 安全：尖角比较危险。

在 FANUC 控制系统中有两种与倒角有关的编程方法：45°倒角和 90°倒圆角。

（1）45°倒角。

倒角通常在 G01 模式下进行，需要使用两个向量 I 和 K，有些控制器使用 C 向量。向量 I 表示倒角值和运动方向，倒角前沿 Z 轴运动，倒角方向只能由 Z 轴指向 X 轴。I 的正负根据倒角是向 X 轴正向还是负向，如图 3.31（a）所示。

编程格式：

G01 Z（W）＿ I（C）_F_；

例如：G01 Z-1.75 I0.125 F0.1；　　　　　沿 Z 轴方向加工

　　　　　X4.0；　　　　　　　　　　　倒角后沿 X 轴方向加工

刀具运动为轴肩—倒角—外圆时，由端面切削向轴向切削倒角。向量 K 表示倒角值和运动方向，倒角前沿 X 轴运动，倒角方向只能由 X 轴指向 Z 轴。K 的正负根据倒角是向 Z 轴正向还是负向，如图 3.31（b）所示。

编程格式：

G01 X（U）_K（C）_F_。

例如：G01 X2.0 K-0.125 F0.1；　　　　　沿 X 轴方向加工

　　　　　Z-3.0；　　　　　　　　　　　倒角后沿 Z 轴方向加工

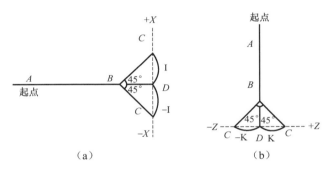

图 3.31　45°倒角

注：①I 或 K 向量的正值表示倒角方向为该程序段中指定轴的正方向。

　　　②I 或 K 向量的负值表示倒角方向为该程序段中指定轴的负方向。

许多更新的控制系统使用 C 向量来代替 I 或 K 向量，使用更加简便。

例如：G01 Z-1.75 C0.125；　　　　　沿 Z 轴方向加工

　　　　　X4.0；　　　　　　　　　　倒角后沿 X 轴方向加工

　　　G01 X2.0 C-0.125；　　　　　沿 X 轴方向加工

　　　　　Z-3.0；　　　　　　　　　　倒角后沿 Z 轴方向加工

（2）倒圆角。

倒圆角的加工编程方法与倒角加工类似，也只能在 G01 模式下进行，只使用 R 向量，指定半径的方向和大小。刀具运动为轴肩—圆角—外圆时，倒圆角前刀具沿 X 轴运动，如图 3.32（a）所示。如果刀具运动为外圆—圆角—轴肩时，在倒圆角前刀具沿 Z 轴运动，如图 3.32（b）所示。

编程格式：

G01 Z（W）＿ R_F_；

G01 X（U）_R_F_；

两种情况下，R 值的符号决定了半径的加工方向。

① R 向量为正值表示倒角方向为该程序段中指定轴的正方向。

② R 向量为负值表示倒角方向为该程序段中指定轴的负方向。

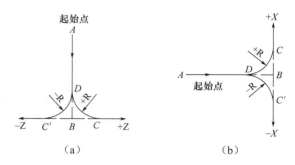

（a）　　　　　　　　　　　　　　　（b）

图 3.32　倒圆角

例如：G01 X2.0 R-0.125；　　　　沿 X 轴方向加工

　　　　Z-3.0；　　　　　　　　　倒圆角后沿 Z 轴方向加工

　　　　G01 Z-1.75 R0.125；　　　沿 Z 轴方向加工

　　　　X4.0；　　　　　　　　　　倒圆角后沿 X 轴方向加工

注：① 向量 I、K、C 通常都是单边值，而不是直径值。

② 倒角或倒圆角前、后的切削方向必须相互垂直。

③ 倒角或倒圆角后的切削方向必须只沿一根轴，长度大于等于倒角的长度或圆角半径。

【例 3 - 6】　图 3.33 所示的倒角数控程序如下。

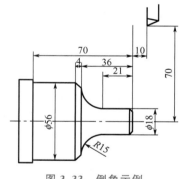

图 3.33　倒角示例

```
O0005
    N10 G99 G50 X70.0 XZ10.0；          建立工件坐标系
    N20 T0101；
    N30 S600 M03；
N20 G00 X0 Z3.0；                       快速趋近工件中心
N30 G01 W-3.0 F0.5；                     接触工件
N40 X18.0K-3.0；                         倒 3×45°的直角
N50 Z-21.0；                             加工 φ18mm 外圆面
N60 G02 U30.0 W-15.0 R15.0；             加工 R15mm 圆弧
N70 G01 X56.0 K-4.0；                    倒边长为 4mm 的直角
```

N80 G01 Z-70.0;　　　　　　　　切削外圆

N90 G00 U10.0;　　　　　　　　退刀

N100 X70.0 Z10.0;　　　　　　　返回出发点

N110 T0100;

N120 M05;

N130 M30;

3.6.3 圆弧插补指令 G02、G03

圆弧插补主要用在圆柱型腔、凹槽、外部和内部半径、圆球或圆锥、圆弧拐角加工等方面。

圆弧插补编程格式包括几个参数，即圆弧插补方向、圆弧的起点和终点、圆弧的圆心和半径，此时切削进给率也必须是有效的。刀具沿圆弧有两个插补方向，即顺时针和逆时针。G02 和 G03 均为模态指令，当数控程序激活该指令后，将自动取消当前有效的任何刀具运动指令，如 G00、G01 等。所有圆弧刀具路径必须与有效的切削进给率编写在一起，它的规则与直线插补相同，如果在圆弧切削程序段中没有指定进给率，控制系统将自动搜索前面最近的编程进给率，这样不容易保证圆弧的加工精度和表面质量。

指令格式：

$$\left\{ {G02 \atop G03} \right\} X（U）\_ Z（W）\_ \left\{ {R\_ \atop I\_K\_} \right\} F\_$$

X、Z：绝对方式编程时，圆弧终点在工件坐标系中的坐标。

U、W：增量方式编程时，圆弧终点相对于圆弧起点的位移量。

I、K：圆弧起点到圆心之间的距离在 X、Z 轴上的分量，等于圆心的坐标减去圆弧起点的坐标，如图 3.34 所示。无论是用绝对方式编程还是用增量方式编程，都是以增量方式指定；在直径、半径编程时 I 都是半径值。

R：圆弧半径。

F：被编程的两个轴的合成进给速度。

注：① G02 为顺时针圆弧插补，G03 为逆时针圆弧插补。

② 数控车床中，前后刀架（顺时针和逆时针）圆弧插补的方向判断如图 3.35 所示。后置刀架中，G02 为顺时针圆弧插补，G03 为逆时针圆弧插补。前置刀架中，G03 为顺时针圆弧插补，G02 为逆时针圆弧插补。前后刀架的圆弧插补方向成镜像关系。

③ 同时编入 R 与 I、K 时，R 有效。

④ 圆弧插补时，圆心角≤180°时，R 取正值；圆心角＞180°时，R 取负值。

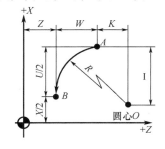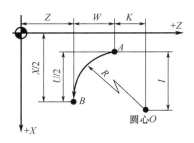

图 3.34　圆弧插补参数

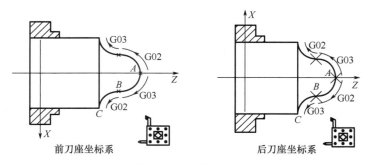

图 3.35　前后刀架圆弧插补的方向判断

【例 3 - 7】　如图 3.36 所示，编程如下。

```
G01  Z-10.0  F0.15;                          A→B
G02  X46.0  Z-18.0  R8.0;                     B→C
```

或 G02 X46.0 Z-18.0 I8.0;

```
G01  X50.0;                                   C→D
```

【例 3 - 8】　如图 3.37 所示，编程如下。

```
G03  X44.0  Z-12.0  R12.0  F0.15;            A→B
```

或 G03 X44.0 Z-12.0 K12.0 F0.15;

```
G01  Z-25.0;                                  B→C
     X50.0;                                   C→D
```

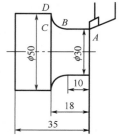

图 3.36　后置刀架圆弧插补 G02 编程示例

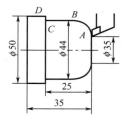

图 3.37　后置刀架圆弧插补 G03 编程示例

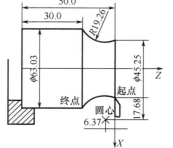

图 3.38　前刀架圆弧编程示例

【例 3 - 9】　如图 3.38 所示，程序如下。

G02 X63.03 Z-20.0 R19.26 F0.25;

或 G02 U17.81 W-20.0 R19.26 F300;

G02 X63.06 Z-20.0 I35.36 K-6.37 F300;

或 G02 U17.81 W-20.0 I35.36 K-6.37 F300;

此外，关于整圆加工，由于车床的工作类型不允许进行整圆加工，因此车床上的整圆加工只在理论上可行，而实际中无法完成。

注：在圆弧插补模式下不能开始或者结束刀具半径补偿。

3.6.4 暂停指令 G04

暂停指令应用在程序处理过程中有目的的时间延迟，在暂停时间内，机床各轴的运动都将停止，但不影响所有其他的程序指令和功能。在暂停时间结束后，控制系统将从包含暂停指令程序段的下一个程序段开始执行。从功能上来说，暂停指令主要有以下用途。

① 操作机床附件时，暂停指令在一些辅助功能后，配合用于控制机床附件，如车床棒料进给器的进给、尾座的伸缩、工件夹紧等。此外，在主轴换向时有时候也需要使用该指令。

② 在切削过程中的需要：从使用场合来讲，暂停指令主要用于钻孔、扩孔、凹槽加工等的排屑，在高速进给加工斜面时，暂停指令可以控制切削进给的减速等。

G04 指令必须与其他指令一起使用，同时指定暂停时间，指令格式如下。

格式：G04 X_ （单位为 s，在长暂停中使用）

或 G04 U_ （单位为 s，只能用于车床）

或 G04 P_ （单位为 ms，不允许使用小数点，在短或中等暂停时间中使用）；

说明：

① G04 在前一程序段的进给速度降到零之后才开始暂停动作。在执行含 G04 指令的程序段时，先执行暂停功能。

② G04 为非模态指令，仅在其被规定的程序段中有效。

【例 3 - 10】 数控车床的主轴调试或预热，程序如下。

```
G97 S100 M03;          指定初始转速 100r/min
G04 X300.0;            暂停 5min
  S800;                转速增加到 800r/min
  G04 X600.0;          暂停 10min
  S1500;               转速增加到 1500r/min
  G04 X900.0;          暂停 15min
M05;                  主轴停转
```

注意：暂停功能可以使操作人员在程序运行过程中完成一些手动的操作，但如手工清理毛刺、工件反转、更换刀具、检查和润滑等工作则最好不要使用暂停，否则容易发生危险。

3.7 螺纹切削编程指令

在数控车床上加工螺纹，是与主轴旋转同步进行的加工特殊形状螺旋槽的过程。螺纹形状主要由切削刀具的形状（螺纹加工刀片的形状和尺寸必须与所加工螺纹的形状和尺寸一致）和安装位置决定，加工速度由编程进给率控制。数控编程中使用最多的螺纹形状是 60°螺纹的 V 形螺纹，生产中用的 V 形螺纹有公制螺纹和英制螺纹。

螺纹刀与其他类型刀具不同，它不仅仅是一把普通的车刀，而且是形成螺纹的成型刀具，螺纹刀片的形状通常跟螺纹加工后的形状一样。就刀具几何特征来看，螺纹刀刀尖半径远小于普通粗加工车刀。而从切削用量来看，螺纹刀具的进给率要远大于普通车削刀具，切削深度相对于普通车削加工是比较小的。无论加工何种螺纹，刀塔中安装的螺纹刀可以垂直或平行于机床主轴的中心线，具体如何安装取决于螺纹相对于主轴中心线的角度。

一般在数控车床上加工螺纹，需要采用多次切削进给来完成。另外，由于螺纹切削是在主轴上的位置编码器输出一转信号时开始的，因此螺纹切削是从固定点开始且刀具在工件上的轨迹不变而重复切削螺纹，需要主轴转速从粗加工到精加工必须保持恒定，每次切削开始时的机床主轴旋转必须是同步的，以使每次切削深度都在螺纹圆柱的同一位置上，最后一次走刀加工出合适的螺纹尺寸、形状、表面质量，得到合格的螺纹。

3.7.1　螺纹切削时的运动

螺纹加工编程中，每次走刀的结构均相同，只是每次走刀的螺纹数据有所变化，每次螺纹加工时走刀对于直螺纹而言至少需要 4 个基本运动。

第 1 次运动：将螺纹刀具从加工起始位置快速移动到螺纹直径处。

第 2 次运动：加工螺纹（进给率等于导程）。

第 3 次运动：从螺纹快速退刀。

第 4 次运动：快速返回起始位置。

只有第 2 次螺纹加工运动是在螺纹加工模式下使用合适的 G 指令进行编程，其余加工运动均在 G00 模式下进行，如图 3.39 所示。

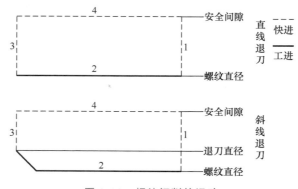

图 3.39　螺纹切削的运动

在进行第 1 次运动之前，首先要将螺纹刀从换刀位置快速移动到靠近工件的地方。这个点通过准确地计算来保证它的坐标，称为螺纹加工的起始位置。这个点定义了螺纹加工的起点和最终返回点。对于直圆柱螺纹而言，X 轴方向单侧比较合适的最小间隙一般可以取 2～3mm，如果是粗牙螺纹，这个间隙可以适当放大一些。Z 轴方向的间隙不同，由于螺纹加工中，进给率要求和螺纹导程相同，因此需要一定的时间使刀具达到编程进给率。即螺纹刀在接触材料之前要达到指定的进给率，确定工件在 Z 轴方向安全间隙时必须考虑加速的影响，一般情况下起始位置在 Z 轴方向的间隙应该是导程的 3～4 倍。如果没有足够的空间保证 Z 轴间隙，则只能采用降低主轴转速的方法来保证进给率。

螺纹加工的 4 个基本步骤在程序中各占一个程序段，如果螺纹加工使用斜线退刀，则需要 5 个程序段。因此当加工粗牙螺纹时，这样做会导致程序比较长。

螺纹切削结束时，刀具在退出螺纹切削模式时，通常会沿螺纹切削路径末端多运动一定距离，称为螺纹加工的导出长度，如图 3.40 所示，图中相关参数含义如下：

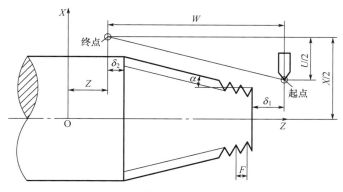

图 3.40 螺纹加工的距离参数

F——螺纹导程；

α——锥螺纹倾角，若 $\alpha = 0°$，则为直螺纹；

δ_1、δ_2——螺纹加工导入导出长度（不完全螺纹长度），这两个参数是由数控机床伺服系统在车削螺纹的起点和终点的加减速引起的，这两段的螺纹导程小于实际的螺纹导程，其简易确定方法如下。

$$\delta_2 = \frac{Fn}{1800}$$

$$\delta_1 = \frac{Fn}{1800} \ (-1 - \ln\alpha) = \delta_2 \ (-1 - \ln\alpha)$$

$$\alpha = \frac{\Delta L}{L}$$

式中，F 为螺纹导程（mm）；n 为主轴转速（r/min）；ΔL 为允许螺纹导程误差；常数 1800 是基于伺服系统数为 0.033s 时得出的。

例如：主轴转速为 500r/min，螺纹导程为 2mm，$\alpha = 0.015°$ 时，经计算 $\delta_1 = 1.779$mm，$\delta_2 = 0.556$mm。当然在选择 δ_1 时，还要考虑上面提过的安全间隙。

螺纹加工随着切削深度的增加，刀片上的切削载荷越来越大。为此需要保持刀片上的恒定载荷。通常使用两种方法，一种方法是逐渐减少螺纹加工深度，另一种方法是采用适当的横切方法，这两种方法经常同时使用。所有的螺纹加工循环都在控制系统中建立了自动计算切削深度的算法，编程人员需要确定的是螺纹的总深度、切削次数及最后切削深度，在确定这 3 个参数后，必须分配包括最后加工深度在内的各次螺纹加工深度。常用螺纹加工走刀次数及切削余量见表 3-7。

表 3-7 常用螺纹加工走刀次数及切削余量 　　　　　单位：mm

公制螺纹　牙深 $h_1 = 0.6495P$, $P =$ 牙距						
螺距	1	1.5	2.0	2.5	3.0	3.5	4
牙深	0.694	0.974	1.229	1.624	1.949	2.273	2.598

公制螺纹　牙深 $h_1 = 0.6495P$，$P=$ 牙距							
切削量及切削次数	1 次	0.7	0.8	0.9	1.0	1.2	1.5	1.5
	2 次	0.4	0.6	0.6	0.7	0.7	0.7	0.8
	3 次	0.2	0.4	0.6	0.6	0.6	0.6	0.6
	4 次		0.16	0.4	0.1	0.4	0.6	0.6
	5 次			0.1	0.4	0.4	0.4	0.4
	6 次				0.15	0.4	0.4	0.4
	7 次					0.2	0.2	0.4
	8 次						0.15	0.3
	9 次							0.2

英制螺纹　牙深 $h_1 = 0.6403P$，$P=$ 牙距							
牙数/in	20 牙	18 牙	16 牙	14 牙	12 牙	10 牙	8 牙
螺距/mm	1.27	1.4111	1.5875	1.8143	2.1167	2.5400	3.1750
牙深	0.8248	0.904	1.016	1.162	1.355	1.626	2.033

切削用量及次数	1 次	0.8	0.8	0.8	0.8	0.9	1.0	1.2
	2 次	0.4	0.6	0.6	0.6	0.6	0.7	0.7
	3 次	0.16	0.3	0.5	0.6	0.6	0.6	0.6
	4 次		0.11	0.14	0.3	0.4	0.4	0.5
	5 次				0.13	0.21	0.4	0.5
	6 次						0.16	0.4
	7 次							0.17

　　常见的螺纹加工切削进刀方式如图 3.41 所示。其中径向进刀方式，由于两侧刃同时工作，切削力较大，而且排屑困难，因此在切削时，两切削刃容易磨损。在切削螺距较大的螺纹时，由于切削深度较大，刀刃磨损较快，从而造成螺纹中径产生误差；但是其加工的牙形精度较高，因此一般多用于螺距小于或等于 1.5mm 的螺纹加工。

　　侧向进刀方式切削方法，刀具成一定角度向螺纹加工直径方向进刀。产生的切屑形状与车削产生的切屑形状相似。螺纹刀只有一侧切削刃进行实际切削，加工刀刃容易损伤和磨损，使加工的螺纹面不直，刀尖角发生变化，而造成牙形精度较差。但由于其为单侧刃工作，刀具负载较小，排屑容易，切削深度为递减式，此外，散热也较快。因此，此加工方法一般适用于大螺距螺纹加工。由于此加工方法排屑容易，刀刃加工工况较好，在螺纹精度要求不高的情况下，此加工方法更为方便。但采用侧向进刀方式加工时，其中一个切削刃始终与螺纹壁接触，并不产生切削运动，而仅仅是不期望的摩擦，为了提高螺纹表面质量，编程时可使进给角度略小于牙形角，这就是改良的侧向进刀方式。在加工较高精度螺纹时，可采用两刀加工完成，即先用侧向进刀加工方法进行粗车，然后用径向进刀加工

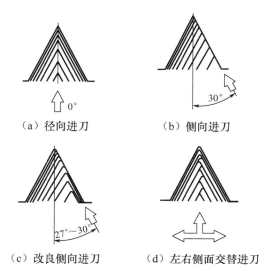

（a）径向进刀　　　　　（b）侧向进刀

（c）改良侧向进刀　　　（d）左右侧面交替进刀

图 3.41　常见的螺纹加工切削进刀方式

方法精车。

左右侧面交替进刀方式切削方法，一般用于加工螺距大于 3mm 的螺纹和常见的梯形螺纹。其加工程序通常采用宏程序编写。

螺纹加工的主轴转速直接使用转速（r/min）编程，而不是恒表面线速度，主要是因为每次加工路径起点处的主轴转速和进给率必须完全一致，这种一致性只能在直接转速下准确得到，而不是恒表面线速度。

3.7.2　完整螺纹切削指令 G32

G32 是单行程螺纹切削指令，主要用于螺距不大于 1.5mm 的螺纹加工。切削时车刀进给运动严格按照规定的螺纹导程进行。该指令可以用于车削等导程的直螺纹、锥螺纹和涡卷螺纹。每次螺纹加工至少需要 4 个程序段，若螺纹加工使用斜线退刀，则需要 5 个程序段。

指令格式：G32X（U）_Z（W）_F_;

X（U）、Z（W）：螺纹加工终点坐标。

F：进给速度，大小等于螺纹的导程。

圆柱螺纹切削加工时，X、U 值可以省略，格式为 G32 Z（W）_F _;

端面螺纹切削加工时，Z、W 值可以省略，格式为 G32 X（U）_F _;

注意：

① F 表示螺纹导程，对于锥螺纹（图 3.42），当其斜角 α 在 45°以下时，螺纹导程以 Z 轴方向指定；斜角 α 在 45°～90°时，导程以 X 轴方向指定。

② 螺纹切削时不能指定倒角或者倒圆角。

【例 3－11】　用 G32 指令切削图 3.43 所示的直螺纹。

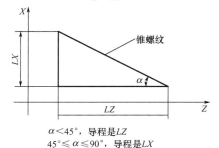

$\alpha < 45°$，导程是 LZ
$45° \leqslant \alpha \leqslant 90°$，导程是 LX

图 3.42　锥螺纹切削方向

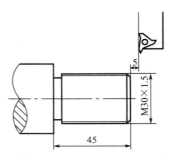

图 3.43　G32 直螺纹编程示例

```
G00 X35.0 Z5.0;              出发点
X29.2;
G32 Z-44.0 F1.5;
G00 X35.0;          } 第 1 次切削
Z5.0;
X28.6;
G32 Z-44.0;
G00 X35.0;          } 第 2 次切削
Z5.0;
X28.2;
G32 Z-44.0;
G00 X35.0;          } 第 3 次切削
Z5.0;
X28.04;
G32 Z-44.0;         } 第 4 次切削
G00 X35.0;
Z5.0;
```

【例 3 - 12】　用 G32 指令加工图 3.44 所示的锥螺纹。

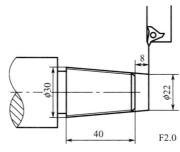

图 3.44　G32 锥螺纹编程示例

切削锥螺纹，应查询锥螺纹标准，因其出发点不在工件端面，而在安全位置，故其底径必须以出发点进行计算。相关螺纹参数的计算也是如此。

```
G00 X35.0 Z8.0;              出发点
```

```
      X21.1;
G32 X29.1 Z-40 F2.0;        第1次切削
G00 X35.0;
      Z8.0;

      X20.5;
G32 X28.5 Z-40;             第2次切削
G00 X35.0;
      Z8.0;

      X19.9;
G32 X27.9 Z-40;             第3次切削
G00 X35.0;
      Z8.0;

      X19.5;
G32 X27.5 Z-40;             第4次切削
G00 X35.0;
      Z8.0;

      X19.4;
G32 X27.4 Z-40;             第5次切削
G00 X35.0;
      Z8.0;
```

【例 3 – 13】 G32 指令切削图 3.45 所示的涡卷螺纹。

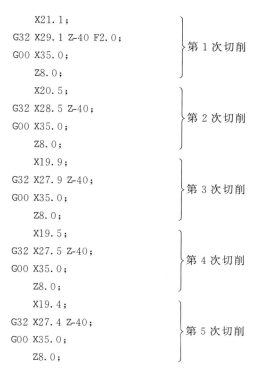

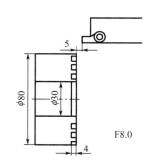

图 3.45 G32 涡卷螺纹编程示例

```
G00 X90.0 Z5.0;        出发点
      Z-6.0;
G32 X18.0 F8.0;        第1次切削
G00 Z5.0;
      X90.0;
      Z-1.1
G32 X18.0;             第2次切削
G00 Z5.0;
      X90.0;
      Z-1.5;
G32 X18.0;             第3次切削
G00 Z5.0;
```

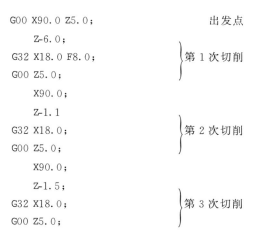

```
      X90.0；
      Z-1.8；
G32 X18.0；          第 4 次切削
G00 Z5.0；

      X90.0；
      Z-2.1；
G32 X18.0；          第 5 次切削
G00 Z5.0；

      X90.0；
      Z-2.4；
G32 X18.0；          第 6 次切削
G00 Z5.0；

      X90.0；
      Z-2.7；
G32 X18.0；          第 7 次切削
G00 Z5.0；

      X90.0；
      Z-3.0；
G32 X18.0；          第 8 次切削
G00 Z5.0；

      X90.0；
      Z-3.3；
G32 X18.0；          第 9 次切削
G00 Z5.0；

      X90.0；
      Z-3.6；
G32 X18.0；          第 10 次切削
G00 Z5.0；

      X90.0；
      Z-3.9；
G32 X18.0；          第 11 次切削
G00 Z5.0；

      X90.0；
      Z-4.0；
G32 Z18.0；          第 12 次切削
G00 Z5.0；

      X90.0；
```

注意： ①在螺纹切削期间进给倍率是无效的。

②不允许不停主轴而停止螺纹刀具进给，这样会突然增加切削深度，因此螺纹切削时进给暂停也是无效的。如果使用了暂停功能，刀具将在执行了非螺纹切削的程序段后停止。

使用 G32 指令，对于需要多次走刀加工的螺纹，重复次数非常多，这样逐段进行螺纹加工的程序编写，主要是方便了操作者对于程序的控制，可以调整螺纹数和每次走刀深度，也可以添加横切方法和螺纹的斜线退刀。但程序编写完成后，后续的实际程序编辑比较困难。

3.7.3 螺纹切削单一循环指令 G92

G92 指令用于简单螺纹循环，每指定一次，螺纹车削自动循环一次，其加工过程分别如图 3.46 所示。在循环路径中，除螺纹车削为切削进给外，其余均为快速运动。图中，用 F 表示切削进给，R 表示快速进给。

G92 为模态指令，指令的起点和终点相同，径向（X 轴）进刀、轴向（Z 轴或者 X、Z 轴同时）螺纹切削，实现等螺距的直螺纹、锥螺纹的切削循环。

指令格式：G92 X（U）_Z（W）_R_F_；

X、Z：螺纹终点坐标值。

U、W：螺纹终点相对循环起点的坐标分量。

R：锥螺纹始点与终点在 X 轴方向的坐标增量（半径值），圆柱螺纹切削循环时 R 为零，可省略。

F：螺纹导程。

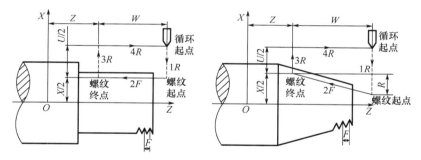

图 3.46　G92 加工过程

G92 指令在螺纹加工结束前有螺纹退尾过程：在距离螺纹切削固定长度（称为螺纹的退纹长度，由数控系统参数设定）处，产生斜线退刀（或称倒角功能）。

G92 指令可以分刀多次完成一个螺纹的加工，但不能实现两个连续螺纹的加工，也不能加工涡卷螺纹。G92 功能比较简单，没有任何附加参数，也不需要采用横切进给方式。

【例 3-14】　用 G92 指令编写图 3.47 所示的直螺纹，分 3 次车削，切削深度（直径值）分别是 0.8mm、0.6mm、0.2mm。

```
G97 S1000 M03；
T0101；
G00 X35.0 Z5.0；
G92 X29.2 Z-44.0 F1.5；
X28.6；
X28.2；
G00 X200.0 Z100.0；
T0100；
M05；
M30；
```

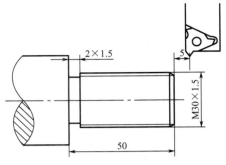

图 3.47 G92 直螺纹切削实例

【例 3-15】 编写图 3.48 所示锥螺纹程序，分 5 次车削，单边切削深度分别是 1mm、0.8mm、0.6mm、0.2mm、0.2mm。

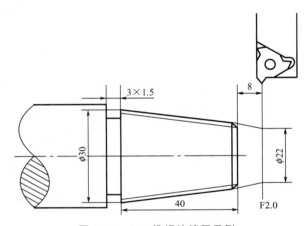

图 3.48 G92 锥螺纹编程示例

O0001	
G97 S1000 M03;	启动主轴旋转，转速 1000r/min
T0101;	调用螺纹切削刀具
G00 X35.0 Z8.0;	确定螺纹切削起始位置
G92 X29.2 Z-41.0 I-4.0 F2.0;	锥螺纹切削循环
X28.4;	2 次螺纹切削循环
X27.8;	3 次螺纹切削循环
X27.6;	4 次螺纹切削循环
X27.4;	完成螺纹加工
G00 X200.0 Z80.0;	退回换刀位置
T0400;	取消 4 号刀刀补
M05;	停主轴
M30;	程序结束

注意：①G92 循环指令只能通过另一条运动指令取消，通常是 G00 或 G01。

②螺纹加工导入长度的预留。

3.7.4 多重螺纹切削循环指令 G76

G76 指令属于侧向进刀加工螺纹，工艺性比较合理，编程效率较高。它可以加工带螺纹退纹的直螺纹和锥螺纹，但不能加工涡卷螺纹。在车削过程中，除第一次车削深度需指定外，其余各次车削深度自动计算。

指令格式：

G76　P (m) (r) (α) Q (Δdmin) R (d)；
G76　X (U) ＿Z (W) ＿R (i) P (k) Q (Δd) F (f)；

第一个程序段中

P：分成三组共六位数据输入。

第一、二位数字：精加工次数。

第三、四位数字：斜线退出的导程数（为导程的 0.0～9.9），即为 0.1 的整数倍，不使用小数点（00～99）。

第五、六位数字：刀尖角度（螺纹牙形角），从 0°、29°、30°、55°、60°、80°中选取。例如：P031560，表示精加工次数 3 次，斜线退刀长度为 1.5 倍的导程，螺纹牙形角为 60°。

Q：最小螺纹加工深度（正半径值，不使用小数点）。

R：固定的精加工余量，用半径编程指定，单位 0.001mm。

第二个程序段中

X (U)：螺纹终点直径坐标值或者是螺纹切削终点的直径坐标增量。

Z (W)：Z 轴方向的螺纹终点坐标或者螺纹切削终点的 Z 轴坐标增量。

R：螺纹加工起点和终点位置的半径差，直螺纹则 R 为 0。

P：螺纹高度，为正的半径值，不使用小数点，单位 0.001mm。

Q：第一次走刀深度，为正的半径值，不使用小数点，单位 0.001mm。

F：螺纹加工进给率。

在这里需要注意的是不能混淆第一个程序段中 P、Q、R 地址和第二个程序段中的 P、Q、R 地址，它们都有其特定的含义，只在自身所在的程序段中有效。

G76 指令走刀路径及进刀如图 3.49 所示。

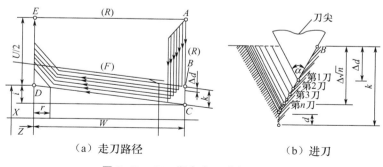

（a）走刀路径　　　　　　　　　（b）进刀

图 3.49　G76 指令走刀路径及进刀

【例 3-16】　对图 3.50 所示直螺纹采用 G76 多重循环指令进行编程。精加工次数为 1

次，退刀量等于螺纹加工进给率，螺纹牙形角 60°，最小切削深度 0.1mm，精加工余量 0.2mm，螺纹高度 3.68mm，第一次走刀深度 1.8mm，螺纹进给率 6mm。

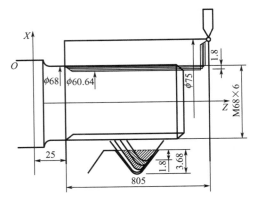

图 3.50　G76 多重螺纹切削循环

编程如下：

```
G97 S1000 M03；
T0100；
G00X75.0 Z110.0 T0101；
G76P011060 Q100 R200；
G76 X60.64Z25.0 P3680 Q 1800 F6.0；
G00 X250.0Z200.0；
T0100；
M05；
M30；
```

3.8　简单台阶轴的单一循环编程

数控车床上手工编程中耗时最多的工作就是去除多余的毛坯余量。通常是在圆柱形毛坯上进行粗车和粗镗。

在粗加工毛坯去除领域，几乎所有的现代数控车床系统都可以使用特殊循环来自动处理粗加工刀具路径，以此来简化编程。

针对车削和镗削加工简单的台阶轴类零件的毛坯去除过程，现代数控车床系统提供了 G90 和 G94 两个固定循环（简单循环）指令来实现简化编程。简单循环只能用于垂直、水平或者有一定角度的直线切削，不能用于倒角、圆角或者切槽等。

3.8.1　轴向切削循环指令 G90

G90 循环指令用于在零件的外圆柱面（圆锥面）或者内孔面（内锥面）上毛坯余量较大或者直接从棒料车削零件时进行精车前的粗车，以去除沿主轴方向大部分余量。

G90 循环指令有两种编程格式，第一种格式用于沿 Z 轴方向的直线切削，如图 3.51

所示。

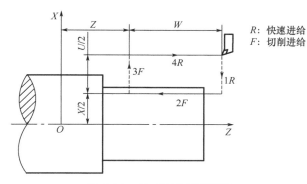

图 3.51　G90 直线切削循环

指令格式：

G90X（U）＿Z（W）＿F＿；

X（U）、Z（W）：车削循环中车削进给路径的终点坐标，可以是绝对坐标，也可以是增量坐标。在增量编程中，地址 U 和 W 后面的数值的符号取决于轨迹 1 和 2 的方向。对于图 3.51 而言，U 和 W 的符号为负。

F：进给速度。

此外，从图 3.51 可以看出，在 G90 循环指令中，沿 Z 轴的切削和沿 X 轴的轴向退刀为工作进给，其余为快速运动。运动过程如下。

① 从换刀点快速趋近工件至起始位置。

② X 轴方向快速移动到切削位置。

③ 沿 Z 轴以给定进给速度切削至终点。

④ X 轴以切削进给速度退刀，返回与起点 X 轴绝对坐标相同处。

⑤ 沿 Z 轴快速返回起始位置，结束循环。

第二种格式增加了参数 I 或 R，主要用于锥体加工，以 Z 轴切削运动为主，如图 3.52 所示。

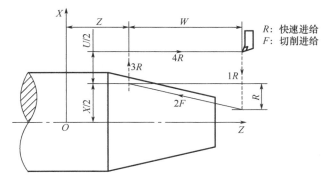

图 3.52　G90 锥体切削循环

指令格式：

G90　X（U）＿Z（W）＿R（I）＿F＿；

X（U）、Z（W）：车削循环中车削进给路径的终点坐标，可以是绝对坐标，也可以是

增量坐标。

R 或 I：沿水平方向的锥体切削，它的值为锥体起点和终点处直径差值的一半，R 地址在较新的控制器中替代 I 地址使用，有正负号。

F：进给速度。

锥体切削循环方式如图 3.52 所示，与直线切削循环方式类似。

注意： ① 使用任何运动指令（G00、G01、G02、G03）都可以取消 G90 循环，最常用 G00 指令。例如：G90 X（U）_Z（W）_R_F_；

……

G00…

② G90 为粗加工循环，首先需要选择每次的切削深度。要确定切削深度，先求出外圆上实际去除的毛坯量是多少，实际毛坯量是沿 X 轴方向的单侧（半径）值；考虑精加工余量后，选择切削次数，确定每次的切削余量。循环时只需按车削深度依次改变 X 轴坐标值，其余参数为模态量。

③ 安全间隙的选择：柱体切削时，工件直径及前端面的间隙通常为 3mm 左右；锥体切削时，终点加工空间宽阔，两段均需要加安全间隙。或者至少要在起点处增加 3mm 左右的安全间隙。

④ 为了保证表面加工质量，G90 固定循环可以和 G96 恒表面线速度切削指令结合使用。

⑤ 增量坐标编程，与绝对坐标编程相比，不容易跟踪程序进程，故建议多采用绝对坐标编程。

锥体加工与直线切削不一样的地方就是在循环中使用参数 R 或 I 来指定锥体每一侧的锥度值和方向。该值是基于总的行程距离和在起点位置的第一次运动方向计算出来的半径值，具体情况如图 3.53 所示。

【例 3 - 17】 圆柱面切削循环。如图 3.54 所示，零件右端直径为 φ35mm，相邻段零件的直径为 φ60mm，直径相差较大，加工余量大。因此在精车前，必须将毛坯上大部分余量去除。为此，可使用 G90 指令编写粗车程序，车削单边深度分配 2.5mm、2.5mm、1.5mm、1mm。此外，为了获得好的表面加工质量，还使用了恒表面线速度切削指令 G96，表面线速度 150m/min，最高转速 2000r/min。

程序如下。

```
G50   S2000;
G99   G96   S150   M03   T0100;
G00    X70.0    Z15.0    T0101;
G90    X55.0    Z-60.0    F0.25;
X50.0 ;
X47.0;
X45;
G00    X200.0    Z80.0;
T0100;
M05;
M30;
```

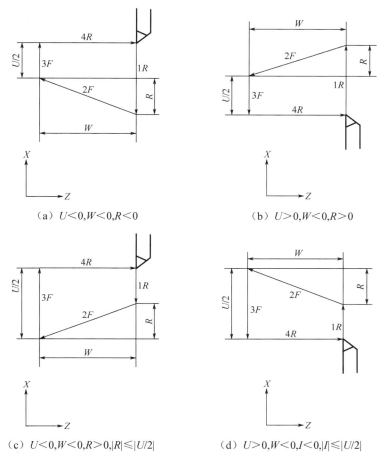

（a）$U<0,W<0,R<0$　　　　（b）$U>0,W<0,R>0$

（c）$U<0,W<0,R>0,|R|\leqslant|U/2|$　　　（d）$U>0,W<0,I<0,|I|\leqslant|U/2|$

图 3.53　G90 锥体切削的 R 正负判断

【例 3 - 18】　G90＋G92 指令加工内圆锥螺纹。

图 3.55 所示的内圆锥螺纹，加工时先用 T01 刀、G90 指令加工出内螺纹底孔，然后用 T02 刀、G92 指令加工出内螺纹。牙深 1.3mm，螺距 2mm。

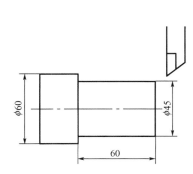

图 3.54　G90 圆柱面切削循环

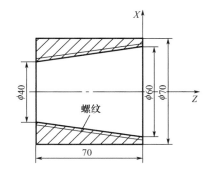

图 3.55　G90＋G92 指令加工内锥螺纹

程序如下：

```
G00 X100.0 Z150.0 T0101;                  换刀位置，换 1 号刀，建立工件坐标系
```

```
G99 M03 S400;
G00 X30.0 Z10.0;                      快速趋近工件附近
G90 X35.0 Z-70.0 R10.0 F0.2;          内圆锥面循环
X40.0;
G00 X100.0 Z150.0;                    回到换刀位置
T0100;                                取消 1 号刀刀具补偿
T0202;                                换 2 号刀
G00 X30.0 Z10.0;                      快速趋近工件附近
G92 X40.9 Z-70.0 R10.0 F2.0;          内锥螺纹循环
X41.5;                                2 次切深 0.6mm
X42.1;                                3 次切深 0.6mm
X42.5;                                4 次切深 0.4mm
X42.6;                                完成螺纹加工;
G00 X100.0 Z150.0;                    退回换刀位置
T0200;                                取消 2 号刀刀具补偿
M05;
M30;
```

3.8.2　径向切削循环指令 G94

G94 指令主要用于在零件的垂直端面、锥形端面上毛坯余量较大或者直接从棒料车削零件时精车前的粗车，以去除大部分毛坯余量。与 G90 指令的区别是，G90 指令主要用于平行于主轴中心线方向的直线切削和镗削，而 G94 指令主要用于垂直于主轴中心线方向的直线切削和镗削。

垂直端面加工的循环格式：

G94X（U）_Z（W）_F_;

X（U）、Z（W）：车削循环中车削进给路径的终点坐标，可以是绝对坐标，也可以是增量坐标。

F：进给速度。

如图 3.56 所示，循环过程中沿 X 轴方向车削零件和 Z 轴方向退刀为进给运动，其余为快速运动，循环过程如下。

① 快速趋近工件。

② 沿 Z 轴快速运动到切削位置。

③ 沿 X 轴以指定进给率进行切削。

④ 沿 Z 轴以指定进给率退刀。

⑤ 沿 X 轴快速退回出发位置。

圆锥面车削循环，指令格式：

G94X（U）_Z（W）_R_F_;

X（U）、Z（W）：车削循环中车削进给路径的终点坐标，可以是绝对坐标，也可以是增量坐标。

R：沿 X 轴方向的锥体切削，它的值为锥体起点和终点处直径差值的一半，有正负号。

F：进给速度。

G94 锥体切削循环方式如图 3.57 所示。

注意：

① 由 G94 准备功能制定的循环称为断面切削循环，其目的是去除刀具起始位置与指定的 X、Z 坐标位置之间的多余材料，通常为垂直于主轴中心线的直线切削和镗削，X 轴为主要的切削轴。

② 使用任何运动指令（G00、G01、G02、G03）都可以取消 G90 模态固定循环，常用 G00 指令。

③ G94 为粗加工循环，首先需要选择每次的切削深度。要确定切削深度，先求出外圆上实际去除的毛坯量是多少，实际毛坯量是沿 Z 轴方向的值；考虑精加工余量后，选择切削次数，确定每次的切削余量。循环时只需按车削深度依次改变 Z 坐标值，其余参数为模态量。

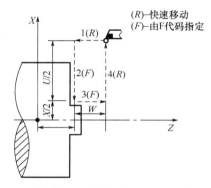

图 3.56　G94 径向切削循环方式

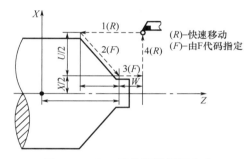

图 3.57　G94 锥体切削循环方式

④ 为了保证表面加工质量，G90 固定循环指令可以和 G96 恒表面线速度切削指令结合使用。

⑤ 在锥面切削编程过程中注意 R 的正负号区分，具体情况如图 3.58 所示。

【例 3-19】 垂直端面粗车示例。

如图 3.59 所示，零件右段小端面直径为 φ20mm，相邻段零件的外径为 φ60mm，台阶长度为 9mm，用 G94 车削循环指令编写粗车程序，每次车削深度为 3mm，X（半径值）和 Z 方向各留 0.2mm 的精车余量，则粗车加工程序如下。

```
G00 X100.0 Z100.0;            回换刀点
G99 M03 S200;                 主轴正转，转速 200r/min，进给率切换为 r/min
G00 X65.0 Z5.0 T0101;         刀具快速趋近工件，调用第 1 把刀及刀具补偿
G94 X20.4 Z16.0 F0.2;         第 1 次粗车
Z13.0;                        第 2 次粗车
Z10.2;                        完成加工，留精加工余量
G00 X100.0 Z100.0;            退回安全点
T0100;                        取消 1 号刀刀具补偿
M05;                          主轴停
M30;                          程序结束
```

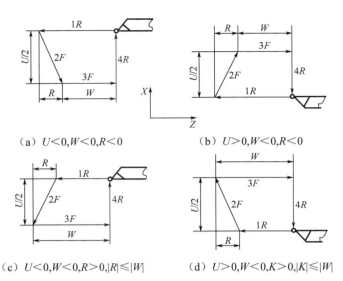

（a）$U<0,W<0,R<0$　　　　　（b）$U>0,W<0,R<0$

（c）$U<0,W<0,R>0,|R|\leqslant|W|$　　　（d）$U>0,W<0,K>0,|K|\leqslant|W|$

图 3.58　G94 车削循环指令中 R 值正负判断

【例 3－20】　锥形端面粗车示例。如图 3.60 所示，零件右段小端面直径为 $\phi20\text{mm}$，相邻段零件的外径为 $\phi60\text{mm}$，台阶长度为 5mm，$R=-4\text{mm}$，用 G94 车削循环指令编写粗车程序，车削深度分别为 2mm、3mm，X（半径值）和 Z 方向各留 0.2mm 的精车余量，则粗车加工程序如下。

```
G00 X100.0 Z100.0;          回换刀点
G99 M03 S200;               主轴正转，转速 200r/min，进给率切换为 r/min
G00 X65.0 Z5.0 T0101;       刀具快速趋近工件，调用 1 号刀及刀具补偿
G94 X20.4 Z34 R-4.0 F0.2;   第 1 次粗车
Z32.0;                      第 2 次粗车
Z29.2;                      完成加工，留精加工余量
G00 X100.0 Z100.0;          退回安全点
T0100;                      取消 1 号刀刀具补偿
M05;                        主轴停
M30;                        程序结束
```

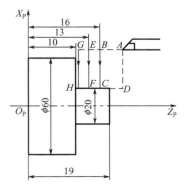

图 3.59　G94 车削垂直端面

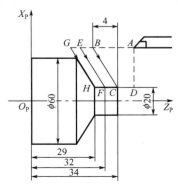

图 3.60　G94 车削锥形端面

在 G90 指令和 G94 指令的使用上，要根据工件的形状和毛坯的形状进行选择，如图 3.61 所示。

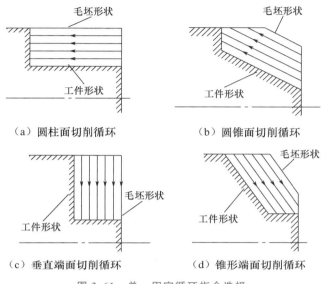

（a）圆柱面切削循环　　　　　　（b）圆锥面切削循环

（c）垂直端面切削循环　　　　　　（d）锥形端面切削循环

图 3.61　单一固定循环指令选择

3.9　复杂轴类零件的复合循环编程

数控车床复合固定循环指令，与前述单一形状固定循环指令一样，它可以用于必须重复多次加工才能加工到规定尺寸的典型工序。G70～G76 为复合车削循环指令。在复合固定循环中，通过定义零件精加工路径、进刀量、退刀量和加工余量等自动计算切削次数和每次的切削轨迹，机床可以自动实现多次进刀、切削、退刀、再进刀的加工循环，自动完成毛坯的粗加工到精加工全过程，使得程序进一步简化。此外，复合循环指令不仅可以进行直线和锥体切削，也可以加工圆角、倒角、凹槽等，还可以进行复杂轮廓加工。在这组指令中，G71、G72、G73 是粗加工指令，G70 是 G71、G72、G73 粗加工后的精加工指令。G74、G75 将在下一节中详细介绍。G76 已经在螺纹加工部分介绍过，此处不再赘述。

3.9.1　轴向粗车循环指令 G71

轴向粗车循环指令 G71，主要用于沿 Z 轴方向的毛坯内外表面的粗车。如图 3.62 所示，外表面粗车时的刀具路径中 C 点是粗加工循环的起点，A 点是毛坯外径与端面轮廓的交点。只要在程序中，给出 $A—A'—B$ 之间的精加工形状及径向精车余量 $\Delta U/2$、轴向精车余量 ΔW 及每次切削深度 Δd 即可完成 $AA'BA$ 区域的粗车工序。

指令格式：G71 U（Δd）R（e）

　　　　　　G71 P（ns）Q（nf）U（Δu）W（Δw）F（f）S（s）T（t）

Δd：每次切削深度（半径值），无正负号；该值为模态值，切削方向取决于 AA' 的

G71使用实例动画

G71粗车切削循环演示

方向。

e：退刀量（半径值），无正负号；该值为模态值，由系统相关参数指定。

ns：精加工程序第一个程序段的顺序号。

nf：精加工程序最后一个程序段的顺序号。

Δu：X 轴方向的精加工余量，直径值。

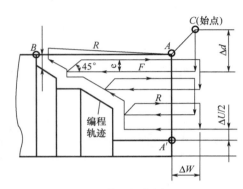

图 3.62　轴向粗车循环 G71

ΔW：Z 轴方向的精加工余量。

f，s，t：包含在 ns 和 nf 程序段中的任何 F、S、T 功能在循环中被忽略，而在 G71 程序段中或前面程序段中相应的功能是有效的。

注意：区分两个程序段中的 U，第一个程序段中 U 表示每次的切削深度，第二个程序段中的 U 则表示直径方向的毛坯余量。

G71 指令实际上由三部分指令组成：给定粗车的进刀量、退刀量的程序段；给定定义精车轨迹的程序段区间、精车余量和切削进给速度、主轴转速、刀具功能的程序段；精车轨迹（ns～nf）的程序段。在执行 G71 时，这些程序仅用于计算粗车的轨迹，实际并未执行。

系统根据精车轨迹、精车余量、进刀量、退刀量等自动计算粗加工路线，沿与 Z 轴平行的方向切削，通过多次进刀、切削、退刀循环完成工件的粗加工。G71 的起点与终点相同。本指令适合于非成型毛坯（棒料）的成型粗车。

指令使用注意事项如下。

① G71 循环精加工轮廓的第一句 P 一般只能采用 G00 、G01 指令，而且只包含 X 轴指令。

② G71 循环指令适用于毛坯棒料的外径和内径的轴向粗车。

③ 零件轮廓必须符合 X 轴、Z 轴方向单调增大或者单调减小。

④ 精车预留余量 Δu 和 ΔW 的符号与刀具轨迹的移动方向有关，即沿刀具移动轨迹移动时，如果 X 坐标值单调增加，Δu 为正，反之为负；Z 坐标值单调减小，则 ΔW 为正，反之为负。如图 3.63 中 A—B—C 为精加工轨迹，A′—B′—C′ 为粗加工轨迹。

⑤ G71 循环的外部粗加工和内部粗加工，若 X 轴方向精加工余量 Δu 为正值，控制系统将循环作为外部循环处理，反之，按内部循环处理。

⑥ 在 ns～nf 程序段中，不能调用子程序。

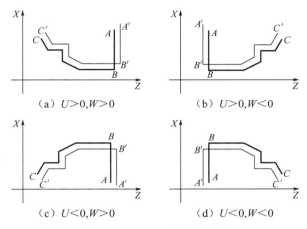

图 3.63 ΔUΔW 的正负判断

⑦ 在车削循环期间，刀尖补偿功能无效，需提前进行补偿。

⑧ 在 ns~nf 程序段中，指定的 G96 、G97 及 T、F、S 对车削循环均无效，而在 G71 指令中或者之前的程序段指定的这些功能有效。

⑨ 在轴向粗车循环前，可以使用恒表面线速度切削功能来提高其表面加工质量。

【例 3－21】 如图 3.64 所示，粗车轴，粗车切削深度为 2mm，退刀量为 1mm，精车余量 X 轴方向为 0.5mm，Z 轴方向为 0.2mm，粗车进给率为 0.2mm/r，恒表面线速度为 200m/min，用 G71 指令编写程序如下。

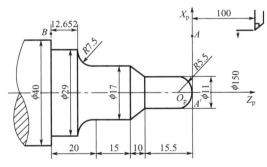

图 3.64 轴向粗车循环示例

G00 X150 Z100 T0101;	回换刀点，调用1号刀及刀具补偿
G96M03 S200;	主轴正转，恒表面线速度 200m/min
G50 S1500;	限定最高转速 1500r/min
G00 X41 Z0;	快速趋近工件
G71 U2 R1;	定义粗车循环
G71 P50 Q120 U0.5 W0.2 F0.2;	
N50 G01 X0;	定义精加工轨迹
G03 X11 W-5.5 R5.5;	
G01 W-10;	
X17 W-10;	
W-15;	

```
G02 X29 W-7.348 R7.5；
G01 W-12.652；
    X41；                          精加工轨迹结束
G00 X150 Z100 T0100；              退回换刀点，取消刀具补偿
M05；                             主轴停
M30；                             程序结束
```

3.9.2 径向粗车循环指令 G72

G72端面粗车
切削循环

径向粗车固定循环指令 G72，适用于毛坯棒料粗车外径和粗车内径，切削方向主要沿垂直于 Z 轴的方向进行。如图 3.65 所示，G72 是从外径方向向轴心方向切削端面的粗车循环。

指令格式：G72 W(Δd)R(e)

G72 P(ns) Q(nf) U(Δu) W(ΔW) F(f)S(s) T(t)

Δd：每次 Z 轴方向切削深度，无正负号，该值为模态值。

e：Z 轴单次退刀量，无正负号，该值为模态值，由系统相关参数指定。

ns：精加工程序第一个程序段的顺序号。

nf：精加工程序最后一个程序段的顺序号。

Δu：X 轴方向的精加工余量，直径值。

ΔW：Z 轴方向的精加工余量。

注意：

① A 和 A' 之间的刀具轨迹是在包含 G00 或 G01 顺序号为 ns 的程序段中指定，并且在这个程序段中不能指定 X 轴运动指令，即以 P 定义的精加工第一句程序中只能指定 Z 轴运动指令。

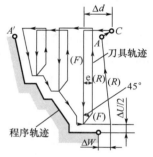

图 3.65 径向粗车循环 G72

② G72 只用于粗加工毛坯为棒料的工件。

③ 零件轮廓必须符合 X 轴、Z 轴方向单调增大或者单调减小。

④ 当采用恒表面切削速度进行编程时，在 ns 到 nf 程序段之间的运动指令中指定的 G96 或 G97 无效，而在 G72 程序段或之前的程序段中指定的 G96 或 G97 有效。

⑤ 精车预留余量的符号与刀具轨迹的移动方向有关，以下 4 种切削模式，所有切削循环都平行于 X 轴，U 和 W 的符号如图 3.66 所示。

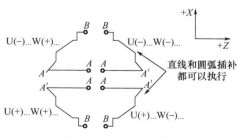

图 3.66 U 和 W 的符号

⑥ 在 ns～nf 程序段中，不能调用子程序。

⑦ 在车削循环期间，刀尖补偿功能无效，需提前进行补偿。

⑧ 从起点 A 到 A' 的 Z 轴方向为负，则说明控制系统将该循环作为外部切削处理；如果从起点 A 到 A' 点的 Z 轴方向为正，说明控制系统将该循环作为内部切削处理。

【例 3-22】 如图 3.67 所示，要进行外圆粗车的轴，粗车切削 Z 轴单次进刀量为 2mm，退刀量为 1mm，精车余量 X 轴方向为 0.5mm，Z 轴方向为 0.2mm，粗车进给率为 0.3mm/r，用 G72 指令编写程序如下。

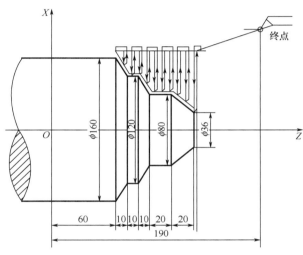

图 3.67　径向粗车循环示例

```
O0012
G50 X220.0 Z190.0;                    用 G50 建立工件坐标系
G99 M03 S800;                         主轴正转，转速 800r/min，进给率切换为 mm/r
T0101;                                调用 1 号刀及刀具补偿
N02 G00 X168.0 Z132.0;                快速趋近工件附近
G72 W2.0 R0.5;                        定义粗车循环
G72 P04 Q09 U0.5 W0.2 F0.3 ;          定义精车轨迹
    N04 G00 Z58.0;
    G01 X120.0 W12.0 F0.15;
    W10.0;
    X80.0 W10.0;
    W20.0;
    N09 X36.0 W22.0;                  精车轨迹结束
G00 X220.0 Z190.0;                    回换刀位置
T0100;                                取消 1 号刀刀具补偿
M05;                                  主轴停
M30;                                  程序结束
```

【例 3-23】 如图 3.68 所示，粗车零件内孔，切削深度为 1.2mm，退刀量为 1mm，X 轴方向精车余量为 0.2mm，Z 轴方向的精车余量为 0.5mm，零件毛坯内孔直径为

8mm。编制数控加工程序。

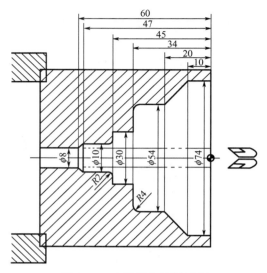

图 3.68   内孔粗车切削示例

O0015	
N10 G99 G50 X100.0 Z100.0;	建立工件坐标系
N20 T0101;	选择 1 号刀
N30 S600 M03;	主轴正转，转速 600r/min
N40 G00 X6.0 Z3.0;	快速趋近工件
N50 G72 W1.2 R1.0;	定义 G72 粗车循环
N60 G72 P70 Q170 U-0.2 W0.5 F0.5;	
N70 G00 Z-63;	定义精加工轮廓
N80 G01 X10.0 W6.0 F0.2;	精加工 2×45°倒角
N90 W10.0;	精加工 ϕ10mm 外圆
N100 G03 U4.0 W2.0 R2.0;	精加工 R2 圆弧
N110 G01 X30.0;	精加工 Z45 处端面
N120 W11;	精加工 ϕ30mm 外圆
N130 X46.0;	精加工 Z34 处端面
N140 G02 U8.0 W4.0 R4.0;	精加工 R4 圆弧
N150 G01 Z-20.0;	精加工 ϕ54mm 外圆
N160 U20.0 W10.0;	精加工锥面
N170 Z3.0	精加工 ϕ74mm 外圆，精加工轨迹结束
N180 G00 X100.0 Z100.0;	返回换刀点
N190 T0100;	
N200 M05;	
N210 M30;	

3.9.3   封闭切削循环指令 G73

G73 封闭切削循环指令是适用于铸、锻件毛坯零件的一种循环切削方式。由于铸、锻件毛坯的形状与零件的形状基本接近，只是外径、长度较成品大一些，形状较固定，故称为固定形状封闭切削循环。这种循环方式的走刀路径如图 3.69 所示。

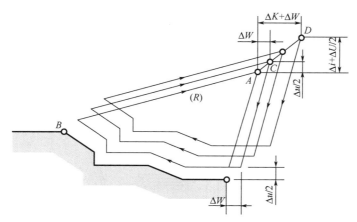

图 3.69　封闭切削循环轨迹

指令格式：G73 U（Δi）W（ΔK）R（d）

　　　　　G73P（ns）Q（nf）U（Δu）W（ΔW）F（f）S（s）T（t）

Δi：X 轴方向总退刀量（半径值，mm）。

ΔK：Z 轴向总退刀量（mm）。

d：切削等分次数，重复循环次数。

ns：精加工路线第一个程序段的顺序号。

nf：精加工路线最后一个程序段的顺序号。

Δu：X 轴方向的精加工余量（直径值）。

ΔW：Z 轴方向的精加工余量。

G73粗车切削
循环

f、s、t：顺序号 ns 和 nf 之间的程序段中所包含的任何 F、S 和 T 功能都被忽略，而在 G73 程序段或之前的 F、S 和 T 功能有效。

注意：

① 刀具轨迹平行于工件的轮廓，故适合加工铸造和锻造成形的坯料。

② 背吃刀量分别通过 X 轴方向总退刀量 Δi 和 Z 轴方向总退刀量 ΔK 除以循环次数 d 求得。

③ 总退刀量 Δi 与 ΔK 值的设定与工件的最大切削深度有关。

④ G73 循环精加工轮廓的第一句 P 一般只能采用 G00、G01、G02、G03 指令。

⑤ G73 不像 G71，G72 一样要求零件轮廓必须符合 X 轴、Z 轴方向单调增大或者单调减小，但零件轮廓需满足连续性。

⑥ G73 循环的外部粗加工和内部粗加工，若 X 轴方向精加工余量 Δu 为正值，控制系统将循环作为外部循环处理，反之，按内部循环处理。

⑦ 在 ns～nf 程序段中，不能调用子程序。

提示：G73 外圆循环加工中的 Δi（X 轴向的退刀距离）的计算值应为毛坯的最大外径与成品工件最小外径差值的一半。

⑧ 在车削循环期间，刀尖补偿功能无效，需提前进行补偿。

⑨ 在 ns~nf 程序段中，指定的 G96、G97 及 T、F、S 对车削循环均无效，而在 G73 指令中或者之前的程序段指定的这些功能有效。

⑩ 在轴向封闭切削粗车循环前，可以使用恒表面线速度切削功能来提高其表面加工质量。

【例 3-24】 图 3.70 所示的零件，其毛坯为锻件。粗加工分 3 次走刀，单边加工余量（Z 向和 X 向）均为 14mm，进给速度为 0.2mm/r，主轴转速为 600r/min；精加工余量 X 向为 4mm（直径值），Z 向为 2 mm，用 G73 切削循环编写程序如下。

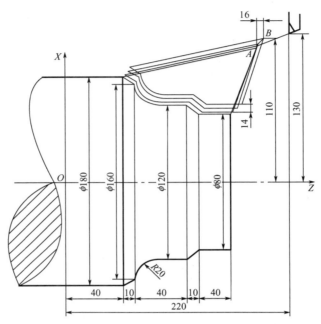

图 3.70 封闭切削循环 G73 编程示例

轴加工

法兰的加工

球加工

O0020

N10 G99 G50 X260.0 Z220.0;	用 G50 建立工件坐标系
N20 S600 M03;	主轴正转，转速 600r/min
N30 T0101;	调用 1 号刀及刀具补偿
N40 G00 X220.0 Z160.0;	快速趋近工件
N50 G73 U14.0 W14.0 R0.003;	定义粗车循环
N60 G73 P70 Q120 U4.0 W2.0 F0.2;	
N70 G00 X80.0 Z143.0;	定义精车轨迹
N80 G01 Z100.0;	
N90 X120.0 Z90.0;	
N100 Z70.0;	
N110 G02 X160.0 Z50.0 R20.0;	
N120 G01 X180.0 Z40.0;	精车轨迹结束
N130 G00 X260.0 Z220.0;	回换刀位置
N140 T0100;	取消 1 号刀刀具补偿
N150 M05;	主轴停
N160 M30;	程序结束

3.9.4 精加工循环指令 G70

G70 指令用于在零件用粗车循环 G71、G72、G73 车削后的精车加工。

指令格式：G70P（ns）Q（nf）；

ns：粗车循环 G71、G72、G73 指定的精车轨迹的第一个程序段号。

nf：精车轨迹的最后一个程序号。

指令功能：刀具从起点位置沿着 ns～nf 程序段给出的工件精车轨迹进行精加工。在 G71、G72、G73 进行粗加工后，进行精车，单次完成精加工余量的切削。G70 循环结束时，刀具返回与 G71、G72、G73 相同的循环起点，并执行 G70 程序段后的下一段程序。

G70 指令轨迹由 ns～nf 之间的程序段的编程轨迹决定。ns、nf 在 G70 ～G73 程序段中的相对位置如下。

```
G71/G72/G73 …；
    N（ns）…              精加工程序开始
        ……
        …F
        … S
        … T
        ……
    N（nf）…              精加工轨迹定义结束
        ……
    G70 P（ns）Q（nf）；
```

注意：

① 出于安全考虑，G70 循环使用粗加工循环中的起点。虽然粗加工已经结束，但精加工依然需要在最初直径上方开始编程并且远离端面，对于孔加工而言也有同样的要求。

② 在粗加工循环中定义的进给率，在粗加工中并不执行，只有到 G70 精加工循环开始后才会有效。

③ G70 指令执行时，G71、G72、G73 循环中的指令有效；当 ns～nf 程序段未指定 T、F、S 时，在粗车循环 G71、G72、G73 之前指定的 T、F、S 仍然有效。

④ 在 G70 指令执行过程中，可以停止自动运行或手动移动，但要再次执行 G70 循环时，必须返回手动移动前的位置。如果不返回，后边的运行轨迹将会出错。

⑤ 当 G70 循环加工结束时，刀具返回起点并执行 G70 之后的下一个程序段。

⑥ 在精加工中，可以使用另一把刀具来完成。但换刀并执行 G70 循环指令时，刀具从换刀位置必须回到 G71、G72、G73 循环的起点，否则程序不执行。

⑦ ns～nf 程序段中不能调用子程序。

【例 3 - 25】 G71＋G70 粗、精加工循环。

图 3.71 所示为要进行外圆粗车的轴，粗车切削深度为 2mm，退刀量为 1mm，精车余量 X 方向为 1.0mm，

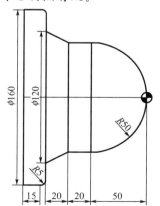

图 3.71 G71＋G70 粗、精加工循环

Z 方向为 0.5mm，粗车进给率为 0.3mm/r，精车用进给率和刀具同粗车。数控程序如下。

```
G00 X200. Z100. T0101；
G99 M03 S200；
G00 X165. Z2. ；
G71 U2. R1.
G71 P70 Q150 U1. W. 5 F. 3；
N70 G00 X160. ；
G01 X0. F. 1；W-2.0
G03 X100. W-50. R50. ；
G01 W-20. ；
X120 W-20. ；
X150. ；
G03 X160. W-5. R5. ；
N150 G01 W-15. ；
N160 G70 P70 Q150；
N170 G00 X200. Z100. ；
M05；
M30；
```

【例 3－26】 G73＋G70 粗、精加工循环。

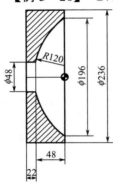

图 3.72 G73＋G70 粗、精加工循环

图 3.72 所示的零件，其毛坯为铸件。粗加工分 5 次走刀，单边退刀量（Z 轴方向和 X 轴方向）均为 10mm，而 U 为负值，所以为内孔加工循环。进给速度为 0.2mm/r，主轴转速为 200r/min；精加工余量 X 向为 1mm（直径值，U 为负值），Z 向为 0.5 mm；精加工进给速度为 0.1mm/r，主轴转速为 100r/min。粗加工用 1 号刀，精加工用 2 号刀。编写程序如下。

```
G00 X300. Z50. T0101；          回换刀点，调粗车刀及刀具补偿
G99 M03 S200；
G00 X40. Z1. ；                 快速趋近 G73 循环起点
G73U-10. W10. R0.005；          定义粗车循环
G73 P70 Q100 U-1. W0.5 F0.2；
N70 G00 X47. Z-49 S100；        定义精车轨迹
```

```
G01 X48. F0.1；
G02 X196. Z-1. R120. ；
N100G01 X237. ；               精车轨迹结束
G00 X300. Z50. ；
T0100；
T0202；                        调用精车刀及刀具补偿
G00 X40. Z1. ；                快速趋近 G73 循环起点
G70 P70 Q100；                 执行精加工循环
G00 X300. Z50. ；
T0200；
M05；
M30；
```

总结：G70～G73 循环的基本使用规则如下。

① 调用毛坯去除循环之前要应用刀具半径偏置。

② 毛坯去除循环结束之前要取消刀具半径偏置。

③ 快速返回循环起点的运动是自动产生的，不需要进行编程。

④ 毛坯余量 U 为直径值，其符号表示它应用的方向（相对于主轴中心线的 X 轴方向）。若 U 为正值，一般循环为外圆轮廓加工循环；若 U 为负值，一般循环为内孔轮廓加工循环。

3.10 切槽编程指令

在轴类零件上，经常可以看见一些轴向、径向的深槽和深孔结构，在加工这些结构时，由于工艺和刀具的原因，需要不断重复进刀、切削进给、退刀（断屑及排屑）的过程，直到加工尺寸为止。在 FANUC-0TD 数控车床系统中，用 G74 循环指令实现 Z 轴方向的深槽或者深孔粗加工，G75 循环指令实现 X 轴方向的深槽粗加工。

提示： 切槽刀比较窄，刚性差。第 1 次切槽，切槽刀刃 3 面受力，槽窄排屑不畅，容易夹刀。

3.10.1 轴向切槽多重循环指令 G74

G74 指令主要用来间歇式加工，用于 Z 轴方向深孔或者深槽加工中的断屑。轴向切槽多重循环 G74 与加工中心的 G73 深孔钻循环相似，但 G74 在车床上的应用要比 G73 在加工中心上的应用稍微广一点，尽管它的主要应用为深孔加工，但它在车削或镗削中的间歇式切削、较深端面的凹槽加工、复杂零件的切断加工等应用同样比较多。

G74 轴向切槽多重循环为径向（X 轴）进刀循环和轴向断续切削循环的复合：从起点轴向（Z 轴）进给、回退、再进给直至切削到与切削终点 Z 轴坐标相同的位置，然后径向退刀、轴向回退至与起点 Z 轴坐标相同的位置，完成一次轴向切削循环；径向再次进刀后，进行下一次轴向切削循环；切削到切削终点后，返回起点（G74 的起点和终点相同），轴向切槽复合循环完成。G74 的径向进刀方向和轴向进刀方向由切削终点 X（U）、Z（W）与起点的相对位置决定。其加工路线如图 3.73 所示。

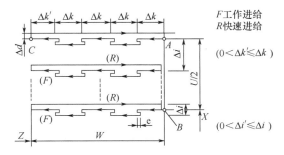

图 3.73 轴向切槽多重循环

指令格式：G74 R（e）；

G74 X（U）Z（W）P（Δi）Q（Δk）R（Δd）F（f）；

e：每次轴向进刀后，沿轴向的回退量。

X、Z：切削终点坐标值。

U：从 A 点到 B 点的增量。

W：从 A 点到 C 点的增量。

Δi：每次切削完成后径向（X 轴方向）的位移量（不带符号，单位为 0.001mm）

Δk：每次钻削深度（Z 轴方向的进刀量，不带符号，单位为 0.001mm）。

Δd：每次切削完成以后的径向退刀量，符号一般为正。

注意：

① 省略 X（U）和 P，则只沿 Z 轴方向进行加工（深孔钻）。

② Δd 和 e 均用同一地址 R 指定，其意义由地址 X（U）决定。当指定 X（U）时，就使用 Δd。

③ 在 G74 指令执行过程中，可以停止自动运行或者手动移动，如需再次执行 G74 循环，必须返回手动移动前的位置。如果不返回就执行，后边的运行轨迹将出错。

④ 通过改变 G74 指令的参数，可以实现 3 种钻孔方式。

【例 3 - 27】 图 3.74 所示的零件，要钻削 φ5mm 深度为 40mm 的深孔，每次切深 5mm，退刀 1 mm，用 G74 指令编写程序如下。

G00 X250.0 Z80.0 T0404；	回换刀点，用 4 号刀及刀具补偿
G99 S1000 M03；	主轴正转，转速 1000r/min，进给率切换为 mm/r
G00 X0.0 Z5.0；	快速趋近工件
G74 R1；	定义钻孔循环
G74 Z-40.0 Q5000 F0.15；	
G00 X250.0 Z80.0；	返回换刀位置
T0400；	取消 4 号刀刀具补偿
M05；	主轴停
M30；	程序结束

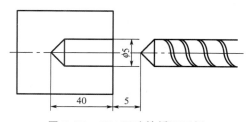

图 3.74　G74 深孔钻循环示例

【例 3 - 28】 G74 轴向切槽多重循环。

如图 3.75 所示，要切宽度为 10mm，深度为 15mm 的端面深槽，每次切削深度为 5mm，径向进刀量为 3.5mm，进给速度为 0.12mm/r，用 G74 循环指令编写程序如下。

G00 X250.0 Z80.0 T0303；	回换刀点，调用 3 号刀及刀具补偿
G50 S1000；	限制最高转速 1000r/min

G99 G96 S100 M03;	恒表面线速度100m/min，进给率切换为mm/r
G00 X42.0 Z10.0;	快速趋近工件
G74 X30.0 Z-15.0 P3500 Q5000 F0.12;	定义切槽循环
G00 X250.0 Z80.0;	返回换刀位置
T0300;	取消3号刀刀具补偿
M05;	主轴停刀
M30;	程序结束

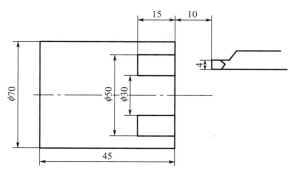

图 3.75　G74 轴向切槽多重循环示例

3.10.2　径向切槽多重循环指令 G75

G75 与 G74 指令一样，除了用 Z 代替 X 以外。该循环实现 X 轴方向的切槽、排屑钻孔（忽略 Z、W 和 Q）等。

G75 循环是轴向（Z 轴）进刀循环和径向断续切削循环的组合：从起点 A 轴向进刀，径向（X 轴）进给、回退、再进给直至切削到终点，然后径向回退至起点，完成一次径向切削循环；轴向再次进刀后，进行下一次径向切削循环；完成切削后，返回起点。G75 的轴向进刀和径向进刀方向由切削终点 X(U)、Z(W) 与起点的相对位置决定。循环路径如图 3.76 所示。

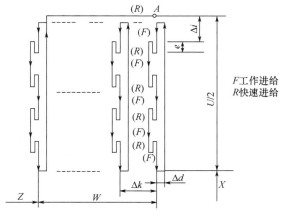

图 3.76　G75 径向切槽多重循环

指令格式：G75 R（e）；

$$G75 \ X \ (U) \ Z \ (W) \ P \ (\Delta i) \ Q \ (\Delta k) \ R \ (\Delta d) \ F \ (f);$$

e：退刀量（每次沿 X 轴方向的退刀量）。

X（U）：需要切削的凹槽最终直径。

Z（W）：最后一个凹槽的 Z 向位置。

Δi：每次切削深度（半径值，无符号，单位为 0.001mm）。

Δk：各槽之间的距离（每次切削完成后 Z 轴方向的进刀量，不加符号，单位为 0.001mm）。

Δd：每次切削完成后 Z 轴方向的退刀量（单位：mm）。

G75 循环指令需要注意的细节问题基本与 G74 相同，这里不再赘述。

【例 3 - 29】 G75 循环指令径向切槽。

如图 3.77 所示，对台阶轴进行切槽，每次 X 轴方向的切深为 2.5mm，Z 轴方向的进给量为 3.5mm，进给速度为 0.12mm/r，用 G75 循环指令编写程序如下。

```
G00 X250.0 Z100.0 T0505;
G99 S1000 M03;
G00 X35.0 Z5.0;
    Z-14.0;
G75  R500;                         定义切槽循环
G75 X20.0 Z-30.0 P2500  Q3500  F0.12;
G00   X250.0   Z100.0;
T0500;
M05 ;                              主轴停
M30 ;                              程序结束
```

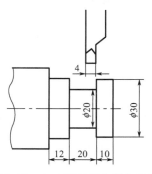

图 3.77　G75 循环指令径向切槽

3.11　刀尖半径补偿指令 G40、G41、G42

3.11.1　概述

数控车床零件编写程序一般针对车刀刀尖按照零件轮廓进行编制。刀尖点通常为理想状态下的假想刀尖 A 点（假想刀尖点实际并不存在，使用假想刀尖点编程时可以不考虑刀尖半径）或者刀尖圆弧圆心 O 点。如图 3.78 所示，A 点是车刀和镗刀的假想刀尖点。但在实际加工和应用中，为了提高刀尖的强度，满足工艺或者其他要求，刀尖往往不是一个理想点，而加工有一小段圆弧。切削加工时，用按理论刀尖点编出的程序进行端面及外径、内径等与轴线平行或垂直的表面加工（单轴插补），是不会产生误差的。但在进行倒角、锥面及圆弧切削（两轴联动）时，则会产生少切或过切现象，影响零件的精度。

【例 3－30】 如图 3.79 所示，刀具车削外轮廓，由于刀具存在刀尖半径圆弧，在车削斜面时，出现了欠切现象。

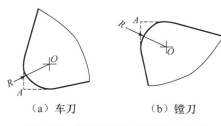
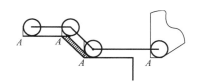

（a）车刀　　　　　（b）镗刀

图 3.78　车刀和镗刀的假想刀尖点　　　　　图 3.79　欠切现象

由于刀尖点不是一个理想点而是一段圆弧造成的加工误差，可用刀尖半径补偿功能来消除。如果使用刀尖半径补正，将会执行正确切削，如图 3.80、图 3.81 所示。

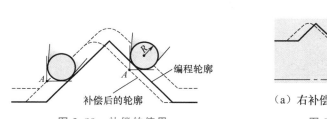
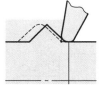

图 3.80　补偿的使用　　　　　（a）右补偿的使用　　　　（b）左补偿的使用

图 3.81　刀尖半径补偿的使用

提示：刀尖存在圆弧半径，刀具两轴联动加工工件，出现欠切和过切现象。

3.11.2　刀尖半径补偿指令格式

在刀尖半径补偿中，需要指定工件相对于刀具的具体位置，使用的指令及其功能见表 3－8。

表 3－8　刀尖半径补偿指令及其功能

刀尖半径补偿指令	指令功能	刀具轨迹
G40	取消刀尖半径补偿	沿编程轨迹运动
G41	后置刀架刀尖半径左补偿，前置刀架刀尖半径右补偿	在编程轨迹左侧
G42	后置刀架刀尖半径右补偿，前置刀架刀尖半径左补偿	在编程轨迹右侧

指令格式：

$$\begin{Bmatrix} G40 \\ G41 \\ G42 \end{Bmatrix} \begin{Bmatrix} G00 \\ G01 \end{Bmatrix} X\_Z\_$$

指令使用注意事项如下。

① G41、G42 后可以不跟指令，X、Z 为 G00 或 G01 指令的参数。

② 刀尖半径补偿的建立取消，只能用指令 G00 或 G01，而不是 G02 或 G03。

前置刀架和后置刀架的刀尖半径补偿功能如图 3.82、图 3.83 和图 3.84 所示。

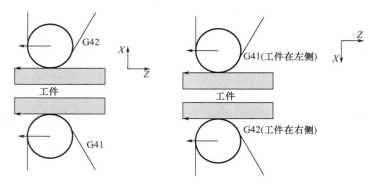

图 3.82　补偿指令与工件位置关系

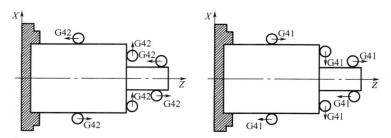

图 3.83　后置刀架刀尖半径补偿指令运动方向

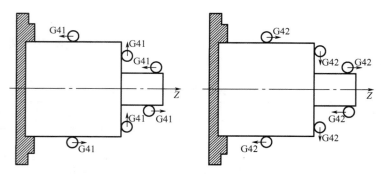

图 3.84　前置刀架刀尖半径补偿指令运动方向

注意：

① G40、G41 和 G42 指令都是模态指令。

② 如果刀尖半径补偿值为负值，则工件方位会改变，刀尖半径补偿指令功能互换。

③ 在 G41 或 G42 方式下，没有指令 G41 或 G42 的那些程序段不分别表示为 G41

或 G42。

④ 建立刀尖半径补偿有时称为起刀阶段，如图 3.85 所示。在该程序段中执行刀具偏置过渡运动，在起刀程序段的下一个程序段的起点位置，刀尖中心定位于编程轨迹的垂线上。而由 G41 或 G42 方式改变为 G40 方式的程序段称为补偿取消程序段。在取消程序段之前的程序段中刀尖中心运动到垂直于编程轨迹的位置。刀具定位于补偿值取消程序段的终点坐标，如图 3.86 所示。

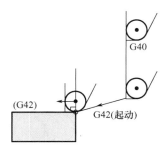

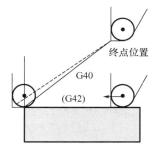

图 3.85　建立刀尖半径补偿　　　　　　　图 3.86　刀尖半径补偿的取消

图 3.87 所示零件，车削过程中刀尖半径补偿建立和取消的程序段如下。

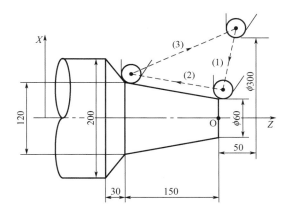

图 3.87　刀尖补偿的建立与取消

```
G42 G00 X60.0;              在快速趋近工件的过程中建立 G42 刀尖半径右补偿
 G01 X120.0 W150.0 F0.2;    直线插补切削到终点
 G40 X300.0 W200.0;         在刀具回退过程中取消刀尖半径补偿
```

⑤ 调用子程序时，系统必须在补偿取消模式。进入子程序后，可以启动补偿模式，但在返回主程序前必须为补偿取消模式。

⑥ 当在刀尖半径补偿取消方式下执行满足下列条件的程序段时，系统进入刀尖半径补偿模式。

a. 刀尖半径补偿号不是 0。

b. 程序段中有 X 或 Z 方向的运动指令且运动距离不为 0。

c. 程序段中包含 G41 或 G42，或者已经设置系统进入补偿方式。

⑦ 与此相对应，当在刀尖半径补偿方式下执行满足下列条件的程序段时，系统进入

取消补偿方式。

a. 程序段中存在指令 G40。

b. 刀尖半径补偿号为 0。

⑧ 外径、内径切削循环 G90 或端面切削循环 G94 的刀尖半径补偿如图 3.88 和图 3.89 所示。对于循环中的每一个轨迹，通常刀尖中心轨迹平行于编程轨迹。而补偿的方向如图 3.90 和图 3.91 所示，与 G41 或 G42 无关。

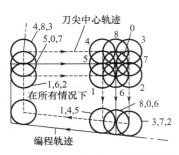

图 3.88　G90 方式刀尖半径补偿

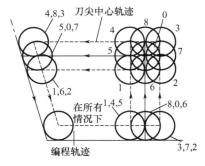

图 3.89　G94 方式刀尖半径补偿

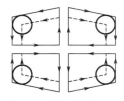

图 3.90　G90 补偿方向

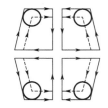

图 3.91　G94 补偿方向

⑨ 刀尖半径补偿在多重循环中偏离一个刀尖半径的补偿量，并且必须在循环开始之前执行 G41 或 G42 指令。

从刀尖中心看假想刀尖的方向决定切削中刀具的方向，所以与铣床的半径补偿量相同必须预先设定，对于车刀来说，需要设定假想刀尖的方向 T 和刀尖圆弧半径 R。车床上的 G 代码并不使用地址，偏置值存储在几何尺寸或者磨损偏置中。对应补偿寄存器中，定义了刀具半径和假想刀尖的方向号，有参数 T 设置各刀具的假想刀尖号。R 设定刀具半径。具体见表 3-9 和表 3-10。

表 3-9　几何偏置刀具半径和假想刀尖号

补正号码	OFX X 轴几何 补偿量	OFZ Z 轴几何 补偿量	OFR 刀尖半径 补偿量	OFT 假想刀 尖方向
01	0.040	0.020	0.20	1
02	0.060	0.030	0.25	2
⋮	⋮	⋮	⋮	⋮
31	0.050	0.15	0.12	6
32	0.030	0.25	0.24	3

表 3－10　磨损偏置刀具半径和假想刀尖号设定

补正号码	OFX X 轴磨耗 补偿量	OFZ Z 轴磨耗 补偿量	OFR 刀尖半径 磨耗补偿量	OFT 假想刀 尖方向
W01	0.040	0.020	0	1
W02	0.060	0.030	0	2
W03	0	0	0.20	6
W04	⋮	⋮	⋮	⋮
W05	⋮	⋮	⋮	⋮
⋮	⋮	⋮	⋮	⋮

在此，刀尖半径补偿量是几何及磨耗补偿量的总和。OFR＝OFGR＋OFWR

假想刀尖方向可对几何补偿或磨耗补偿设定，但是较后设定的方向有效。

注：用参数设定几何补偿号码时与刀具选择相同，几何补偿及磨耗补偿设定的 T 码相同，用几何补正指定的假想刀尖方向有效。假想刀尖号码定义了假想刀尖点与刀尖圆弧中心的位置关系，假想刀尖号码共有 10（0～9）种设置，共表达个 9 个方向的位置关系。当刀架为后置刀架时，假想刀尖与刀尖圆弧中心位置编码如图 3.92 所示，当刀架为前置刀架时，假想刀尖与刀尖圆弧中心位置编码如图 3.93 所示。当刀尖中心与起点一致时，使用假想刀尖号码 0 及 9，如图 3.94 所示，前后刀架的刀尖位置编码成镜像关系。补偿设定假想刀尖号码，并存储在 OFT 寄存器中。

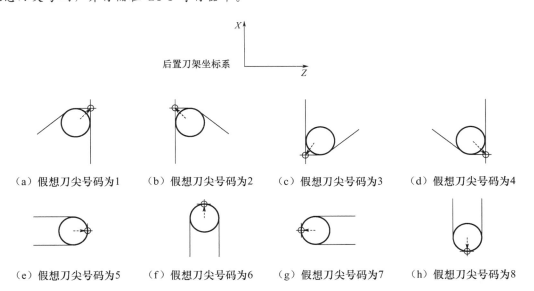

图 3.92　后置刀架坐标系中假想刀尖与刀尖圆弧中心位置编码

【例 3－31】　图 3.95 所示的零件，为了保证加工尺寸精度，防止过切或者少切，采用刀尖半径补偿。图示刀具假想刀尖号为 2，刀尖圆弧半径 $R＝0.5\text{mm}$。根据图示的走刀路线，采用刀尖半径右补偿。

前置刀架坐标系

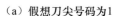

（a）假想刀尖号码为1

（b）假想刀尖号码为2

（c）假想刀尖号码为3

（d）假想刀尖号码为4

（e）假想刀尖号码为5

（f）假想刀尖号码为6

（g）假想刀尖号码为7

（h）假想刀尖号码为8

图 3.93 前置刀架坐标系中假想刀尖与刀圆弧中心位置编码

图 3.94 假想刀尖号码 0 或 9

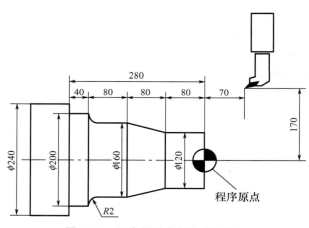

图 3.95 刀尖圆弧半径补偿示例 1

O0001

N10 G99G00 X300.0 Z70.0；	回到换刀点
N20 G50 S1500；	限制最高转速 1500r/min
N30 G96 S150 M03；	启动主轴正转，恒表面线速度为 150m/min
N40 G00 G42 X120.0 Z5.0 T0202；	调用 2 号刀及刀具补偿，采用刀尖半径右补偿
N50 G01 Z0. F0.35；	切削加工开始
N60 Z-80.0 F0.25；	
N70 X160.0 Z-160.0；	
N80 Z-220.0；	
N90 G02 X200.0 Z-240.0 R20；	
N100 G01 Z-280.0；	
N110 X245.0；	加工结束
N120 G40 G00 X300.0 Z70.0；	返回换刀点，取消刀尖半径补偿

N130 T0200;	取消 2 号刀的刀具补偿
N140 M05;	主轴停
N150 M30;	程序结束

　　若上述的零件原料为棒料，从零件形状来看，可采用 G71 复合循环进行粗加工，G70 进行精加工。因为 G71 循环过程中不执行刀尖半径补偿功能和恒表面线速度切削功能，所以需要在循环之前进行设定。其余同上个程序，数控程序如下。

N10 G00 X300.0 Z70.0;	回到换刀点
N20 G50 S1500;	限制最高转速 1500r/min
N30 G99 G96 S150 M03 T0300;	启动主轴正转，恒表面线速度为 150m/min
N40 G00 G42 X125.0 Z5.0 T0202;	调 2 号刀及刀具补偿，采用刀尖半径右补偿
N50 G71 U2.0 R0.5;	定义复合加工循环
N60 G71 P70 Q130 U1.0 W0.5 F0.4;	
N70 G01 X120.0;	定义精加工轨迹
N80 Z-80.0 F0.25;	
N90 X160.0 Z-160.0;	
N100 Z-220.0;	
N110 G02 X200.0 Z-240.0 R20;	
N120 G01 Z-280.0;	
N130 X245.0;	精加工轨迹定义结束
N140 G70 P70 Q130;	精加工循环
N150 G40 G00 X300.0 Z70.0;	返回换刀点，取消刀尖半径补偿
N160 T0300;	取消 3 号刀的刀具补偿
N170 M05;	主轴停
N180 M30;	程序结束

【例 3 - 32】　在图 3.96 所示零件加工中，考虑刀尖半径补偿，编制其加工程序。$R15mm$ 的圆弧与 $R5mm$ 的圆弧连接处点坐标为 X24，Z24。

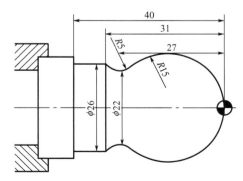

图 3.96　刀尖半径补偿示例 2

```
O0035
N10 G99 G00 X50.0 Z100.0;
N20 T0101;                            选择 1 号刀具
N30 S500 M03;                         主轴正转，转速 500r/min
N40 G00 X36.0 Z3.0;                   快速趋近工件
```

N50 X0;	刀具运动到 X 轴中心线
N60 G01 G42 Z0 F0.5;	加入刀尖半径补偿
N70 G03 X24.0 Z-24.0 R15.0;	车削 R15mm 圆弧
N80 G02 X26.0 Z-31.0 R5.0;	车削 R5mm 圆弧
N90 G01 Z-40.0;	车削 φ26mm 外圆
N100 G00 X30.0;	刀具离开工件
N110 G40 X36.0 Z3.0;	返回安全点，取消刀尖半径补偿
N120 T0100;	取消刀具
N130 M05;	主轴停
N140 M30;	程序结束

3.12　车削加工中心编程

　　数控车削中心是在普通数控车床基础上发展起来的一种复合加工机床。除具有一般二轴联动数控车床的各种车削功能外，车削中心的转塔刀架上有能使刀具旋转的动力刀座，主轴具有按轮廓成形要求连续（不等速回转）运动和进行连续精确分度的 Cs 轴功能，并能与 X 轴或 Z 轴联动，控制轴除 X、Z、C 轴之外，还可具有 Y 轴。

　　车削加工中心是在数控车床原有的直角坐标系基础上增加了圆柱坐标插补功能和极坐标插补功能，使机床在一次装夹中完成回转类零件和端面的矩形轮廓或矩形槽和偏心孔、圆柱表面上的任意形状的槽等连续加工，精度高、效率高。加工回转体零件时，工件的旋转运动是主运动，刀具的横向或纵向的切削运动是从运动，而在加工工件圆柱表面或端面时，主轴及工件将转换为分度旋转运动，由内置于刀座台内的伺服电动机带动的动力刀具的旋转运动是主运动，主轴及工件的分度旋转运动是从运动。当使用圆柱坐标插补功能、极坐标插补功能以后，通过主轴（工件）的旋转运动和刀具的协调运动，可进行端面和圆周上任意部位的钻削、铣削和攻螺纹等加工，还可以实现各种曲面和复杂轮廓曲线轮廓槽、端面槽、刻字等铣削加工。铣削应用的一般原则和编程特征也是可用的。

车削中心加工实例1

3.12.1　车削中心的 Cs 轴

　　　　Cs 轴轮廓控制是将车床的主轴回转功能控制变为角度位置控制实现主轴按回转角度的定位，并可与其他进给轴插补以加工出形状复杂的工件。

车削中心加工实例2

　　　　Cs 轴控制必须使用 FANUC 的串行主轴电动机，在主轴上安装高分辨率的脉冲编码器，因此，用 Cs 轴进行主轴定位要比通常的主轴定位精度高。

　　　　车床系统中，主轴的回转位置（转角）控制不是由进给伺服电动机而是由 FANUC 主轴电动机实现的。主轴的位置（角度）由装于主轴（不是主轴电动机）上的高分辨率编码器检测，此时主轴作为进给伺服轴工作，运动速度单位为（°）/min，并可与其他进给轴一起插补，加工出轮廓曲线。同时可配合铣削轴（动力刀架）进行铣、钻切削加工。实现车削中心的车铣功能合一。

　　Cs 轴通常用来铣削加工、切槽、六面体加工及螺旋槽、复杂轮廓曲线加工等，可以替代铣床上的一些简单操作，缩短工装时间。

3.12.2 动力刀架

动力刀架用于刀塔刀座，通常用于安装铣削或钻削类型的刀具并由伺服电动机和相应的传动系统为其提供动力，此配置可以配合 Cs 轴分度功能，完成铣削、钻削等工序。图 3.97 所示为 12 工位动力刀架。

3.12.3 Cs 轴编程

1. 极坐标加工 G112、G113

将直角坐标系的指令，变换为直线轴的移动（刀具的移动）和旋转轴的移动（工件的旋转），进行轮廓控制的功能，称为极坐标插补功能，如图 3.98 所示。

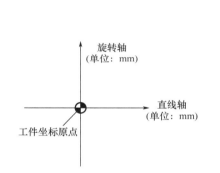

车铣复合加工1

图 3.97 12 工位动力刀架   图 3.98 极坐标插补平面

G112：极坐标插补模式。

指令坐标系中的直线或者圆弧插补，直角坐标系由直线轴和回转轴组成。

G113：极坐标插补取消模式。

指令使用注意事项如下。

① 这些 G 代码指令单独使用。

② 在机床上电复位时，为极坐标插补取消模式。

③ 极坐标插补的直线轴和旋转轴要事先在 5460 和 5461 号参数中设定。

④ 在极坐标插补模式下，程序指令在极坐标平面上用直角坐标指令。回转轴（分度轴）的轴地址作为平面中的第二轴（旋转轴）的地址。第一轴用直径值指令，旋转轴用半径值指令。极坐标插补的刀具位置是从 0° 开始的。

⑤ F 指令的进给速度是极坐标插补平面（直角坐标系）相切的速度（工件和刀具间的相对速度）。

⑥ 可以在极坐标插补方式下使用的 G 代码：G01、G02、G03，G04，G40、G41、G42，G98、G99。

在车削中心，G112 启动极坐标插补方式并选择一个极坐标插补平面，如图 3.99 所

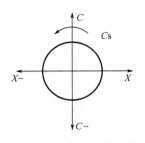

图 3.99　车削中心极坐标
　　　　插补平面

示，X 轴为直线轴，直径值；C 轴为旋转轴，半径值。

编写程序时，假想工件不移动，刀具在移动，以此编写回转刀具的程序路径。

【例 3－33】　在车削中心，将圆棒料铣削成如图 3.100 所示的 40mm 见方的四棱柱。铣削深度 $Z＝－8mm$，图中双点画线所示为 $\phi16mm$ 铣刀的刀具中心轨迹。在加工过程中，使用刀具半径右补偿，进行极坐标插补前，必须将刀具插补位置（Cs 轴）定位到 0°。切削进给速度单位采用铣削加工常用的 mm/min。数控程序编写如下。

G00 X200.0 Z100.0 T0303;	回到换刀点
G98 M03 S800;	启动主轴正转，切换进给模式
G00 X90.0 C0 Z0;	X 轴到 A 点，Cs 轴定位到 0°
G01 Z-8.0 F80;	下刀到铣削深度，进给率 80mm/min
G112;	极坐标插补开始
G42　X40.0;	$A \rightarrow B$
C-20.0;	$B \rightarrow C$
X-40.0;	$C \rightarrow D$
C20.0;	$D \rightarrow E$
X40.0;	$E \rightarrow F$
C0;	$F \rightarrow B$
G40 X90.0;	$B \rightarrow A$
G113;	极坐标插补取消
G00 X200.0 Z100.0;	回换刀点
T0300;	取消刀尖半径补偿
M05;	主轴停
M30;	程序结束

车铣复合加
工4

车铣复合加
工5

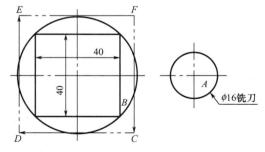

图 3.100　极坐标插补铣四棱柱

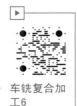

车铣复合加
工6

【例 3－34】　在车削中心，将圆棒料铣削成如图 3.101 所示的正六棱柱。铣削深度 $Z＝－10mm$，图中双点画线所示为 $\phi16mm$ 铣刀的刀具中心轨迹。在加工过程中，使用刀具半径右补偿，进行极坐标插补前，必须将刀具插补位置（Cs 轴）定位到 0°。切削进给速度单位采用铣削加工常用的 mm/min。数控程序编写如下。

G00 X200.0 Z100.0 T0303;	回到换刀点
G98 M03 S800;	启动主轴正转，切换进给模式
G00 X102.0 C0 Z0;	X轴至A点，Cs轴定位到0°
G01 Z-10.0 F80;	下刀到铣削深度，进给率80mm/min
G112;	极坐标插补开始
G42 G01 X62.0 F300;	$A \rightarrow B$
X30.988 C26.85 F80;	$B \rightarrow C$
X-30.988;	$C \rightarrow D$
X-62.0 C0;	$D \rightarrow E$
X-30.988 C-26.85;	$E \rightarrow F$
X30.988;	$F \rightarrow G$
X62.0 C0;	$G \rightarrow B$
G40 X102.0 F300;	$B \rightarrow A$
G113;	极坐标插补取消
G00 X200.0 Z100.0;	回换刀点
T0300;	取消刀尖半径补偿
M05;	主轴停
M30;	程序结束

车铣加工中心加工叶片

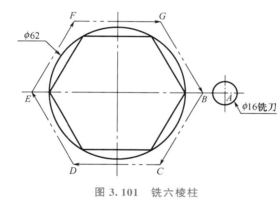

图 3.101　铣六棱柱

DMG双主轴车铣复式机床

日本森精机

2．圆柱坐标加工 G107

　　圆柱插补模式将以角度指令旋转轴的移动量，先在系统内部变换为圆周上的直线轴的距离，再与其他轴一起进行直线插补或圆弧插补。插补后在逆换算成旋转轴的移动量。

　　圆柱插补功能以圆柱面展开的形状制作程序，因此诸如圆柱凸轮的沟槽加工，能很容易地编制程序。

　　指令格式：

　　　　G107　　　旋转轴名称　　圆柱半径；　　　　　　　　　　（1）

　　　　G107 旋转轴名称　　　　0　；　　　　　　　　　　　（2）

　　以（1）的指令进入圆柱插补模式。以旋转轴名称当地址，而以圆柱半径当指令值。

　　以（2）的指令取消圆柱插补模式。

曲轴加工

例如：O0001；

  N1 G28 X0 Z0 C0； 参考点复位

  N2 …；

   ……

  N6 G107 C125； C 轴进行圆柱插补，其圆柱半径为 125mm

   ……

  N9 G107 C0； 取消圆柱插补

   ……

  M30；

指令使用注意事项如下。

① 圆柱插补模式中指令的进给速度为圆柱展开面上的进给速度。

② 圆柱插补（G02/G03）的平面选择：圆柱插补模式中，进行旋转轴和其他直线轴间的圆弧插补，必须使用平面选择指令（G17、G18、G19）。

设定 Z 轴和 C 轴的参数为 5（X 轴的平行轴）。此时圆弧插补的指令如下。

    G 18 Z _ C _ ；

    G 02（G 03）Z _ C _ R _ ；

也可设定 C 轴的参数为 6（Y 轴平行轴）。此时圆弧插补的指令如下。

    G 19 C _ Z _ ；

    G 02（G 03） Z _ C _ R _ ；

③ 圆柱插补模式不可用 I、J、K 指定圆弧半径，而必须用尺寸指令圆弧半径。半径不用角度指令，而用长度（mm）指令。

④ 如果圆柱插补模式在已经应用刀尖半径补偿时开始，圆弧插补不能在圆柱插补中正确完成。必须在圆柱插补方式中开始和结束刀具补偿。

【例 3-35】 加工如图 3.102 所示的圆柱表面沟槽，沟槽展开图如图 3.103 所示。图 3.103 中点画线为铣刀中心的加工轨迹，铣刀直径等于槽宽，在加工过程中，采用刀尖半径左补偿，进行圆柱插补前，必须将刀具插补位置（Cs 轴）定位到 0°。切削进给速度单位采用铣削加工常用的 mm/min。数控程序如下。

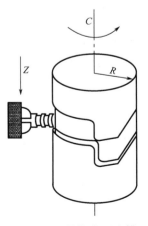

图 3.102 圆柱表面沟槽

G00 X200.0 Z80.0 T0101；　　　　回换刀点

G98 M03 S800；　　　　启动主轴正转，切换进给模式

X125.0 Z5.0 C0；　　　　趋近工件，Cs 轴定位到 0°

G01 G18 W0 H0；　　　　启动 Cs 轴轮廓控制功能切槽起始位置

G107 C57299；　　　　进入圆柱坐标插补模式，半径 57.299mm

G01 G41 Z-90.0 F100；　　　　刀具到切槽位置，启动刀尖半径左补偿

N1 G01 C90.0；

N2 G03 Z-100.0 C130.0 R75.0；

N3 G01 Z-130.0 C170.0；

N4 G02 Z-140.0 C210.0 R75.0；

N5 G01 C290.0；

N6 G02 Z-130.0 C300.0 R10.0；

N7 G01 Z-110.0；

N8 G03 Z-90.0 C320.0 R30.0；

N9 G01 C360.0；

G40 Z5.0　　　　取消刀尖半径补偿

G107 C0；　　　　取消圆柱插补

G00 X200.0 Z80.0；　　　　返回换刀点

T0100；　　　　取消刀补

M05；　　　　主轴停

M30；　　　　程序结束

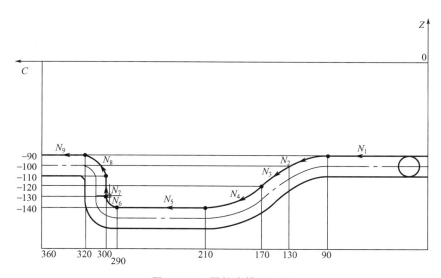

图 3.103　圆柱沟槽展开图

1. 简述数控车削编程的过程。

2. 简述混合编程的含义。

3. 简述数控车床工件坐标系建立的三种方法。

4. 机床控制面板上选择停止开关处于何种状态时，M01 在程序中不起任何作用，程序仍继续执行。M01 的主要作用是什么？请举例说明。

5. 请说明 M02、M30 的区别。

6. 数控车削加工时，为什么经常设置恒表面线速度？G96 设置恒表面线速度需要与 G50 设置主轴转速配合使用，为什么？

7. 数控车削进给速度一般采用 mm/r，为什么？

8. 请说明 T0202 的含义。

9. 在前刀座机床采用 G02 逆时针切削圆弧说法是否正确？为什么？

10. 常用螺纹切削的指令有哪些？走刀方式如何？选择指令时应当注意哪些因素？

11. 螺纹切削为什么需要多次进刀完成？

12. G90、G94 车削循环对刀具有何要求？

13. 轴向粗车循环 G71 走刀路线能否通过 G90 编程实现？为什么？

14. G73 主要适合何种零件的加工？

15. 计算题

图 3.104 零件采用圆角半径为 R_1 的外圆车刀在没有刀尖半径补偿情况下车削，计算表 3-11 中不同 Z 值对应 X 的理论值和实际值，并对结果进行分析。

表 3-11 不同 Z 值对应 X 的理论值和实际值

序号	Z 值	X 理论值	X 实际值
1	−1		
2	−15		
3	−25		
4	−38		

16. 编程

采用刀片角度 35°的仿形车刀［图 3.105（a）］精车。仿形车刀切削参数：刀尖半径 0.4mm，切削速度 240m/min，切削深度 $a_{pmax}=1.5$mm，切削进给 0.1mm。请编写精车图 3.105（b）所示零件的加工程序，分两种情况：①不使用刀尖半径补偿；②使用刀尖半径补偿。

17. 编程

采用刀片角度 80°的外圆车刀［图 3.106（a）］，刀片角度 35°的仿形车刀［图 3.106（b）］车削图 3.106（c）所示的零件，毛坯为 φ60 棒料。刀外圆车刀车削的参数如下：刀片角度

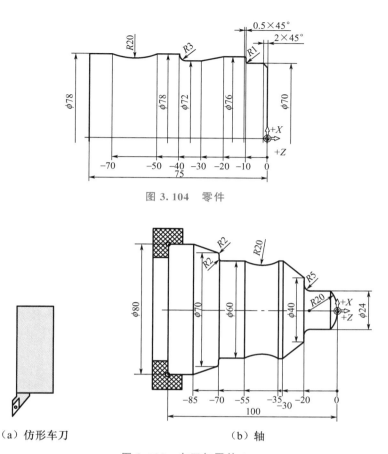

图 3.104　零件

（a）仿形车刀　　　　　　　　　（b）轴

图 3.105　车刀与零件 1

80°，刀尖半径 0.8mm，切削速度 200m/min，进给 0.3mm，切削深度 $a_{pmax}=2.5mm$。请设计工作步骤，并编写加工程序。

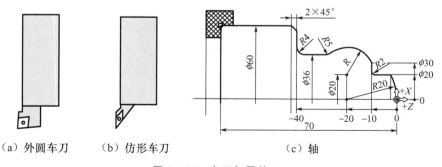

（a）外圆车刀　　　（b）仿形车刀　　　　　　　（c）轴

图 3.106　车刀与零件 2

18. 编程

采用刀片角度 80°的外圆车刀 [图 3.107（a）]、3mm 切槽刀 [图 3.107（b）] 车削图 3.107（c）所示的零件，毛坯为 φ60 棒料。切槽刀车削参数如下：刀具宽度 3mm，刀尖半径 0.1mm，切削速度 100m/min，进给速度 0.1mm/min。请设计工作步骤，并编写加工程序。

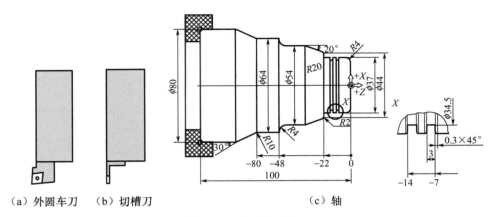

（a）外圆车刀　（b）切槽刀　　　　　　　　　（c）轴

图 3.107　车刀与零件 3

19.编程

采用刀片角度 35°的内孔仿形车刀［图 3.108（a）］车削图 3.108（b）所示的零件，毛坯为 ϕ60 棒料，底孔为 ϕ20mm。内孔仿形车刀参数如下：刀尖半径 0.4mm，切削速度 180m/min，切削深度 a_p＝max＝1.5mm，切削进给 0.1mm。请设计工作步骤，并编写加工程序。

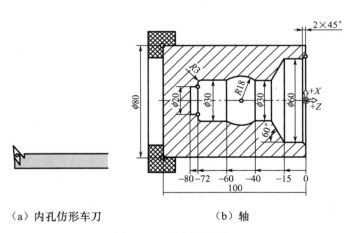

（a）内孔仿形车刀　　　　　　（b）轴

图 3.108　车刀与零件 4

第4章
数控编程的应用

学习目标

1. 能够说明加工零件的工艺特征、主要加工方法、装夹方法。
2. 能够说明切削参数的选择和确定方法。
3. 能够正确编制数控车床加工程序。
4. 能够正确编制数控铣床及加工中心加工程序。

教学要求

知识要求	相关知识	能力要求
能够说明加工零件的工艺特征、主要加工方法、装夹方法	数控机床基础、机械制造工艺	能够根据不同零件的加工要求，确定合理的数控工艺方案，掌握数控程序的结构、编写规则等，能编制数控加工程序
能够说明切削参数的选择和确定方法	机械制造工艺	
能够正确编制数控车床加工程序	数控车床加工程序编程方法	
能够正确编制数控铣床及加工中心加工程序	数控铣及加工中心加工程序编程方法	

在学习了数控车床、铣床及加工中心的基本编程方法之后，在进行零件加工方案设计中，加工程序的编制必须考虑零件的材料特性、刀具及设备选择、加工工艺要求等，本章结合主要知识点的内容，通过实例讲解来加强编程方法的运用能力。

4.1　数控车床编程

数控车床用来加工回转体零件，能自动完成内外圆柱面、圆锥面、圆弧面、螺纹，端面、槽等加工。本章主要介绍轴、盘套、轴套、螺纹、切槽（切断）零件的加工。

4.1.1　轴类零件加工

1. 轴类零件加工特点

（1）轴类零件的基准的加工。

轴类零件的中心孔是设计基准、加工基准、测量基准，因此，中心孔一般在外圆加工前，使用钻中心孔机加工两端的中心孔，保证中心孔的同轴度。若在车床上采用夹外圆打中心孔的方法，则应加工外圆，保证调头打另一端的中心孔时，可以夹持已加工外圆，保证中心孔的同轴度。

（2）轴类零件的定位、夹紧。

数控车床加工轴类零件时，一般可用三爪自定心卡盘夹外圆、一夹一顶、顶两端中心孔三种方法装夹工件。自定心卡盘夹外圆装夹主要用于短轴加工；一夹一顶一般用于较长轴加工，可以传递足够大的转矩。图 4.1 为轴类零件的几种定位方式。

现对各种定位方式进行说明。

① 两点定位［图 4.1(a)］，欠定位。夹持长度过短，工件不容易夹正。仅仅限制工件的 X、Y 方向的移动自由度。缺乏对 Z 轴移动和 X、Y 旋转的定位。

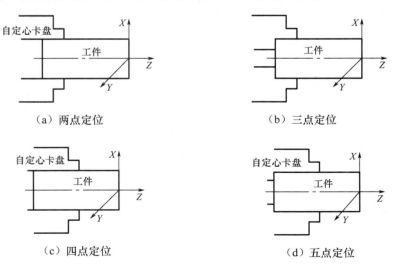

图 4.1　轴类零件的定位方式

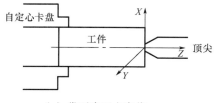

（e）带顶尖四点定位

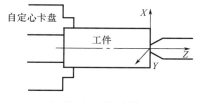

（f）带顶尖五点定位

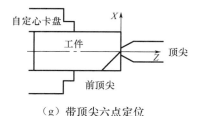

（g）带顶尖六点定位

（h）带顶尖七点定位

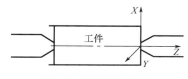

（i）前后顶尖五点定位

图 4.1　轴类零件的定位方式（续）

② 三点定位［图 4.1(b)］，欠定位。自定心卡盘为台阶爪，限制工件的 Z 轴移动自由度，夹持长度过短，不容易夹正。

③ 四点定位［图 4.1(c)］，不完全定位。相当于圆柱定位。缺乏 Z 轴方向定位。

④ 五点定位［图 4.1(d)］，不完全定位。短轴经常采用此种定位方式。

⑤ 四点定位［图 4.1(e)］，欠定位。缺乏 Z 轴方向定位。

⑥ 五点定位［图 4.1(f)］，不完全定位。长轴一般采用此种定位方式。

⑦ 六点定位［图 4.1(g)］。绕 X、Y 轴旋转自由度被重复限制。

可以分两种情况讨论：①在一次装夹中完成打中心孔和上顶尖，不完全定位。②打中心孔和上顶尖在两次装夹中完成，过定位。不正确定位。

⑧ 七点定位［图 4.1(h)］。相对于图 4.1(g)，Z 轴方向也出现重复定位。

⑨ 五点定位［图 4.1(i)］。由于中心孔的锥度大小不一，Z 轴定位实际为浮动定位。批量生产中，一般不采用此种定位方法，一般用在单件加工中。

2. 轴类零件加工实例

（1）零件如图 4.2 所示，该零件材料为 45 ♯钢棒料，无热处理要求，毛坯直径选用 φ55mm。编制其数控加工程序。

① 零件结构简单，属于短轴，采用自定心卡盘夹紧，使用外圆车刀一次完成粗、精加工

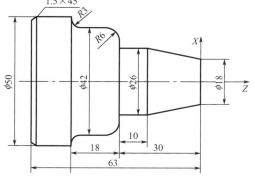

图 4.2　简单轴类零件

零件外形，最后用切断刀切断。

② 刀具的切削用量选择见表 4-1。

表 4-1　刀具的切削用量选择

工序	内容	刀具号	刀具类型	切削用量	
				主轴转速/(r/min)	进给速度/(mm/r)
1	平端面粗车外形	T01	93°菱形外圆刀 $R=0.8mm$	800	0.2
2	精车外形	T03	93°菱形外圆刀 $R=0.4mm$	1200	0.1
3	切断并倒角	T04	刀宽 4mm	600	0.05

③ 确定加工方法。

a. 零件毛坯为棒料，毛坯余量较大（最大处 52mm－18mm＝34mm），需多次进刀加工。采用 G71 复式循环指令，完成粗加工，留精车余量，然后精车，最后在切断前完成 $1.5\times45°$ 的倒角。

b. 刀尖半径补偿的使用。刀尖半径 $R=0.4mm$，精加工时，使用 G42 进行刀尖半径补偿，$R0.4mm$，刀尖方位号 3。

c. 精加工刀具起点的计算。最左端为锥面，当加工起点离端面 5mm，锥体小径需计算获得。如图 4.3 所示，锥体延长线上利用两个三角形相似，计算出 $H=0.8mm$，那么刀具起点锥体小径为：18mm－2×0.8mm＝16.4mm。

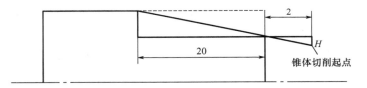

图 4.3　锥体切削起点

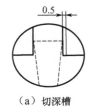

（a）切深槽　　（b）倒角、切断

图 4.4　切断刀倒角

④ 倒角并切断。切断刀宽 4mm，对刀点为左刀点，在编程时要左移 4mm 以保持总长 63mm。倒角因是斜线运动，需要有空间，所以按图 4.4（a）所示路线先往左在总长留 0.5～1mm 余量处切一适当深槽，退出，再进行倒角、切断，如图 4.4（b）所示。这样可以减少切断刀的摩擦，在切断时利于排屑。

⑤ 建立工件坐标系。以零件右端面与轴线的交点作为工件坐标系原点，建立工件坐标系。编制数控程序如下。

```
O0002
N010 G28 U0;                        回参考
N020 T0101;                         换 1 号粗车刀
N030 G00 X80. Z150. M03 S1000;      回换刀点
N040 G96 S80 G00 X55. Z0;           快速到右端面起点
N050 G01 X-1.6 F0.1;                平端面
```

```
N060 G00 X55. Z2. S800;          回循环起点
N070 G71 U2 R0.5;                G71 粗车循环
N080 G71 P090 Q0200 U0.5 W0.25;  外圆、端面各留 0.25mm 余量
N090 G00 X16.4;                  精车开始
N100 G01 X26. Z-20;
N110 Z-30.;
N120 X30.;
N130 G03 X42. Z-36. R6;
N140 G01 Z-45.;
N150 G02 X48. Z-38. R3;
N160 G01 X50.;
N200 Z-70.;                      精车结束
N240 G00 X80. Z100. S1200;       返回换刀点
N250 T0303;                      换 2 号精车外圆刀
N260 G00 X16.4 ; Z15. S1200;     锥体小径延长起点（计算）
N270 G42. Z2                     建立刀尖半径补偿
N280 G01 X26. Z-20. F0.1;        精加工锥体
N290 Z-30.;
N300 X30.;
N310 G03 X42. Z-36. R6;
N320 G01 Z-45.;
N330 G02 X48. Z-48. R3;
N340 G01 X50.;
N350 Z-70.;                      精加工结束
N360 G40 G00 X80. Z100;          取消补偿，返回换刀点
N370 T0404;                      换 4 号切断刀
N380 G00 X52. Z-67.5 S600;       至切槽起点（左对刀点）(Z 值-67.5＝总长 63＋刀宽 4＋余量 0.5)
N390 G01 X40.;                   先切至 φ40mm
N400 X51.;                       退刀（倒角 X 向延长了 0.5mm，倒角宽为 2mm）
N410 Z-65.;                      右刀点移到倒角延长线起点上
N420 G01 X47. Z-67.;             倒角终点
N430 X0;                         切断
N440 G00 X70.;                   退刀
N450 Z150.;
N460 M05.;                       主轴停
N470 M30;                        程序结束
```

（2）零件如图 4.5 所示，毛坯材料 φ50mm×152mm 棒料，要求按图样单件加工。

① 工艺分析。

a. 零件为典型轴类零件，从图样尺寸精度要求来看，有五处径向尺寸都有精度要求，而且其表面粗糙度都为 $R_a1.6\mu m$，需用精车刀进行精车加工以达到精度要求。刀具安排上需粗、精外圆车刀共两把。

粗车刀必须适应粗车时切削深、进给快的特点。主要要求车刀有强度，一次进给能车去较多余量。为了增加刀头强度，前角 γ_o 和后角 α_o 一般为 0°～3°；主偏角 κ_r 应选用 90°；

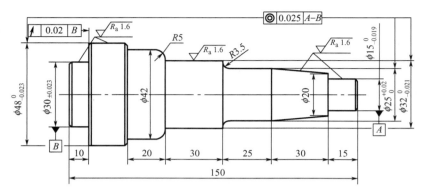

图 4.5　复杂轴类零件 1

为增加切削刃强度和刀尖强度，切削刃上应磨有倒棱〔其宽度为（0.5～0.8）ƒ，倒棱前角为 10°～−5°〕，刀尖处磨有过渡刃，可采用直线形或圆弧形。为保证切削顺利进行，切屑要自行折断，应在前刀面上磨有直线形或圆弧形的断屑槽。

精车要求能达到图样要求，并且切除金属少，因此要求车刀锋利，切削刃平直光洁，刀尖处必要时还可磨修光刃；为使车刀锋利，切削轻快，前角 γ_o 和后角 α_o 一般应大些；为减小工件表面粗糙度，应改用较小副偏角 κ'_r 或在刀尖处磨修光刃〔其长度为（1.2～1.5）ƒ〕；可用正值刃倾角（0°～3°），并应有狭窄的断屑槽。

b. 为了保证外圆的同轴度，采用一夹一顶的方法加工工件。顶尖可以采用死顶尖，提高顶尖端外圆与孔的同轴度。加工中须注意防止顶尖烧伤。

c. 零件加工分为普通机床加工和数控车床加工，车端面、车外圆（见光）、打中心孔在普通机床上，粗、精车使用数控车加工。普通机床上车外圆（见光）、打中心孔在一次装夹中完成，保证外圆与孔的同轴度。零件加工工艺见表 4-2。

表 4-2　加工工艺过程

工序	内容	设备	夹具	备注
1	车端面、车外圆（见光），长度大于工件长度的一半，打中心孔	CA6140	自定心卡盘	
2	调头，车端面控制总长 150mm，车外圆接齐，打中心孔	CA6140	自定心卡盘	中心孔是设计基准、加工基准、测量基准
3	粗、精车 ϕ30mm 及 ϕ48mm 外圆并倒直角	数控车床	自定心卡盘、顶尖	
4	粗、精车 ϕ15mm、ϕ25mm、ϕ32mm、ϕ42mm 外圆	数控车床	自定心卡盘、顶尖	

d. 切削用量选择（在实际操作当中可以通过进给倍率开关进行调整）。

粗加工切削用量选择如下。

切削深度 a_p＝2～3mm（单边）；

主轴转速 n＝800～1000r/min；

进给量 $F = 0.1 \sim 0.2\text{mm/r}$。

精加工切削用量选择如下。

切削深度 $a_\text{p} = 0.3 \sim 0.5\text{mm}$（双边）；

主轴转速 $n = 1500 \sim 2000\text{r/min}$；

进给量 $F = 0.05 \sim 0.07\text{mm/r}$。

② 数控程序。

a. 粗、精加工零件左端 $\phi 30\text{mm}$ 及 $\phi 48\text{mm}$ 外圆并倒直角。此处为简单的台阶外圆，可应用 G01、G90 或 G71、G70 编制程序。

O0001	（程序号）
T0101;	1号粗车刀
G00 X52. Z2. M03 S900;	G71循环起点
G71 U2 R0.5;	切深4mm，退刀0.5mm
G71 P100 Q200 U0.5 W0.1 F0.2;	精车路线 N100～N200
N100 G00 X28. S1500;	精车第一段（须单轴运动）
G01 Z0 F0.2;	倒角起点（X28）
U2. W-1.;	倒角
Z-10.;	精车 $\phi 30\text{mm}$ 外圆
X46.;	平台阶
X48. W-1.;	倒第二处角
N200 W-22.;	$\phi 48$ 外圆精车最后一段
G70 P100 Q200;	精车循环加工
G00 X100. Z100.;	
M05;	主轴停
M30;	程序结束

b. 加工右端。

第一步，工件调头（图 4.6），装夹 $\phi 30\text{mm}$ 外圆，上顶尖。

第二步，用 G71 指令粗切去除 $\phi 15\text{mm}$、$\phi 25\text{mm}$、$\phi 32\text{mm}$、$\phi 42\text{mm}$ 外圆尺寸，X 向留 0.5mm，Z 向留 0.1mm 的精加工余量。

第三步，用 G70 指令进行外形精加工。

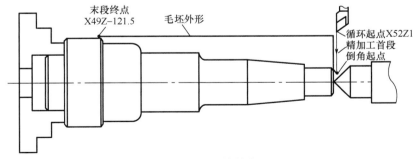

图 4.6 零件装夹

加工右端外形面程序：

O0002

T0101;	1 号刀
G00 X100. Z5. S1000 M03;	
X52. Z1.;	
G71 U2. R1;	每刀单边切深 2mm，退刀量 1mm
G71 P100 Q200 U0.5 W0.1 F0.15;	精车路线首段 N100，末段 N200，X 向精车余量 0.5mm，Z 向余量 0.1mm（P、Q 值不带小数点）
N100 G00 X11. S1800;	精车首段，倒角延长起点
G01 X15. Z-1. F0.05;	倒角
Z-15.;	加工 φ15mm 外圆
X20.;	锥体起点
X25. W-30.;	车锥体
W-21.5;	加工 φ25mm 外圆
G02 X32. W-3.5 R3.5;	车 R3.5mm 圆角
G01 W-30.;	加工 φ32mm 外圆
G03 X42. E-5. R5.;	车 Rmm 圆角
G01 Z-120.;	加工 φ42mm 外圆
X46.;	倒角起点
X49. W-1.5;	倒角
N200 X50.;	末段（附加段）
G00X 120. Z5.;	退刀（注意 Z 向距离）
T0202;	换 2 号精车刀，建立工件坐标
G00 X52. Z1. S1000 M03;	快速移动到循环起点
G70 P100 Q200;	G70 精加工外形
G00 X100.;	退刀
M05 M30;	程序结束

注意：此工件要经两个程序加工完成，所以调头时重新确定工件原点，程序中编程原点要与工件原点相对应，执行完成第一个程序后，工件调头执行另一程序时需重新对两把刀的 Z 向原点，因为 X 向原点在轴线上，无论工件大小都不会改变的，所以 X 方向不必再次对刀。

（3）加工图 4.7 所示的零件，毛坯为 φ52mm 棒料，无热处理要求。要求一次装夹并切断。

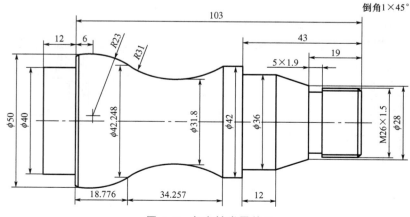

图 4.7　复杂轴类零件 2

① 工艺分析。

a. 零件外形复杂，需加工螺纹、锥体凹凸圆弧及切槽、倒角。

b. 因要求一次装夹完成并用一个程序完成，左端 φ40mm×12mm 的外圆台不能用外圆刀加工，可用切刀做宽槽处理。

c. 根据图形形状确定选用刀具。

T01 外圆粗车刀：加工余量大且有凹弧面，要求副偏角不发生干涉。

T03 外圆精车刀：菱形刀片，刀尖圆弧 0.4mm，副偏角大于 35°。

T05 切槽刀：刀宽等于或小于 5mm。

T07 螺纹刀：60°硬质合金。

d. 编程指令。根据选用的指令，此零件如用 G01、G02 指令编程，粗加工路线复杂，尤其圆弧处计算和编程烦琐；如用 G71 指令，凹圆弧处毛坯不能一次处理；适宜用 G73 指令和 G70 指令，编程时只要依图形得出精车外形各坐标点。

② 工艺及编程路线。编程路线及走刀路线如图 4.8 所示。刀具的作用如下：

a. 1 号刀：平端面。

b. 1 号刀：G73 指令粗加工外形（除两外槽）。

c. 3 号刀：G70 指令精加工外形（除两外槽）。

d. 5 号刀：G01 指令切槽 5mm×1.9mm。

e. 7 号刀：G76 指令加工螺纹 M26×1.5。

f. 5 号刀：G75 指令切 φ52mm×12mm。

g. 5 号刀：G01 指令切两倒角。

h. 5 号刀：G01 指令切断。

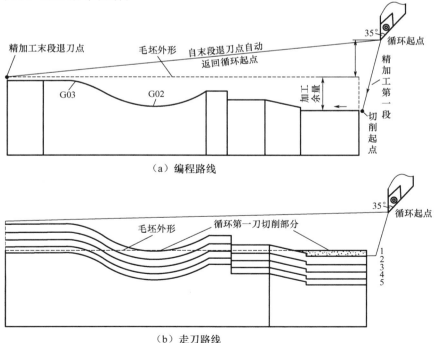

（a）编程路线

（b）走刀路线

图 4.8　编程路线和走刀路线

③ 参考程序。

O0003	回参考点
G28 U0 W0;	
T0101;	换 1 号刀（外圆粗车刀），建立工件坐标系
G97 S800 M03;	转速 800r/min
G99 F0.2 M08;	每转进给量 0.2mm，开切削液
G00 X100. Z100;	快速走到中间安全点
X52. Z0;	快速至平端面起点
G01 X-1. F0.1;	平端面
G00 X64. Z5;	退刀
G73 U14. W0 R5;	外形复合循环加工，切削余量 X 向半径值 14mm，Z 向 0mm，循环次数 5
G73 P100 Q200 U1. W0 F0.2;	精加工程序段 N100～N200，切削余量 X 向 1mm，Z 向 0mm
N100 G00 X20. Z1. S1000;	
G00 X25.8 Z-2. F0.1,	倒角
Z-19.;	加工螺纹外圆
X28.;	锥体起点
X36. Z-31;	加工锥体
Z-43.;	加工 ϕ36mm 外圆
X42.;	平台阶
Z-49.965;	加工 ϕ42mm 外圆
G02 X42.248 Z-82.222 R31.;	加工 R31mm 圆弧
G03 X50. Z-97. R23.;	加工 R23mm 圆弧
G01 Z-120.;	加工 ϕ50mm 外圆到切断处
N200 U1.;	增量编程，X 向退 1mm（X51）
G00 X100. Z100.;	回换刀点
M01;	暂停
T0303;	换 3 号刀（外圆精车刀）
G00 X60. Z5. S1000 M03;	循环起点
G70 P100 Q200;	精加工外形
G00 X100. Z100;	回换刀点
M01;	选择性停止
T0505;	换 5 号刀（切槽刀）
G00 X30. Z-19. S500 M03;	至切槽起点（左对刀点）
G01 X22.;	切槽
G00 X30.;	退刀
G00 X100. Z100.;	回换刀点
M01;	
T0707;	换 7 号刀（螺纹刀）
G00 X35. Z6. S500 M03;	螺纹循环起点
G76 P010060 Q100 R50;	螺纹切削复合循环
G76 X24.05 Z-16.5 R0 P975 Q500 F1.5.;	小径 24.05mm，牙深 0.975mm，第 1 刀切深半径值 0.5mm

G00 X100. Z100.;	回换刀点
M01;	
T0505;	换切槽刀
G00 X55. Z10. S500 M03;	切左端台阶并切断
X51. Z-109.;	切宽槽起点（左对刀点，刀宽 5mm）
G75 R0;	R0 退刀量 0
G75 X40.05 Z-120. P5000 Q4000 R0 F0.1;	外径沟槽复合循环，槽底 X40，终点坐标 Z-120，切深 5mm，Z 向移动间距 4mm（小于刀宽）
G01 W2.5 F0.2;	倒角延长起点（左刀点 X51 Z105.5）
U-3. W-1.5 E0.1;	倒 φ50mm 外圆左端角
X40.;	平台阶端面
Z-120.;	精加工 φ40mm 外圆
X36.;	切断第一刀（为倒角做准备）
X41. F0.3;	退出
W2.5;	Z 向右移动 2.5mm 到倒角延长起点
U-5. W-2.5 F0.1;	倒 φ40mm 外圆左端角
X0.;	切断
G00 X55.;	退刀
X100. Z100.;	快速回换刀点
M05;	主轴停
M09;	切削液关
M30；女	程序结束

注意：在 G73 指令中，X 向切削余量半径值由（毛坯的外径－工件的最小直径）/2 确定。

（4）轴类零件加工综合实例。

图 4.9 所示零件，毛坯为 φ32mm×120mm 铝制棒料，技术要求如图所示，编制其数控加工程序。

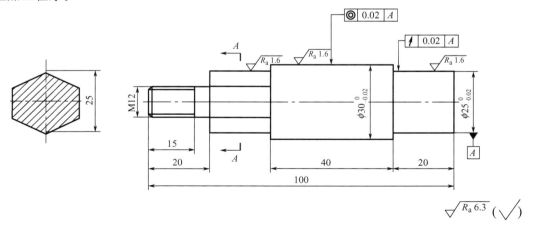

图 4.9　复杂轴类零件 3

① 工艺分析。如图 4.9 所示，零件需要加工外圆、螺纹和外六方，因此要使用车床和铣床来完成。

a. 材料为铝，铝在加工中容易发热并产生积屑瘤，所以切削过程中需要加切削液。

b. 外圆 $\phi30$mm 和 $\phi25$mm 的加工：这两个外圆有严格的尺寸精度、同轴度和圆跳动要求，要在一次装夹下完成粗、精车加工；表面粗糙度 $R_a1.6\mu$m，可以采用精车。

c. 由于铝质材料硬度不高，表面粗糙度要求精车即可达到，外圆的粗精车使用一把刀具完成。

d. 为了避免 M12 螺纹加工时牙形挤压导致外径变大，加工外圆时，要使其外径稍小于螺纹大径（加工时，外圆加工到 $\phi11.8$mm）。

e. 在铣床上加工外六方时，选择有旋转轴的四轴数控铣床加工。

② 定位夹紧。该轴类零件在车床上加工时，由于轴向尺寸不大，可以使用自定心卡盘夹紧。而在数控铣床加工外六方时，依然用自定心卡盘夹紧。

③ 加工工艺。

a. 数控车床加工。

第一步，车右端面。

第二步，粗车右端 $\phi25$mm 和 $\phi30$mm 外圆至 $\phi25.5$mm 和 $\phi30.5$mm。

第三步，精车右端 $\phi25$mm 和 $\phi30$mm 外圆至尺寸。

第四步，掉头车左端面，保证长度 100mm。

第五步，车左端 M12 外圆面至 $\phi11.8$mm，车外圆 $\phi25$mm。

第六步，车螺纹 M12×1.75，长度 15mm。

b. 数控铣床加工。铣外六方。

④ 刀具及切削用量的选择见表 4-3。

表 4-3　刀具及切削用量的选择

工序	内　容	刀具名称及规格	刀具		切削用量		
			刀号	刀补	背吃刀量 /mm	主轴转速 /（r/min）	进给速度 /（mm/r）
1	车右端面	90°外圆车刀	T04	04	1	800	0.1
	粗车右端外圆	90°外圆车刀	T04	04	2	800	0.3
	精车右端外圆	90°外圆车刀	T04	04	0.5	1000	0.05
2	掉头车左端面，保证长度	90°外圆车刀	T04	04	1	800	0.1
	车左端 $\phi11.8$mm 和 $\phi25$mm 外圆	90°外圆车刀	T04	04	2	800	0.3
	车螺纹	60°螺纹车刀	T01	01		100	
3	铣六方	$\phi20$mm 立铣刀	D01		1	400	

⑤ 加工程序。

a. 工序 1：粗车装夹如图 4.10 所示，一次装夹，加工 $\phi25$mm 和 $\phi30$mm 外圆，留精车余量 0.5mm。

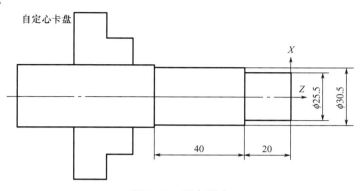

图 4.10 粗车装夹

O0006

T0404;	调 4 号刀，刀具补偿号为 4
G00 X100. Z100.;	快速移动到安全点
G99 M03 S800;	主轴正转，转速 800r/min
X35.0 Z2.0;	快速定位至 ϕ35mm 外圆，距端面 2mm
G71 U2.0 R0.5;	采用复合循环粗加工表面

G71 P100 Q200 U0.5 W0.1;

N100 G01 X25.0 F0.1;

Z-20.0;

X30.0;

N200 Z-60.0;

以下为精车程序，精车装夹如图 4.11 所示。

M03 S1000;

G00 X100. Z100.;   快速移动到安全位置

T0400;

M05;

M30;

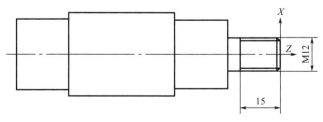

图 4.11 精车装夹

b. 工序 2：掉头粗、精车 ϕ25mm 外圆，M12 外圆至 ϕ11.8mm。

O0007

T0404;

```
G00 X100.0 Z100.0;

G99 M03 S800;

XG71 U2.0 R0.5;

G71 P100 Q200 U0.5 W0.1 F0.1;

N100 G00 X11.8;

G01 Z-20.0;

X25.0;

N200 Z-40.0;

G70 P100 Q200;

G00 X100. Z100.;

T0400;
```

车螺纹时，刀具在开始和结束有加速和减速，所以在螺纹的两端有不完整的牙，不同的机床不完整的牙的长度不同。本例中不完整的牙的长度按 2mm 考虑。

O0008	
T0101;	调 1 号刀，刀具补偿号为 1
M03 S100;	主轴转速 100r/min
X13.0 Z2.0;	快速定位至 φ13mm 外圆，距端面正向 2mm
G92 X11.8 Z-17.0 F1.5;	采用螺纹循环，螺距为 1.5mm
X11.0;	
X10.5;	
X10.1;	
G00 X100.0 Z100.0;	快速移动到安全点
T0100;	取消刀具补偿
M05;	主轴停
M30;	程序结束

c. 工序 3：铣六方在有 A 轴的数控铣床上完成，其装夹如图 4.12 所示，每次铣一个平面，平面的高度如图 4.13 所示，旋转 60°铣另一个平面，依次加工 6 个平面，就可以得到六方。

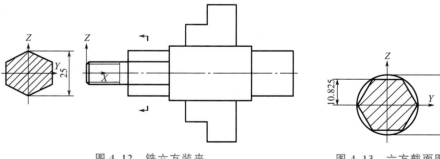

图 4.12　铣六方装夹　　　　　　图 4.13　六方截面图

程序如下：

```
O0001

G21;
```

```
G00 G17 G40 G49 G80 G90;
G00 G90 G56 X16. Y-27. S400 M03 S400;
M98 P0061001;
M5;
G91 G28 Z0;
M30;

O1001 （铣六方子程序）
G43 H1 Z50.0;
Z15.;
G1 Z10.825 F200.;
G41 D1 X28.;
G3 X40. Y-15. R12.;
G1 Y15.;
G3 X28. Y27. R12.;
G1 G40 X16.;
G0 Z50.;
Y-27.;
G91 A60.0;
M99;
```

4.1.2 盘套类零件加工

1. 应用1

加工图 4.14 所示的零件，材质为铸铝，棒料 φ70mm×200mm。一个毛坯多件加工。

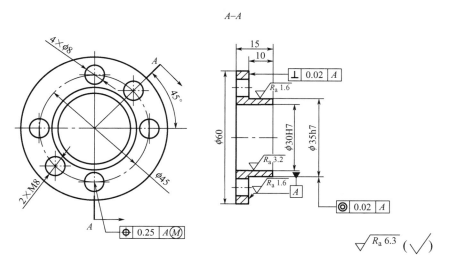

图 4.14　端面零件图

（1）工艺分析。

毛坯为棒料，先在钻床上钻孔，加工效率高。

为了保证 $\phi35h7mm$ 外圆对 $\phi30H7mm$ 内孔的同轴度要求，及 $\phi60mm$ 外圆端面对 $\phi30H7mm$ 轴线的垂直度要求，采用在一次装夹中完成该部分的加工。

$\phi35h7mm$ 外圆和 $\phi60mm$ 外圆端面有 $R_a1.6\mu m$ 表面粗糙度要求，由于零件材质为铸铝，在数控车床上高速切削即可实现，但刀具的前角应当比较大（12°～15°），为了防止切屑黏附在刀具的前刀面，以及降低工件表面粗糙度，加工时必须使用切屑液。

$\phi30H7mm$ 内孔有 $R_a3.2\mu m$ 表面粗糙度要求，孔加工比外圆加工的难度大，粗糙度要求比外圆低一个等级，属于正常要求，精镗即可保证。

$4\times\phi8mm$ 的内孔和 $2\times M8$ 的螺纹孔采用数控铣床加工。由于零件材质是铸铝，而且零件很薄易变形，铣削装夹工件时，为了防止零件变形采用心轴定位。

（2）制定加工工艺。

① 车削部分。采用自定心卡盘夹紧工件外圆。工件伸出卡盘 25mm 左右，将工件右端面中心设置为工件零点，如图 4.15 所示。

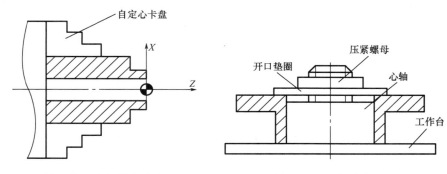

图 4.15　车削装夹方法　　　　图 4.16　铣削装夹方法

加工顺序按先粗后精、由近到远的原则确定，根据本工件结构特征，确定主要加工步骤如下。

a. 采用 G71 功能对工件进行粗车，然后采用 G70 进行精车。

b. 粗、精镗 $\phi30H7mm$ 孔；

c. 倒角并切断。

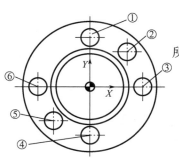

图 4.17　孔的位置

② 铣削部分

铣削采用心轴对工件进行定位，螺母压紧，如图 4.16 所示。

加工顺序如下。

a. 钻 $4\times\phi8mm$ 孔。

b. 钻 $2\times\phi6.8mm$ 孔（$2\times M8$ 底孔）。

c. 攻螺纹 $2\times M8$。

孔的位置如图 4.17 所示

零件数控加工工艺卡见表 4－4。

表 4-4　零件数控加工工艺卡

零件名		端盖		材质	铝	件数		1
工序	内容		刀号名称及规格		刀号	切削用量		
						$S/$ (r/min)	f	a_p /mm
1	(1) 车端面、车外圆 (2) 镗孔 (3) 倒角并切断		90°粗、精车外圆刀		T04	1500	0.1	2
			粗、精内镗刀		T02	1000	0.05	
			切槽刀（刀宽为4mm）		T03	300	0.05	
2	(1) 打中心孔 (2) 钻 $4 \times \phi 8mm$ 孔 (3) 钻 $2 \times \phi 6.8mm$ 孔 (4) 攻螺纹 $2 \times M8$		$\phi 10mm$ 定心钻		T01	2000	100	
			$\phi 8mm$ 钻头		T02	800	100	
			$\phi 6.8mm$ 钻头		T03	1000	100	
			M8 丝锥		T04	400	1.25	

（3）加工程序。

① 车外圆程序。

O0001	
T0404;	换 4 号外圆车刀
G99 M03 S1500;	主轴正转，转速为 1500r/min
G00 X76. Z3.;	快速定位到（X76，Z3）
G90 X-1 Z0 F0.1;	车端面
G71 U2.0 R1.0;	粗车循环，切深为 2mm，退刀为 1mm
G71 P60 Q80 U0.5 W0.25 F0.1;	X 方向精加工余量 0.25mm，Z 方向精加工余量 0.25mm
N60 G00 X35.;	N60～N80 精车加工程序段
G01Z-10.;	
X60.;	
N80 Z-15.;	
G70 P60 Q80;	精车循环
G00 X100. Z100.;	快速定位到（X100，Y100），安全位置
T0400;	取消刀具补偿
M05;	主轴停
M30;	程序结束，返回到起始行

② 镗孔程序。

O0002	
T0202;	换 2 号内镗刀
G99 M03 S1000;	主轴正转，转速为 1000r/min
G00 X25. Z3.;	快速定位到（X25，Z3）
G90 X28. Z-17. F0.05;	单一切削循环，粗加工
X29.5	半精加工
X30.	精加工

G00 X28. Z100. ;	快速定位到安全位置
T0200;	取消刀具补偿
M05;	主轴停
M30;	程序结束，返回到起始行

③ 倒角并切断程序。切断刀宽 4mm，对刀点为左刀点，在编程时要左移 4mm 以保持总长 15mm。倒角是斜线运动，因此需要有空间。先往左在总长留 0.5～1mm 余量处切一一个适当深槽，退出来，再进行倒角并切断。这样可以减少切断刀的摩擦，在切削时利于排屑。

O0003	
T0303;	换 3 号切断刀
G00 X62. Z-19.5S300;	快速定位到（X62，Z-19.5），主轴转速为 300r/min
G01 X50. F0.05;	直线进给到（X50，Z-19.5）
X61. ;	
Z-17.5;	倒角
G01 X46. Z-19. F0.05;	
X0;	切断
G00 X70. ;	在 X 向退刀
Z50. ;	
T0300;	取消刀具补偿
M05;	主轴停
M30;	程序结束，返回起始位置

④ 钻孔和攻螺纹程序。

O0004	
N100 G21;	公制单位
N102 G0 G17 G40 G49 G80 G90;	设置系统工作环境
N104 T1;	T1 号刀准备
N106 M6;	换刀
N108 G0 G90 G54 X0. Y22.5 S2000 M3;	G54 坐标系下主轴正转，转速为 2000r/min，快速定位到（X0，Y22.5）
N100 G43 H1 Z50.M08;	加刀具长度补偿，切削液打开
N101 Z3.	
N112 G99 G81 Z-3. R3. F150. ;	钻孔循环（钻中心孔），返回 R 点
N114 X15.91 Y15.91;	
N116 X22.5Y0;	
N118 X0 Y-22.5;	
N120 X-19.91 Y15.91;	
N122 X-22.5 Y0;	
N124 G80;	取消钻孔循环
N126 M5 M9;	主轴停止，切削液关闭
N128 G91 G28 Z0. ;	返回 Z 轴零点
N130 T2;	T2 号刀准备
N132 M6;	换刀

N134 G0 G90 G54 X0. Y22.5 S800 M3;

N136 G43 H2 Z50.;

N137 Z3.0.

N138 G99 G81 Z-10. R3. F150.; 钻孔循环，返回 R 点

N140 X22.5 Y0.; 钻 2 孔

N142 X0. Y-22.5; 钻 4 孔

N144 X-22.5 Y0.; 钻 6 孔

N146 G80; 取消钻孔循环

N148 M5; 主轴停

N150 G91 G28 Z0.; 返回 Z 轴零点

N152 M01; 选择停

N154 T3; 3 号刀准备

N156 M6; 换刀

N158 G0 G90 G54 X15.91 Y15.91 S800 M3;

N160 G43 H3 Z50.; 加刀具长度补偿

N161 Z3.

N162 G99 G81 Z-10. R3. F100.; 钻底孔 2

N164 X-15.91 Y-15.91; 钻底孔 5

N166 G80;

N168 M5;

N170 G91 G28 Z0.;

N172 M01;

N174 T4;

N176 M6;

N178 G0 G90 G54 X15.91 Y15.91 S400 M3;

N180 G43 H4 Z50.; 加刀具长度补偿

N181 Z3.

N182 G99G84 Z-12.403 R3. F1.25; 刚性攻螺纹，螺纹孔 2

N184 X-15.91 Y-15.91; 攻螺纹孔 5

N186 G80;

N188 M5;

N190 G91 G28 Z0.;

N192 M30; 程序结束，返回程序起始行

2. 应用 2

图 4.18 所示的凸轮，材质为铸铝，棒料 ϕ70mm×200mm。一个毛坯多件加工。

(1) 工艺分析。

零件包括外圆台阶面、凸轮和内圆柱面的加工。先在车床上加工出外圆柱面、台阶面和孔，然后在铣床上加工凸轮。

其中外圆 ϕ35mm 和内圆 ϕ30mm 孔有严格尺寸精度和表面粗糙度要求，并且两孔之间有同轴度 0.02mm 要求，在普通的数控车床上加工即可达到。

由于凸轮是由多段圆弧连接而成的，需要确定基点的坐标，在 AutoCAD 软件中画图，然后通过查询，确定基点的坐标。

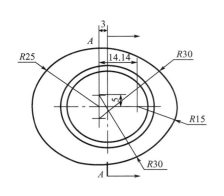

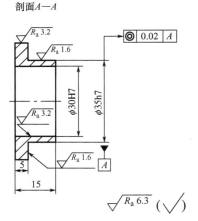

剖面A—A

图 4.18　凸轮零件图

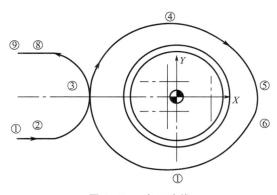

图 4.19　走刀路线

走刀路线如图 4.19 所示。在加工时，为了使凸轮表面接点光滑，采用圆弧切入和圆弧切出的方法，并使用刀具半径补偿保证尺寸精度，轮廓采用顺铣，降低表面加工粗糙度。

由于工件外形不是太复杂，因此在车床上用自定心卡盘一次装夹完成，并且保证了 φ35mm 外圆和 φ30mm 内孔轴线同轴度 0.02mm 的要求。

由于工件孔壁太薄，为了防止工件变形，在铣床上加工凸轮外形时，用心轴对工件定位。

（2）加工工艺的制定。

在普通钻床上，钻毛坯孔 φ28mm，在数控车床上加工大外圆时，需要首先确定最大外圆直径 φ53mm（3mm＋2×25mm）。φ30mm 孔、φ35mm 外圆需要粗、精车。

（3）加工程序。

① 粗、精车外圆程序。

```
O0002
T0404;                          换第 4 把刀加刀具补偿
G99 M03 S1000 M08;              主轴正转、转速 1000r/min、切削液开
G00 X76. Z3. ;                  刀具快速移动到给定点
G71 U2.0 R1.0;                  用 G71 开始粗车
G71 P60 Q80 U0.5 W0.25 F0.1;
N60 G00 X35. ;
G01Z-10. ;
X54.14;
N80 Z-15. ;
```

G00 X100. Z100.；	粗车完，刀具移动到安全位置
T0400；	取消刀具补偿
T0303	换刀
S1500；	
G00 X35. Z3；	
G01 Z-10. F0.05；	
X54.14；	
Z-15.；	
G00 X100. Z100.；	精车完，刀具移动到安全位置
T0300；	取消刀具补偿
M05；	主轴停
M30；	程序结束

② 镗孔程序。

O0004	
T0202；	换第 2 把刀，并加刀具补偿
G99 M03 S1000；	主轴正转，转速 1000r/min
G00 X25. Z3.；	主轴快速移动
G90 X28. Z-17. F0.05；	粗镗孔
X29.	
X29.5	半精镗
X30.	精镗
G00 X29. Z100.；	镗孔结束，刀具移动到安全位置
T0200；	取消刀具补偿
M05；	
M30	

③ 凸轮加工，铣刀直径为 ϕ10mm，刀具走刀路线计算了刀具半径。凸轮加工程序如下。

O0003	
N100 G21；	
N102 G0 G17 G40 G49 G80 G90；	
N106 G0 G90 G54 X-53. Y-10. S300 M3；	
N108 G43 H1 Z30.；	建立刀具长度补偿
N110 Z3.；	
N112 G1 Z-5. F200.；	
N114 G41 D1 X-43. F150.；	左补偿，刀补值 D1＝0
N116 G3 X-33. Y0. R10.；	圆弧切入
N118 G2 X-3. Y30. R30.；	
N120 X30. Y6.667 R35.；	
N122 X30.712 Y4.409 R35.；	3 点
N124 Y-4.409 R16.；	4 点
N126 X-3. Y-30. R35.；	5 点
N128 X-33. Y0. R30.；	1 点

N130 G3 X-43. Y10. R10. ;　　　　　　　圆弧切出
N132 G1 G40 X-53. ;　　　　　　　　　取消刀具半径补偿
N134 Z3. F300. ;　　　　　　　　　　　快速提刀
N136 G0 Z30. ;
N137 G49 ;　　　　　　　　　　　　　　取消刀具长度补偿
N138 M5 ;　　　　　　　　　　　　　　主轴停
N144 M30　　　　　　　　　　　　　　程序结束

3. 应用 3

加工零件如图 4.20 所示，此零件属盘套零件。毛坯尺寸为 φ82mm×32mm，材料为 45♯钢，无热处理和硬度要求。

（1）工艺分析。

毛坯为 45♯钢，内孔已粗加工至 φ25mm。其加工对象包括外圆台阶面、倒角和外沟槽、内孔及内锥面等，并且径向加工余量大。外圆 φ80mm 轴线对 φ34mm 内孔轴线有同轴度 0.02mm 的技术要求，右端面对 φ34mm 内孔轴线有垂直度技术要求，内孔 φ28mm 有尺寸精度要求。

根据零件结构特点，需两次装夹才能完成加工。为保证 φ80mm 外圆轴线与内孔 φ34mm 轴线的同轴度要求，需在一次装夹中加工完

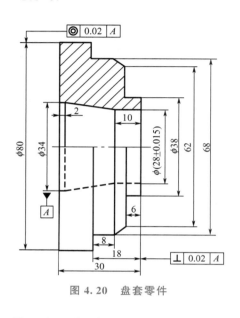

图 4.20　盘套零件

成。第二次可采用软爪装夹定位，以 φ80mm 精车外圆为定位基准，也可采用四爪卡盘，用百分表校正内孔来定位，加工右端外形及端面。但数控机床一般不建议使用四爪卡盘，因为辅助工艺时间过长。

（2）确定加工顺序及进给路线。

① 车左端面。

② 粗、精车 φ80mm 外圆。

③ 粗、精车全部内孔。

④ 工件调头校正，夹 φ80mm 精车面，车右端面保持 30mm 长度。

⑤ 粗、精车外圆、台阶。

（3）编程方法。

加工此零件内孔时可用 G71 和 G70 内孔循环加工指令，加工外圆台阶径向毛坯余量大，宜采用 G72 端面外形循环加工。在用复合循环指令编程时，系统会根据所给定的循环起点、精加工路线及相关切削参数，自动计算粗加工路线及刀数，免去手工编程时的人工计算。但此工件分为两个程序进行加工，在 Z 向需分两次对刀确定原点。

（4）刀具及切削用量的选择。

刀具及切削用量见表 4-5。外圆加工刀具及切削用量的选择与加工轴类零件区别不大。内孔刀需特别注意选用，因刀杆受孔径尺寸限制，刀具强刚性差，切削用量要比车外圆时适当小一些。

表 4 - 5　刀具及切削用量

工序	内容	刀具名称及规格	刀具号	切削用量			备注
				背吃刀量/mm	主轴转速/(r/min)	进给速度/(mm/r)	
1	车端面、车外圆	90°粗、精车外圆刀	T01	2	<1500	0.2 精 0.15	
2	镗孔	粗、精内镗刀（主偏角93°）	T02	1～2	600～800	0.1 精 0.05	

（5）编制数控程序。

① 加工左端面、外圆及内孔。

```
O0015
N10 G00 X100.0 Z100.0;
N20 T0101;                        调用外圆刀
N30 G00 X85.0Z2.0 M03 S850;
N40 G01 Z0 F0.2;                  端面起点
N50 X22.0 F0.08;                  车端面
N60 G00 X80.0 Z2.0;               退刀到如 φ80mm 外圆车削起点
N70 G01 Z-15.0 F0.2;              车 φ80mm 外圆
N80 G00 X100.0 Z100.0;            退到换刀点
N90 T0202;                        换内孔镗刀
N100 G00 X24.5 Z2.0;              快速到循环起点
N110 G71 U1.0 R0.5;               G71 循环粗加工内孔
N120 G71 P130 Q170 U-0.3 W0.1 F0.1;   内孔留余量 0.3mm，符号为负
N130 G00 X34.0 S800;              精车第一段
N140 G01Z-2.0 F0.05;
N150 X28.0 Z-20.0;
N160 Z-32.0;
N170 X27.0;                       精车末段
N180 G70 P130 Q170;               G70 循环精加工内孔
N190 G00 Z100.0;                  Z 向退刀
N200 X100.0;                      X 向退刀
M05 M30;                          程序结束
```

② 工件调头，夹 φ80mm 精车外圆，用 G72 加工右端面外形。

```
O0016;                            程序名
N10 T0101;                        调用外圆刀
N20 G00 X85.0 Z2.0 M03 S850;      刀具快速移动
N30 G01 Z0;                       车端面起点
N40 X22.0 F0.08;                  平端面
N50 G0 X82.0 Z2.0;                循环起点
```

N60 G72 W2.0 R0.5；   G72 端面外形循环粗加工，Z 向背吃刀量 2mm

N70 G72 P80 Q140 U0.1 W0.1 F0.1；

N80 G00 Z-18.0 S800；   精车第一段，Z 向移动

N90 G01 X68.0 F0.05；

N100 Z-10.0；

N110 X62.0 Z-6.0；

N120 X38.0；

N130 Z0；

N140 Z2.0；   精车末段

N150 G70 P80 Q140；   G70 端面外形精加工退刀

N160 G00 Z100.0；

N170 X100.0；

N180 M05；

N190 M30；   程序结束

4. 应用 4

图 4.21 示轴套类零件，毛坯尺寸为 $\phi55mm \times 50mm$，内孔直径 $\phi18mm$，材料为 45♯ 钢，未注倒角 $1 \times 45°$，编制加工程序。

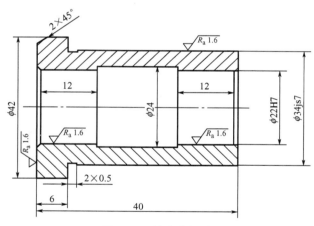

图 4.21　轴套类零件

（1）工艺分析。

① 零件加工包括外圆台阶面、倒角和外沟槽、内圆柱面等的加工。其中外圆 $\phi34m$ 和 孔 $\phi22m$ 有严格尺寸精度和表面粗糙度等要求。采用自定心卡盘装夹工件，粗加工 $\phi34mm$、$\phi42mm$ 外圆，用切槽刀切 $2mm \times 0.5mm$ 的槽。使用的刀具为外圆车刀和刃宽 2mm 的切槽刀。同时考虑零件左端外圆可夹持面过小，制订加工步骤如下。

a. 粗加工 $\phi34mm$、$\phi42mm$ 外圆。

b. 精车 $\phi42mm$ 外圆。

c. 切槽。

d. 切断。

② 如前文所述，在套类零件加工时，可以使用软爪进行装夹。这里用软爪装夹

φ34mm 外圆加工内孔，注意软爪必须进行自镗。此外，由于左端面有较高表面质量要求，因此需要进行车削。使用的刀具包括端面切削车刀、内孔车刀、切槽刀。加工步骤如下。

    a. 车削端面，粗、精加工内孔。

    b. 切内孔槽。

    ③ 以内孔心轴定位，两端前后顶尖装夹，精车 φ34mm 外圆，保证内孔面与 φ34mm 外圆面之间的位置精度。

    （2）刀具及切削用量的选择。

    根据工艺分析，该零件的加工需要端面车刀一把、外圆车刀一把、切槽刀两把及内孔车刀一把，刀具及切削用量见表 4-6。

表 4-6　刀具及切削用量

工序	内容	夹具	刀具号	刀具类型	切削用量	
					主轴转速/ (r/min)	进给速度/ (mm/r)
1	粗车外圆	自定心卡盘	T01	外圆车刀	600	0.5
	精车外圆		T01	外圆车刀	800	0.2
	切槽、切断		T02	切槽刀（2mm）	600	0.5
2	车端面	软爪	T03	45°车刀	600	0.2
	粗车内孔		T04	内孔车刀	600	0.5
	精车内孔		T04	内孔车刀	800	0.2
	切槽		T05	切槽刀（4mm）	600	0.5
3	精车外圆	心轴	T01	外圆车刀	1000	0.2

    （3）设置工件坐标系。

    将毛坯装夹在机床上之后，以右端面和轴线的交点为原点建立工件坐标系。

    （4）编制加工程序。

    根据工艺分析和刀具使用情况，编制程序如下。

```
O0010
N10 G50 X100.0 Z100.0;              以刀具当前位置设置工件坐标系
N20 S600 M03;                       主轴正转，转速 600r/min
N30 T0101;                          调用 1 号刀具
N40 G99 G00 X57.0 Z2.0;             快速趋近工件
N50 G71 U3.0 R1.0;                  定义粗车循环
N60 G71 P70 Q100 U0.5 W0.5 F0.5;
N70 G00 X34.0;                      定义精车轨迹
N80 G01 Z-34.0;
N90 X42.0;
N100 Z-40.5;
N110 G00 X31.0 Z1.0;
N120 G01 X35.0 Z-1.0 F0.5;          倒角
```

N130 X42.0；

N140 M00；

N150 S800 M03；

N160 Z-34.0；

N170 G01 Z-40.5 F0.2；　　　　　　　　　　　精车 ϕ42mm 外圆

N180 X45.0；

N190 G00 X100.0 Z100.0；

N200 T0100；

N210 T0202；　　　　　　　　　　　　　　　　调用 2 号切槽刀

N220 G00 X45.0 Z-34.0；

N230 M00；

N240 S600 M03；

N250 G01 X33.0 F0.5；　　　　　　　　　　　切 2mm×0.5mm 的槽

N260 X45.0；

N270 G00 Z-43.0；

N280 G01 X0 F0.5；　　　　　　　　　　　　　切断工件

N290 X45.0；

N300 G00 X100.0 Z100.0；

N310 T0200；

N320 M05；

N330 M30；

工件调头装夹，车削内孔、端面。

O0011

N10 T0303；　　　　　　　　　　　　　　　　调用端面切削刀具

N20 S600 M03；

N30 G00 X44.0 Z0；

N40 G01 X20.0 F0.2；　　　　　　　　　　　车削端面

N50 X38.0；

N60 X42.0 Z-2.0　　　　　　　　　　　　　　倒角

N70 X44.0；

N80 G00 X100.0 Z100.0；

N90 T0300；

N100 T0404；　　　　　　　　　　　　　　　　调用内孔车刀

N110 X18.0 Z2.0；

N120 G01 X21.6 Z-42.0 F0.5；　　　　　　　　粗车内孔，预留径向余量 0.4mm

N130 Z1.0；

N140 X26.0；

N150 M00；

N160 S800 M03；

N170 X22.0 Z-1.0 F0.2；　　　　　　　　　　倒角

N180 Z-41.0；　　　　　　　　　　　　　　　　精车内孔

N190 X18.0；　　　　　　　　　　　　　　　　刀具沿 X 轴方向回退

N200 Z100.0；

```
N210 X100.0；
N220 T0400；
N230 T0505；                            调用4mm内孔切槽刀
N240 M00；
N250 S600 M03；
N260 G00 X18.0 Z2.0；
N270 Z-16.5；                           快速定位
N280 G01 X23.5 F0.5；                    切槽
N290 X20.0；
N300 Z-20.5；
N310 X23.5；
N320 X20.0；
N330 Z-24.5；
N340 X23.5；
N350 X20.0；
N360 Z-28.0；
N370 X23.5；
N380 X24.0；                            精加工内槽
N390 Z-16；
N400 X20.0；
N410 G00 Z100.0；
N420 X100.0；
N430 T0500；
N440 M05；
N450 M30；
```

以心轴定位，精车直径34mm外圆。

```
O0012
N10 T0101；                             调用1号外圆刀
N20 S1000 M03；                         主轴正转，转速1000r/min
N30 G00 X36.0 Z2.0；                    快速趋近工件
N40 G01 X30.0 Z1.0 F0.2；
N50 X34.0 Z-1.0；                       倒角
N60 Z-34.0；                            精车外圆
N70 X45.0；
N80 G00 X100.0 Z100.0；
N90 T0100；
N100 M05；
N110 M30；
```

与上面应用类似，如果在零件左端将外圆面加长，则从工艺处理上可以有不同的一些方法，如下面应用所示。

5. 应用5

加工零件如图4.22所示，毛坯尺寸为ϕ60mm×62mm，材料为45♯钢，无热处理和硬度要求。

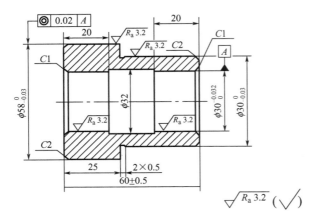

图 4.22 轴套类零件

（1）工艺分析。

如图 4.22 所示，零件加工包括简单的外圆台阶面、倒角和外沟槽、内圆柱面等加工。其中外圆 $\phi58$mm、$\phi45$mm 和孔 $\phi30$mm 有严格的尺寸精度和表面粗糙度等要求。$\phi58$mm 外圆轴线对 $\phi30$mm 内孔轴线有同轴度的要求，同轴度要求是此零件加工的难点和关键点。

零件加工采用工序集中的原则，分两次装夹完成加工。第一次夹右端，完成 $\phi58$mm 外圆、$\phi30$mm 内孔（左端）的加工，保证 $\phi58$mm 外圆轴线与 $\phi30$mm 内孔轴线的同轴度要求；然后调头，采用软爪夹 $\phi58$mm 精车外圆（保护已加工面），完成右端外形加工。软爪夹外圆时，必须经过自镗，并检验软爪的跳动量小于 0.01mm。这样才能保证右端 $\phi30$mm 内孔轴线与 $\phi58$mm 外圆轴线的同轴度。

（2）确定加工顺序及进给路线。

① 平端面，钻孔 $\phi28$mm。

② 粗、精车 $\phi58$mm 外圆。

③ 粗、精车 $\phi30$mm 内孔和 $\phi32$mm 内工艺槽，此槽为保证如 $\phi30$mm 内孔技术要求而从工艺设计上考虑无精度要求。

④ 工件调头，软爪夹 $\phi58$mm 已加工表面，车右端面保证 60mm 长度。

⑤ 加工 $\phi45$mm 外圆及左端 $\phi30$mm 内孔。

⑥ 切槽。

（3）刀具及切削用量的选择。

刀具及切削用量见表 4 - 7。外形加工刀具及切削用量的选择与加工轴类零件时区别不大。尤其内孔刀需特别注意选用，因刀杆受孔径尺寸限制，刀具强度和刚性差，切削用量要比车外圆时适当小一些。

表 4 - 7　刀具及切削用量

工序	内容	刀具名称及规格	刀具	切削用量		
				背吃刀量直径/mm	主轴转速/(r/min)	进给速度(mm/r)
1	车端面、加工外圆	90°外圆刀	T01	2	<1500	0.1 0.05（精）
2	钻孔	28mm 钻头	T04		600	0.1
3	镗孔	镗刀（主偏角 75°）	T02	1～2	600～800	0.05
4	切槽、切断	切断刀	T03	刀宽 2mm	600	0.07

注意: 左右两端的 φ30mm 内孔可一次加工完成。但由于孔比较长 (60mm),刀具刚性比较差,φ30mm 内孔尺寸公差不易保证,孔容易带锥度,因此采用两端加工的方法。

(4) 编制加工程序。

O0013	
T0101;	换 T01,使用刀具补偿
M03 S600;	主轴正转,转速 600r/min
G00 X65Z2;	快速定位至 φ65mm 外圆,距端面 Z 正向 2mm 处
G01 Z0 F0.1;	刀具与端面对齐
X-1;	加工端面
G00 X80 Z150;	快速移动到换刀点
T0404;	换钻头 T04,使用刀具补偿
G00 X0 Z4 S600 M03;	钻孔起点,主轴正转
G74 R2;	钻孔循环,每次退 2mm
G74 Z-65 Q8000 F0.1;	钻 65mm 长 (通孔),每次进 8mm
G00 X80 Z150;	快速移动到换刀点
T0101;	换外圆刀
G00 X62 Z2 S800 M03;	G90 循环起点,主轴反轴
G90 X58.5 Z-30;	G90 循环粗车 φ58mm 外圆,留 0.5mm 余量
G00 X54 F0.05;	快进倒角起点
G01 Z0;	
X58 Z-2;	倒角
Z-28;	精车 φ58mm 外圆
G00 X100 Z100;	返回换刀点
M03 S600 T0202;	换镗刀
G00 X27.5Z2;	定位至 φ27.5mm 内孔,距端面 Z 正向 2mm 处
G71 U1 R0.5;	采用复合循环粗加工内表面,X 正方向留精加工余量 0.5mm
G71 P100 Q160 U-0.5 W0 F0.1 S600;	
N100G01 X32 F0.05;	N100~N160 为精加工路线
Z0;	
X32 F0.05;	
Z-24;	
X32;	
Z-40;	
N160X30;	
M00;	程序暂停
S800;	转速 800r/mm
G70 P100 Q160;	精加工内表面
G00 X100 Z100 M05;	返回程序起点,主轴停
M30;	程序结束

工件调头装夹,车削内、外表面及端面。

```
O3013；
N010 T0101；                                    1 号外圆刀
N020 M03 S600；
N030 G00 X65 Z2；                               快速定位至 φ65mm 外圆，距端面 Z 正向 2mm 处
N040 G01 Z0 F0.1；                              刀具对齐端面
N050 X-1；                                      车削端面
N060 G00 X60 Z2；                               快速定位至 φ60mm，距端面正向 2mm
N070 G71 U1 R0.5；
N080 G71 P90 Q130 U0.5F0.1；                    采用复合循环粗加工内表面，X 正方向留精加工余
                                               量 0.5mm
N090 G01 X41 F0.05；
N100 Z0；
N110 X45 Z-2；
N120 Z-35；
N130 X60；
N150 M03 S800；
N160 G70 P90 Q130；                             精加工外表面
N170 G00 X100 Z100 M05；                        返回换刀点
N180 S400 T0303；                               换切断刀
N190 G00 X65.2 Z-35；                           切槽
N200 G01 X57 F0.05；
N210 X60；
N220 G00 X100 Z100 M05；                        返回换刀点
N230 M03 S600 T0202                             换镗刀
N240 G00 X28 Z2                                 快速定位至 φ28mm 内孔，距端面 Z 正向 2mm 处
N250 G71 U1 R0.5；
N260 G71 P270 Q310 U-0.5 W0 F0.1 S600；         采用复合循环粗加工内表面，X 正方向留精加工余
                                               量 0.5mm
N270G00X32；                                    内孔精加工路线
N280G01Z0F0.05；
N290X30Z-1；
N300Z-22；
N310X28；
N320M00；                                       程序暂停
N330M03S1200；                                  变主轴转速、主轴转
N340 G70 P270 Q310；                            精加工内孔各处
N350 G00 X100Z100 M05；                         返回程序起点，主轴停
N360 M30；                                      程序结束
```

4.1.3 螺纹、切槽（切断）零件的加工

1. 零件 1

如图 4.23 所示，零件毛坯直径为 40mm，无热处理要求。

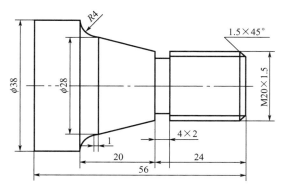

图 4.23 零件图

（1）工艺处理。

① 根据零件图分析，需加工外形、切槽、车螺纹，需使用外圆刀、切槽刀、螺纹刀。对应的刀号分别为 1、3、5。

② 工艺及编程路线如下。

a. G71 循环外形粗加工。

b. G70 循环精加工。

c. 切槽。

d. G76 循环车螺纹。

（2）程序。

T0101;	换 1 号外圆刀
G00 X42. Z2. M03 S1200;	快速至 G71 循环起点
G71 U2 R1	外圆粗车循环，每层单边切深 2mm，退刀量 1mm
G71 P50 Q100 U1 W0.5 F0.2;	精车路线为 N50～N100，
N50 G00 X17.;	1.5mm 倒角 X 向起点
G01 Z0 F0.05;	空切至倒角起点
X19.8 Z-1.5;	倒角，X19.8 为螺纹精车外圆尺寸
Z-24.;	
X20.;	锥体起点
X28.;	车锥体
Z-39.;	R4mm 圆弧起点
G02 X36. Z-44. R4.;	车 R4mm 圆弧角
G01 X38.;	台阶
N100 Z-56.;	精车末段
G70 P50 Q100;	精车循环
G00X100. Z150.;	退至换刀点
T0303;	换 3 号切槽刀，切宽 4mm
G00X22. Z-24. S400;	切槽起点
G01X16. F0.1;	切至槽底
G00X80.;	X 向退出（只能单轴移动）
Z150.;	
T0505;	换 5 号螺纹刀

M03 S750;	转速调整为 750r/min	
G00 X30. Z10. ;	快速到循环起点	
G76 P010060 Q100 R50;	P010060 精加工 1 次，倒角量 0，60°螺纹；Q100 最小切深 0.1mm，精加工量 0.05mm	
G76 X18.052 Z-22. P975 Q500 F1.5;	螺纹小径 18.052mm，R0 直螺纹，P975 牙深 0.975mm，Q500 第一刀切 0.5mm 深（半径值）	
M30. ;	程序结束	

2. 零件 2

如图 4.24 所示，毛坯为 φ35mm 棒料，需要进行车外圆柱面、倒角、外螺纹、内螺纹和切断等加工。零件材料为 45♯钢，无热处理和硬度要求。

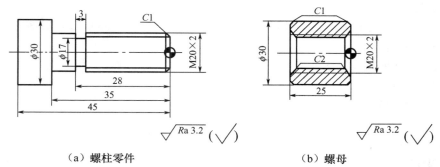

（a）螺柱零件 　　　　　（b）螺母

图 4.24　内外螺纹加工

（1）刀具及切削用量的选择。

刀具及切削用量见表 4-8。

表 4-8　刀具及切削用量

工序	刀具号	刀具名称及规格	刀尖半径	数量	加工表面
1	T0101	93°粗、精车右偏外圆刀	0.4mm	1	外表面、端面
2	T0202	镗孔刀	0.4mm	1	螺纹底孔
3	T0303	60°内螺纹车刀	—	1	内螺纹
4	T0404	$B=3mm$ 切槽（断）刀	0.3mm	1	切槽、切断
5	T0505	60°外螺纹车刀	—	1	外螺纹

（2）工艺路线及编程。

① 外圆柱螺纹加工。

O0020；（外圆粗、精车）	程序名
N010 T0101;	换 1 号外圆刀
N020 G00 X35. Z2. M03 S900;	G90 循环起点
N030 G90 X30.5 Z-50. F0.2;	粗车循环 1
N040 X25 Z-35;	粗车循环 2
N050 X21.5;	粗车循环 3

N060 G00 X15. Z0.5；	倒角起点
N070 G01 X19.8 Z-2. F0.13；	倒角，螺纹精加工外圆 ϕ19.8mm
N080 Z-28.；	精车螺纹外圆
N090 X20.；	保证槽左边外圆 ϕ20mm
N100 Z-35.；	精车 ϕ20mm 外圆
N110 X30.；	平台阶
N120 Z-50.；	精加工 ϕ30mm 外圆
N130 G00 X80. Z150；	回换刀点

（切槽）

N140 T0404	换切槽刀
N150 G00 X23. Z-35. M03 S400；	快速至切槽起点
N160 G01 X17.；	切槽至底径
N170 X22.；	X 向切刀退出
N180 G00 X80. Z150.；	回换刀点

（G76 循环切外螺纹）

N190 T0505，	换螺纹刀
N200 G00 X22. Z5. S500，	循环起点
N210 G76 P010060 Q100 R50，	G76 加工外螺纹参数
N220 G76 X17.6 Z-26. P1300 Q600 F2，	G76 加工外螺纹参数
N230 G00 X80. Z150.	回换刀点
N240 M05 M30	程序结束

② 螺母加工（车端面、粗车外圆及倒右角）。

O0030	程序名
N010 T0101；	建立工件坐标系，选择 1 号外圆刀
N020 X200. Z200. M03 S640；	
N030 G99；	进给速度半径设为 mm/r
N040 G00 X38. Z2.；	快至 ϕ38mm 直径，距端面正向 2mm
N050 G01 Z0 F0.1；	刀具与端面对齐
N060 X-1；	加工端面
N070 G00 X38. Z2.；	定位至 ϕ38mm 直径，距端面正向 2mm
N080 G90 X30.4 Z-28. F0.2；	粗车 ϕ30mm 外圆，留精加工余量 0.2mm
N090 X31. Z-1.5 R-3.5；	粗车倒角
N100 G00 X200. Z200. T0100 M05；	返回起始点，取消刀具补偿，主轴停
N110 M00；	程序暂停，检测工件

（粗加工内孔及倒角）

N120 M03 S640 T0202；	换转速，主轴正转，选镗孔刀
N130 G00 X14. Z2.；	快速定位至（X14，Z2）位置
N140 G90 X17.2 Z-28. F0.2；	粗镗 M20 孔，留精加工余量 0.2mm
N150 G00 X200. Z200. T0200 M05；	返回起始点，取消刀具补偿，主轴停
N160 M00	程序暂停，检测工件

（精车外圆）

N170 M03 S900 T0101;	调整转速 900r/min，选外圆车刀
N180 G00 X24. Z2.;	快速定位至（X24，Z2）
N190 G01 X30. Z-1. F0.1;	精加工倒角 C1
N200 Z-28.;	精加工 φ30mm 外圆
N210 X38.;	平端面
N220 G00 X200. Z200. T0100 M05;	返回起始点，取消刀具补偿，主轴停
N230 M00	程序暂停，检测工件

（精车内孔）

N240 M03 S900 T0202;	主轴正转，转速 900r/min 选镗孔刀
N250 G00 X26. Z2.;	快速定位至（X26，Z2）
N260 G01 X17.4 Z-2.;	精加工倒角 C2
N270 Z-28.;	精加工内孔
N280 X16.;	径向退刀
N290 G00 Z2.;	轴向退出工件孔
N300 G00 X200. Z200. T0200 M05	返回换刀点，取消刀具补偿，主轴停
N310 M00	程序暂停，检测工件

（加工内螺纹）

N320 M03 S300 T0303;	换转速，主轴正转，换内螺纹车刀
N330 G00 X16. Z5.;	快速定位至循环起点（X16，Z5）
N340 G92 X18.3 Z-27. F2;	G92 循环加工内螺纹第 1 刀
N350 X18.9;	G92 循环加工内螺纹第 2 刀
N360 X19.5;	G92 循环加工内螺纹第 2 刀
N370 X19.9;	G92 循环加工内螺纹第 4 刀
N380 X20.;	G92 循环加工内螺纹第 5 刀
N390 G00 X200. Z200. T0300 M05;	返回起始点，取消刀具补偿，主轴停
N400 M00;	程序暂停，检测工件

（切断）

N410 M03 S335 T0404;	换转速，主轴正转，换切断刀
N420 G00 X38. Z-28.;	快速定位至（X38，Z28.2）（留 0.2mm 端面加工余量）
N430 G01 X14.;	
N440 G00 X200. Z200. T0400 M05;	返回起始点，取消刀具补偿，主轴停
N450 T0100;	换 1 号基准刀，并取消其刀具补偿
N460 M30;	程序结束

③ 工件调头装夹，车端面，车倒角

O0040	程序名
N010 M03 S900 T0101;	主轴正转，选择 1 号外圆刀
N020 G00 X16. Z2.;	快速至 φ16mm 直径，距端面正向 2mm
N030 G01 Z0 F0.1,	刀具与端面对齐

N040 X28.;	加工端面
N050 X32 Z-2.0;	车 C1 倒角
N060 G00 X200. Z200. T0100 M05;	返回起始点，取消刀具补偿，主轴停
N070 M00;	程序暂停，检测工件
N080 M03 S900 T0202;	换转速，主轴正转，选镗孔刀
N090 G00 X16. Z2.;	快速定位至（X16，Z2）位置
N100 G90 X18. Z-1.5 R3.5 F0.1;	G90 锥形循环加工孔口 C2 倒角
N110 X18. Z-2. R4.;	
N120 G00 X200. Z200. T0200 M05;	返回起始点，取消刀具补偿，主轴停
N130 T0100;	换1号基准刀，并取消其刀具补偿
N140 M30;	程序结束

4.2 数控铣床和加工中心编程

4.2.1 数控铣床和加工中心的加工特点

数控铣床和加工中心除了具有普通铣床的加工特点外，还具有如下特点。

（1）零件加工的适应性强、灵活性好，能加工轮廓形状特别复杂或难以控制尺寸的零件，如模具类零件、壳体类零件等。

（2）能加工普通铣床无法加工或很难加工的零件，如用数学模型描述的复杂曲线零件及三维空间曲面类零件。

（3）能加工一次装夹定位后，需进行多道工序加工的零件。

（4）加工精度高、加工质量稳定可靠。

（5）生产自动化程度高，可以减轻操作者的劳动强度，有利于生产管理自动化。

（6）生产效率高。

（7）铣削加工为断续切削，因此对刀具的要求较高，需具有良好的抗冲击性、韧性和耐磨性，在干式切削状况下，还要求有良好的红硬性。

4.2.2 平面铣削加工

平面类零件是数控铣床和加工中心加工对象中最主要也是较简单的一类，一般用三轴数控铣床的两轴联动（即两轴半坐标加工）就可以加工。

1. 常用的装夹方法

在数控铣床和加工中心加工平面时，安装工件常用精密虎钳和压板螺栓安装工件。对于一些复杂的、精密虎钳和压板螺栓无法安装的工件，可以使用组合夹具和专用夹具。

（1）精密虎钳。

精密虎钳是数控铣床的主要附件，适宜安装形状简单、规则，尺寸较小的工件。精密虎钳主要由固定钳口、活动钳口等组成，安装工件如图 4.25 所示。精密虎钳在数控铣床上的设置过程如下。

精密虎钳底座下镶有定位键，安装时，将定位键放在工作台的 T 形槽内即可在铣床上获得正确位置；或安装时人工对正（对于卧式加工中心，应使用 90°弯板，并使虎钳的活动钳口位于上方），用 T 形螺栓和螺母紧固虎钳，调节定位、夹紧挡块，然后将零件放在虎钳两钳口之间并夹紧。

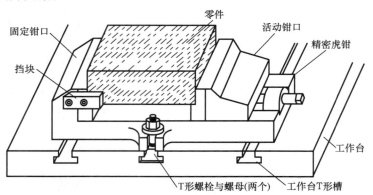

图 4.25　精密虎钳安装工件

（2）压板螺栓安装工件。

对于大型工件或精密虎钳难以安装的工件可用压板螺栓将工件直接固定在工作台上进行加工，如图 4.26 所示。

压板和螺栓的设置过程如下。

将定位销固定到机床的 T 形槽中，并将垫板放到工作台上。选择合适的压板、台阶形垫块和 T 形螺栓，并将它们安放到对应的位置，夹紧零件（如果夹紧面是精加工后的面，要用垫片保护该面）。

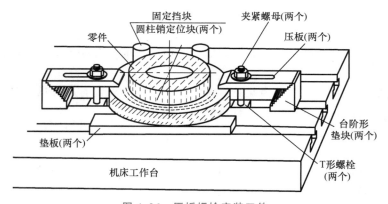

图 4.26　压板螺栓安装工件

2. 平面铣削的进刀方式

平面铣削的进刀方式可分为 5 种，分别为一刀式铣削、双向多次铣削、单侧顺铣、单侧逆铣、顺铣。

对于大平面，如果铣刀的直径大于工件的宽度，铣刀能够一次切除整个大平面，则在同一深度不需要多次走刀，一般采用一刀式铣削。

如果铣刀的直径相对比较小，不能一次切除整个大平面，则在同一深度需要多次走刀。走刀常见的几种方法为双向多次铣削、单侧顺铣、单侧逆铣、顺铣。

（1）一刀式铣削。

一刀式铣削平面，实际上是对称铣削平面。一刀式铣削的切削参数主要有切削方向，截断方向，切削方向的超出，进刀、退刀引线长度。一刀式铣削分为粗铣和精铣，粗、精铣的切削参数有所不同，走刀路线有所不同，如图 4.27 所示。粗铣，铣刀不需要完全铣出工件；精铣，铣刀需要完全铣出工件。

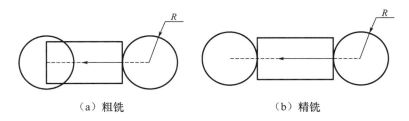

（a）粗铣　　　　　　　　　　　　　　（b）精铣

图 4.27　一刀式铣削

粗铣时的主要参数要求如下。

进刀引线长度＋切削方向的超出＞R，一般取 R＋（3～5）mm，退刀引线长度＋切削方向的超出≥0，一般取 0。

精铣时的主要参数要求如下。

进刀引线长度＋切削方向的超出＞R，退刀引线长度＋切削方向的超出＞R。一般取 R＋（3～5）。

【例 4－1】　如图 4.28 铣削 100×50 平面，采用一刀式铣削。粗铣深度 3，精铣深度 2。

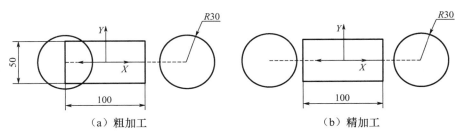

（a）粗加工　　　　　　　　　　　　　　（b）精加工

图 4.28　一刀式铣削平面

```
O0001
N100 G21;                              公制
N102 G0 G17 G40 G49 G80 G90;           系统初始化，设定工作环境
N106 G0 G90 G54 X83. Y0. S350 M03;     粗铣：进刀引线长度＋切削方向的超出＝33
N108 G43 H01 Z50.;                     安全高度加刀具长度补偿
N110 Z3.;                              Z轴参考高度（Z轴进刀点）
N112 G1 Z-3. F200.;
N114 X-50. F80.;                       粗铣，退刀引线长度＝0，粗铣加工完成
N118 G0 Z50.;
N120 X83.;                             精铣，进刀引线长度＋切削方向的超出＝33
N122 Z3.;
```

N124 G1 Z-5. F200.；

N126 X-83. F80.；

N130 G0 Z50.；

N132 M05；

N134 G49；

N136 G91 G28 Z0.；

N138 M30；

精铣，退刀引线长度＋切削方向的超出＝33

注意：粗、精铣退刀引线长度＋切削方向的超出值不同，主要由粗、精加工的特点决定，粗加工主要考虑加工效率，为精加工做好技术准备；精加工主要保证零件的加工质量。

（2）双向多次铣削。

① 大平面铣削参数。最典型的大平面铣削为图 4.29 所示的大平面双向多次切削，其中的铣削参数共有 8 个，它们分别为切削方向、截断方向、切削间距、切削间的移动方式、截断方向的超出量、切削方向的超出、进刀引线长度、退刀引线长度。这 8 个参数中包含了其他的几种大平面铣削方法的所有参数。一般为了编程方便，取截断方向工件两侧的超出量相同。切削间距平均分配。

② 双向多次铣削。双向多次铣削

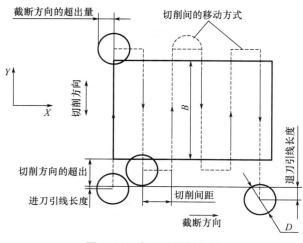

图 4.29　大平面铣削参数

也称 Z 形切削或弓形切削，它的应用也很频繁。切削时顺序为顺铣改为逆铣，或者逆铣改为顺铣，顺铣和逆铣交替进行，如图 4.30 所示。切削平面时，通常并不推荐使用它。图 4.30(a) 所示为粗铣，铣刀不需要完全铣出工件，图 4.30(b) 所示为精铣，铣刀需要完全铣出工件。

切削方向可以沿 X 轴或 Y 轴方向，它们的原理完全一样。

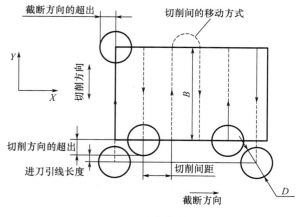

（a）粗铣　　　　　　　　　　　（b）精铣

图 4.30　双向多次铣削

双向多次切削除了与一刀式铣削的主要参数相同以外，还包括以下几个主要参数，切削间距、切削间的移动方式、截断方向的超出量，粗、精铣时，切削间距小于 D（刀具直径），切削间的移动方式为了编程方便一般为直线，截断方向的超出量为了编程方便一般取 $50\%D$。

【例 4-2】　如图 4.31，铣削 $100mm \times 50mm$ 平面，立铣刀直径为 $\phi20mm$，采用双向多次切削，粗铣深度 3mm，精铣深度 2mm。

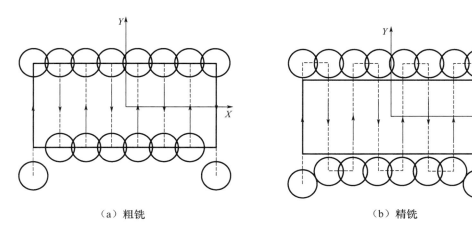

（a）粗铣　　　　　　　　　　　　　　　　（b）精铣

图 4.31　双向多次铣削

```
O0005
N102 G0 G17 G40 G49 G80 G90;
N106 G0 G90 G54 X-50.0 Y-38. S800 M03;        粗铣：进刀引线长度+切削方向的超出=13
N108 G43 H1 Z50.;
N110 Z3.;
N112 G1 Z-3. F200.;
N114 Y25. F80.;
N116 X-35.713;                                切削间距=100/7=14.286
N118 Y-25.;
N120 X-21.426;
N122 Y25.;
N124 X-7.139;
N126 Y-25.;
N128 X7.139;
N130 Y25.;
N132 X21.426;
N134 Y-25.;
N136 X35.713;
N138 Y25.;
N140 X50.0;
N142 Y-38.;                                   粗铣完成
N144 G0 Z50.;
N148 X-50. Y-38.;                             开始精铣加工
```

N150 Z3. ;

N152 G1 Z-5. F200. ;

N154 Y28. F100;   切削方向超出＝3

N156 X-35.713;   切削间距＝100/7＝14.286

N158 Y-28. ;

N160 X-21.426;

N162 Y28. ;

N164 X-7.139;

N166 Y-28. ;

N168 X7.139;

N170 Y28. ;

N172 X21.426;

N174 Y-28. ;

N176 X35.713;

N178 Y28. ;

N180 X50. ;

N182 Y-38. ;

N186 G0 Z50. ;   精铣加工完成

N188 M05;

N190 G91 G28 Z0. ;

N194 M30;

（3）单侧顺铣、逆铣。

单侧顺铣、逆铣的进刀点在一根轴的同一位置上，切削到预定长度后，刀具抬起，在工件上方移动改变另一根轴的位置，这是平面铣削最为常见的方法。单侧铣削分为顺铣和逆铣，图4.32所示为单侧顺铣，单侧逆铣只需要将进刀位置移到工件的另一侧。因为单侧铣削需要频繁的快速返回运动，因此效率很低。

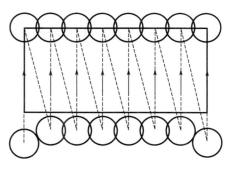

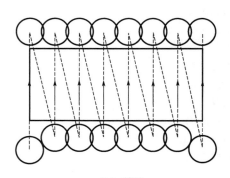

（a）粗铣   （b）精铣

图4.32　单侧顺铣

【4-3】　如图4.31，铣削100mm×50mm平面，立铣刀直径为φ20mm，采用单侧逆铣，铣削深度3mm。

O0006

N102 G0 G17 G40 G49 G80 G90;

N106 G0 G90 G54 X50. Y-50. S800 M3 ;　　　　　　移动到开始位置

N108 G43 H1 Z50. ;

N110 Z3. ;

N112 G1Z-3. F200. ;

N114 Y38. F80. ;

N116 G0 Z50. ;

N118 X35.713 Y-38. ;　　　　　　　　　　　　　N106～N118 完成第一次逆铣

N120 Z3. ;

N122 G1Z-3. F200. ;

N124 Y38. F80. ;

N126 G0 Z50. ;

N128 X21.426 Y-38. ;　　　　　　　　　　　　　N118～N128 完成第二次逆铣

N130 Z3. ;

N132 G1Z-3. F200. ;

N134 Y38. F80. ;

N136 G0 Z50. ;

N138 X7.139 Y-38. ;

N140 Z3. ;

N142 G1Z-3. F200. ;

N144 Y38. F80. ;

N146 G0 Z50. ;

N148 X-7.139 Y-38. ;

N150 Z3. ;

N152 G1Z-3. F200. ;

N154 Y38. F80. ;

N156 G0 Z50. ;

N158 X-21.426 Y-38. ;

N160 Z3. ;

N162 G1Z-3. F200. ;

N164 Y38. F80. ;

N166 G0 Z50. ;

N168 X-35.713 Y-38. ;

N170 Z3. ;

N172 G1Z-3. F200. ;

N174 Y38. F80. ;

N176 G0 Z50. ;

N178 X-50.0 Y-50. ;

N182 G1Z-3. F200. ;

N184 Z3. ;

N184 Y38. F80. ;

N186 G0 Z50. ;

N188 M5 ;

N190 G91 G28 Z0. ;

N194 M30

（4）顺铣。

另外有一种效率较高的铣削可以只在一种模式（通常为顺铣方式）下切削。这种铣削，融合了前面的双向铣削和单侧顺铣，如图 4.33 所示。

图 4.33 表示了所有刀具运动的顺序和方法，这种铣削的理念是让每次切削的宽度大概相同，任何时刻都只有约 2/3 的直径参与切削，并且始终为顺铣方式。

【例 4 - 4】 根据图 4.34 所示，编写程序。

```
O1101
N1 G20;                              英制
N2 G17 G40 G80;
N3 G90 G54 G00 X0.75 Y-2.75 S344 M03;   位置 1
N4 G43 Z1.0 H01;
N5 G01 Z-0.2 F50.0 M08;              铣削深度 0.2mm
N6 Y8.75 F21.0;                      位置 2
N7 G00 X12.25;                       位置 3
N8 G01 Y-2.75;                       位置 4
N9 G00 X4.0;                         位置 5
N10 G01 Y8.75;                       位置 6
N11 G00 X8.9;                        位置 7，工件两侧超出 0.1mm
N12 G01 Y-2.75;                      位置 8，结束
N13 G00 Z1.0 M09;
N14 G91 G28 X0 Y0 Z0;
N15 M05;
N16 M30;
```

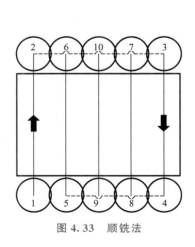

图 4.33　顺铣法

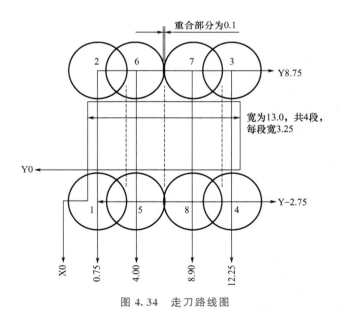

图 4.34　走刀路线图

3. 编程实例

如图 4.35 所示，零件为 45♯钢，毛坯为圆钢料，无热处理和硬度要求。

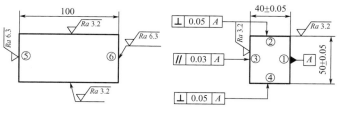

图 4.35 平面零件

（1）工艺分析。

① 基准。

① 平面为设计基准，②、④平面与①平面有垂直度要求，③平面与①平面有平行度要求。为了保证垂直度、平行度要求，在用虎钳装夹工件时，始终以①平面为主要定位基准。同时，①平面也作为垂直度、平行度测量的基准，使得设计基准与加工基准和测量基准重合。

由于①平面既是设计基准、加工基准和测量基准，①平面的平面度尽管在图样中没有要求，但根据形状误差小于位置公差的原则，①平面应当有平面度要求，平面度误差值应当小于③平面与①平面有平行度 0.03 的要求。

② 选用毛坯圆钢料的直径。

根据勾股定理，如图 4.36 所示，圆钢料的直径 D 可以进行计算，并根据计算结果，选择圆钢料的直径。圆钢料的直径为

$$D = \sqrt{50^2 + 40^2}\ \text{mm}$$
$$\approx 64.03\text{mm}$$

根据计算结果，查材料手册，最靠近 D（64.03mm）的尺寸为 65mm，因此，毛坯圆钢料的直径选为 65mm。

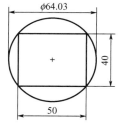

图 4.36 圆钢料直径的计算

③ 加工工艺过程。

图 4.35 所示的平面零件的加工工艺见表 4-9。

表 4-9 平面零件的加工工艺

工序	内容	机器设备	夹具	刀具	量具	备注
1	锯工件长度为 100mm	普通锯床	略	略	普通游标卡尺	
2	粗、半精铣、精铣①平面，保证平面度 0.015mm（工艺要求）	数控铣床	精密虎钳	ϕ60mm 面铣刀	普通游标卡尺	在检验平台上，用塞尺检查平面度；用直角尺的刀口检查直线度
3	粗、半精铣、精铣②平面，保证垂直度 0.05mm	数控铣床	精密虎钳	ϕ60mm 面铣刀	普通游标卡尺	在检验平台上，用直角尺配合塞尺检查垂直度
4	粗、半精铣、精铣④平面，保证垂直度 0.05mm 和 50mm 尺寸公差	数控铣床	精密虎钳	ϕ60mm 面铣刀	25～50mm 量程的外径千分尺	在检验平台上，用直角尺配合塞尺检查垂直度
5	粗、半精铣、精铣③平面，保证平行度 0.03mm 和 40mm 尺寸公差	数控车床	精密虎钳	ϕ60mm 面铣刀	25～50mm 量程的内径千分尺	在检验平台上，用固定在高度尺上的千分表检查平行度

④ 刀具的选择及切削用量的选择。

刀具的类型选择根据加工零件的特征来确定，由于加工的平面比较宽，采用面铣刀。加工零件的材质为 45♯钢，可转位刀片的材料选用 YT 系列，加工中连续加冷却液。面铣刀的直径确定，通过计算被加工面的最大宽度来确定。加工的最大宽度在①、③加工面确定，如图 4.37 所示，最大宽度可用勾股定理来确定，计算结果为 51.23mm。平面采用一刀式铣削，铣削宽度应为铣刀直径的 2/3 左右，面铣刀的直径选用 ϕ60mm。

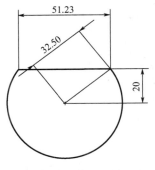

图 4.37　最大的加工平面宽度

加工①平面时铣削的加工余量比较多，厚度为 12.5mm（32.5～20mm），需要进行分层铣削，根据切削用量的选择原则，先选用背吃刀量，然后选用进给速度，最后考虑刀具的切削速度。切削用量见表 4-10。表 4-10 仅仅列出了加工①平面的切削用量，其他平面的切削用量与①平面基本相同。

表 4-10　切削用量

刀具类型	铣削类型	刀齿数	主轴转速/ (r/min)	背吃刀量/ mm	进给速度/ (r/min)
面铣刀	粗铣	4	＜500	6.5	＜160
面铣刀	半精铣	4	＜500	5.5	＜160
面铣刀	精铣	4	＜800	0.5	＜160

⑤ 装夹方法和定位基准。

工件以固定钳口和垫块为定位面，活动钳口将工件夹紧，垫块的厚度应保证，加工后的表面距钳口的距离为 3mm，如图 4.38 所示。虎钳的固定钳口需要进行检测，如图 4.39 所示，确保固定钳口与工作台的垂直度、平行度。虎钳的底平面与工作台的平行度也要进行检测。垫块应经过平行度检验，使用时，应尽量减少垫块的数量。

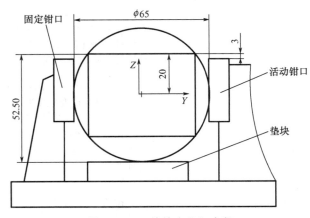

图 4.38　工件的定位和夹紧

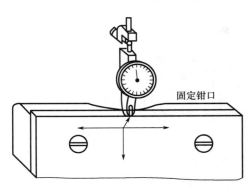

图 4.39　固定钳口的检测

⑥ 走刀路线。

该零件为单件生产，工件坐标系的原点设在工件的中心，X 轴设在轴心线上，如图 4.38 所示。加工共分为两次粗加工和一次精加工，为了提高加工效率，从工件两侧下刀；为了缩短加工程序，采用调用子程序。

（2）编程。

```
O0001
N100 G21；
N102 G0 G17 G40 G49 G80 G90；
N104 M8；                          切削液开
N106 G0 G90 G54 X-85. Y0. S350 M3；  进刀引线长度＋切削方向的超出＝35
N108 G43 H1 Z100.；                安全高度
N110 Z35.5；                       距毛坯表面 3mm
N112 G1 Z26. F200.；               铣削深度为 6.5mm
N114 M98 P1001；                   调用子程序
N116 G90 Z20.5 F200.；
N118 M98 P1002；
N120 G90 Z20. F200.；
N122 M98 P1001；
N124 G0 G90 Z100.；
N126 M9；
N128 M5；
N130 G91 G28 Z0.；
N132 G28 X0. Y0.；
N134 M30；
```

子程序（从－X 方向向＋X 方向铣削）

```
O1001
N100 G91；
N102 X170. F120.；                 退刀引线长度＋切削方向的超出＝35
N104 M99；
```

子程序（从 X 方向向－X 方向铣削）

```
O1002
N100 G91；
N102 X-170. F120.；
N104 M99；
```

提示： 为了减少走刀路线，从工件的两侧下刀，粗、精铣时，铣刀需要完全铣出工件。

（3）②、③、④面的铣削。

②、④面的铣削装夹如图 4.40 所示，与①面的装夹方法基本相同，由于已经有加工过的面，定位时需要特别注意确定哪一个面为主定位面，哪一个是次定位面。

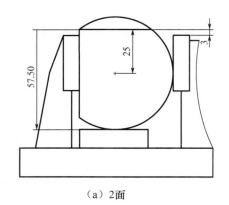

（a）2面

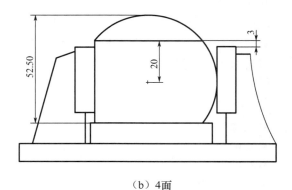

（b）4面

图 4.40　②、④面的铣削装夹

4.2.3　轮廓铣削加工

轮廓铣削加工主要指内轮廓、外轮廓的铣削加工，所涉及的加工知识要求比较高，编程难度大。

1. 刀具的走刀路线

如图 4.41 所示，当铣削平面零件外轮廓时，一般采用立铣刀侧刃切削。刀具切入工件时，应避免沿零件外廓的法向切入，而应沿外廓曲线延长线的切向切入，以避免在切入处产生刀具的刻痕而影响表面质量，保证零件外轮廓曲线平滑过渡。同理，在切离工件时，也应避免在工件的轮廓处直接退刀，而应该沿零件轮廓延长线的切向逐渐切离工件。

铣削封闭的内轮廓表面时，若内轮廓曲线允许外延，则应沿切线方向切入、切出。如内轮廓曲线不允许外延（图 4.42），则刀具只能沿内轮廓曲线的法向切入、切出，此时刀具的切入点切出点应尽量选在内轮廓曲线两极和元素的交点处。当内部几何元素相切无交点时，如图 4.43(a)所示，取消刀具补偿会在轮廓拐角处留下凹口，应使刀具切入点、切出点远离拐角，如图 4.43(b) 2 点和 8 点所示。

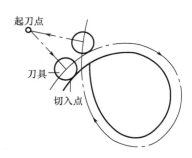

图 4.41　外轮廓加工刀具的切入和切出

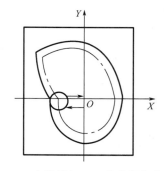

图 4.42　内轮廓加工刀具的切入和切出

图 4.44 所示为圆弧插补方式铣削外整圆时的走刀路线，采用直线切入、切出。切入、切出时使刀具沿切入点的切线方向运动一段距离，主要用来建立和取消刀具半径补偿。铣削内圆弧时也要遵循从切向切入的原则，采用圆弧切入、切出（图 4.45），由于刀具半径

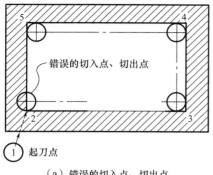

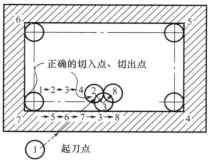

（a）错误的切入点、切出点　　　　　　　　（b）正确的切入点、切出点

图 4.43　内轮廓加工刀具的切入和切出

补偿不能在圆弧运动中启动，也不能在圆弧运动中取消。因此必须添加直线到切入和切出运动，在该直线运动中实现刀具半径补偿的启动和取消。这样可以提高接刀点的表面质量。

圆弧切入、切出需要特别注意以下两点。

① 刀具半径应该小于切入、切出直线运动的距离，才可以保证刀具半径补偿的建立和取消。

② 切入圆弧和切出圆弧的半径与刀具半径的关系为

$$R_t < R_a$$

式中，R_a 为趋近圆弧的半径；R_t 为刀具半径

注意：一般来说，轮廓的切入、切出，可采用直线、圆弧、法向。但由于外轮廓受加工空间的限制相对于内轮廓比较少，使用起来比较灵活。

轮廓加工的刀具半径补偿建立、取消的两个条件如下：①使用 G00 或 G01 指令；②移动的长度大于刀具的半径值。

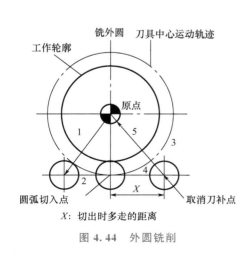

图 4.44　外圆铣削

图 4.45　内圆铣削

2. 圆弧插补的进给率

在程序中，选择刀具的切削进给率一般并不考虑加工半径，圆弧插补和直线插补的进

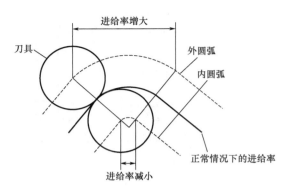

图 4.46　圆弧插补进给率

给率是一样的。当表面加工质量要求比较高时，必须考虑零件图中每个半径的尺寸。

在铣削加工中，铣刀半径通常都较大。如果使用大直径刀具加工小半径的外圆，那么刀具中心轨迹形成的圆弧将比图纸中的圆弧大很多，进给率可以上调；如果使用大直径刀具加工内圆弧，那么刀具中心轨迹形成的圆弧比图纸中的圆弧小很多，切削进给率需要下调，如图 4.46 所示。

在标准的编程中，进给率的公式为

$$F_l = S \times f_t \times N$$

式中，F_l 为直线插补进给速度（mm/min）；S 为主轴转速（r/min）；f_t 为每齿进给量；N 为切削刃的数量。

可以使用下面两个公式计算调整后的进给率，从数学上说等同于直线进给率。两个公式分别适应于外圆弧和内圆弧加工，但不适用于实体材料的粗加工。

（1）外圆加工的进给率。

加工外圆时需要提高进给率。外圆弧的进给率为

$$F_0 = \frac{F_l(R+r)}{R}$$

式中，F_0 为外圆弧的进给速度；F_l 为直线插补进给速度；R 为工件外半径；r 为刀具半径；

例：如果直线插补进给率为 350mm/min，外半径为 10mm，那么 ϕ20mm 的刀具上调的进给率为

$$F_0 = 350\text{mm/min} \times (10+10)/10 = 700\text{mm/min}$$

增幅很大，提高到 700，整整是原来的两倍。

（2）内圆加工的进给率。

对于内圆弧，调整后的进给速度要比直线运动的进给速度低，它根据以下公式计算。

$$F_i = F_l(R-r)/R$$

式中，F_i 为内圆弧的进给率；F_l 为直线插补进给率；R 为工件内半径；r 为刀具半径。

例：如果直线插补进给速度为 350mm/min，内半径为 20mm，那么 ϕ10mm 的刀具下调整后的进给率为

$$F_i = 350\text{mm/min} \times (20-5)/20 \approx 262\text{mm/min}$$

3. 加工实例

（1）用 ϕ8mm 的立铣刀，粗铣图 4.47 所示工件的型腔。

① 工艺分析。

a. 确定工艺路线。如图 4.48 所示，采用行切法，刀心轨迹 B→C→D→E→F 作为一个循环单元，反复循环多次，设图示零件上表面的左下角为工件坐标系的原点。

b. 计算刀心轨迹坐标、循环次数及步进量（Y 方向步距）。设循环次数为 n，Y 方向步距为 y，步进方向槽宽为 B，刀具直径为 d，则各参数关系如下。

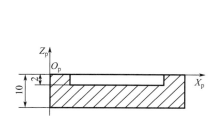
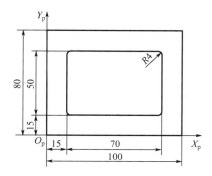

图 4.47 工件的型腔铣削

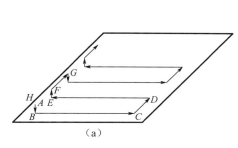
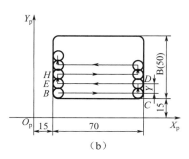

（a） （b）

图 4.48 切削轨迹

循环 1 次   铣出槽宽 $y+d$

循环 2 次   铣出槽宽 $3y+d$

循环 3 次   铣出槽宽 $5y+d$

    ⋮

循环 n 次   铣出槽宽 $(2n-1)y+d=B$

根据图样尺寸要求，将 $B=50$，$d=8$ 代入式 $(2n-1)y+d=B$，即 $(2n-1)y=42$ 取 $n=4$，得 $Y=6$，刀心轨迹有 1mm 重叠，可行。

② 加工程序。

```
O1100
N010 G90 G92 X0 Y0 Z20. ;
N020 G00 X19 Y19 Z2 S800 M03;
N030 G01 Z-2 F100. ;
N040 M98 P41010;
N050 G90 G00 Z20. ;
N060 X0 Y0 M05;
N070 M30;
O1010
N010 G91 G01 X47 F100. ;
N020 Y6. ;
N030 X-47. ;
N060 Y6. ;
N070 M99;
```

（2）如图 4.49 所示，加工外轮廓，分别采用直线切入、切出，圆弧切入、切出，法向切入、切出三种方法编制程序。

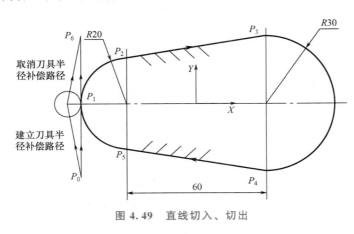

图 4.49　直线切入、切出

① 如图 4.49 所示，直线切入、切出，保证接点（P_1）光滑，采用顺铣，保证加工面的粗糙度。

点	X	Y
P_0	−50.	−30.
P_1	−50.	0
P_2	−33.333	19.72
P_3	25.	29.58
P_4	25.	−29.58
P_5	−33.333	−19.72
P_6	−50.	30.

程序如下：

```
O0003
G21;
G0 G17 G40 G49 G80 G90;
G0 Z50.;                         安全位置
G0 G90 G54 X-50. Y-30. S300 M3;  P0 点
G43 H01 Z50.;                    建立刀具长度补偿
Z3.;                             参考高度（Z 轴进刀点）
G1 Z-5. F100;
G41 D01 Y0.;                     建立刀具半径补偿，P1 点
G2 X-33.333 Y19.72 R20. F120;    P2 点
G1 X25. Y29.58 F100;             P3 点
G2 X25. Y-29.58 R-30. F120;      圆心角大于180°，半径为负值，P4 点
G1 X-33.333 Y-19.72 F100;        P5 点
G2 X-50. Y0. R20. F120;          P1 点
G1 G40 Y30. F100;                取消刀具半径补偿，
                                 P6 点
G0 Z50.;
G49. M05;                        取消刀具长度补偿
G91 G28 Z0.;
M30;
```

② 如图 4.50 所示，圆弧切入、切出，为了使用刀具半径补偿，在圆弧的端点引入一段直线。

点	X	Y
P_0	−9.167	−54.231
P_1	8.124	−41.941

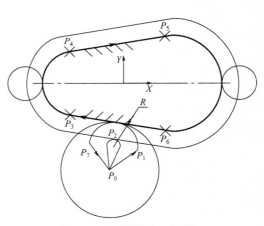

图 4.50　圆弧切入、切出

P_2 -4.167 -24.650

$\vdots$

P_7 -21.457 -36.941

程序如下：

O0005

G21；

G0 G17 G40 G49 G80 G90；

G0 G90 G54 X-9.167 Y-54.231 S500 M3； P_0 点

G43 H1 Z50.；

Z3.；

G1 Z-5. F100.；

G41 D1 X8.124 Y-41.941 F100.； P_1 点

G3 X-4.167 Y-24.65 R15. F80.； P_2 点

G1 X-33.333 Y-19.72 F100.； P_3 点

G2 Y19.72 R20. F120.； P_4 点

G1 X25. Y29.58 F100.； P_5 点

G2 X25. Y-29.58 R-30. F120.； P_6 点

G1 X-4.167 Y-24.65 F100.； P_2 点

G3 X-21.457 Y-36.941 R15. F80.； P_7 点

G1 G40 X-9.167 Y-54.231 F100.；

G0 Z50.；

G49 M5；

G91 G28 Z0.；

M30；

③ 如图 4.51 所示，法向切入、切出。

O0004

G21；

G0 G17 G40 G49 G80 G90；

G0 Z50.；   安全位置

G0 G90 G54 X-7.036. Y-44.448 S300 M3； P_0 点

G43 H01 Z50.；   建立刀具长度补偿

Z3.；   参考高度（Z 轴进刀点）

G1 Z-5. F100.；

G41 D01 X -4.105 Y-24.659；   建立刀具半径补偿，P_2 点

G1 X-33.333 Y-19.72 F100.； P_3 点

G2 X-33.333 Y19.72 R20. F120.； P_4 点

G1 25.0 Y 29.58 F100.； P_5 点

G225.0 Y -29.58 R-30. F120.； P_6 点

G1 X -4.105 Y-24.659 F100.； P_2 点

G1 G40 X-7.036. Y-44.448；   取消刀具半径补偿，P_0 点

G0 Z50.；

G49. M05；   取消刀具长度补偿

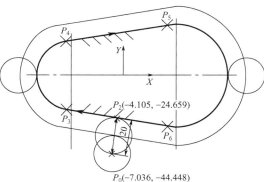

$P_2(-4.105, -24.659)$

$P_0(-7.036, -44.448)$

图 4.51   法向切入、切出

G91 G28 Z0.；

M30；

（3）如图 4.52 所示，加工内轮廓，可采用法向切入、切出，圆弧切入、切出。

① 圆弧切入、切出，顺铣。

程序如下：

O0001

G0 G17 G40 G49 G80 G90；

G0 G90 G54 X0. Y0. S500 M3；

G43 H1 Z50.；

Z3.；

G1 Z-5. F100.；

G41 D1 X25.0 Y-25.0； P_1 点

G3 X50. Y0. R25.0； P_2 点

I-50.0 J0；   整圆加工使用 I、J

X25.0 Y25.0 R25.0； P_4 点

G1 G40 X0. Y0.；

G0 Z50.；

G49 M5；

G91 G28 Z0.；

M30；

② 如图 4.53 所示，法向切入、切出，顺铣。

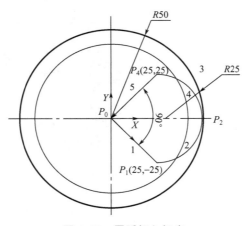

图 4.52　圆弧切入切出

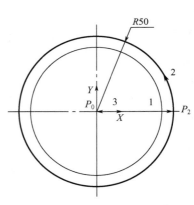

图 4.53　法向切入、切出

程序如下：

O0002

G21；

G0 G17 G40 G49 G80 G90；

G0 G90 G54 X0. Y0. S500 M3； P_0 点

G43 H1 Z50.；

Z3.；

```
G1Z-5. F80.;
G41 D1 X50. F100.;                          P₂ 点
G3 I-50. J0. F80.;                          整圆加工
G1 G40 X0. F100.;                           P₀ 点
G0 Z50.;
G49 M5;
G91 G28 Z0.;
M30;
```

（4）工件外形和内腔轮廓的铣削。

封闭轮廓的铣削加工，需要考虑以下 4 点。

① 刀具半径补偿应当有效。为了得到最终的尺寸，编程时必须使用刀具半径补偿，以保证尺寸公差。

② 刀具切入的方法。对封闭轮廓的铣削，刀具趋近加工表面最好采用切线驱近，它需要一个辅助圆弧（也就是导入圆弧），以提高工件的表面质量。一般在切入点采用圆弧切入，在切入点切出时，也采用圆弧切出，以保证在切入点切入和切出时接刀比较平滑。由于刀具半径补偿不能在圆弧运动中启动，也不能在圆弧运动中取消。因此必须添加直线到切入和切出运动，在该直线运动中实现刀具半径补偿的启动和取消。

刀具半径应该小于切入直线运动的距离，才可以保证刀具半径补偿不出错。

切入圆弧和切出圆弧的半径与刀具半径的关系为

$$R_t < R_a < R_C$$

式中，R_a 为趋近圆弧的半径；R_t 为刀具半径；R_C 为轮廓半径。

③ 轮廓加工采用顺铣。由于数控机床采用滚珠丝杠，消除了丝杠与螺母的配合间隙，粗精铣普遍采用顺铣。

④ 螺旋槽的数量。选择立铣刀时，尤其是加工中等硬度材料时，首先应该考虑螺旋槽的数量。小直径或中等直径的立铣刀最值得注意，在该尺寸范围内，立铣刀有两个、三个和四个螺旋槽结构，这几种结构的优点是什么？这里材料类型是决定因素。

一方面，立铣刀螺旋槽越少，越可避免在切削量较大时产生积屑瘤。原因很简单，因为螺旋槽之间的空间较大。另一方面，螺旋槽越少，编程的进给率就越小。在加工软的非铁材料（如铝、镁、铜）时，避免产生积屑瘤很重要，所以两螺旋槽的立铣刀可能是唯一的选择，尽管这样会降低进给率。

对较硬的材料刚好相反，因为它需要考虑另外两个因素——刀具颤振和刀具偏移。毫无疑问，在加工含铁材料时，选择多螺旋槽立铣刀会减小刀具的颤振和偏移。

不管螺旋槽数量的多少，通常大直径刀具比小直径刀具刚性好，加工时，刀具偏斜要小。此外，立铣刀的有效长度（夹具表面以外的长度）也很重要，刀具越长偏移越大。对所有的刀具都是如此。

用 $\phi 4$mm 的立铣刀，加工图 4.54 所示的零件外形和内腔轮廓。主轴转速为 2000r/min，铣削深度为 3mm，进给速度为 200mm/min。

```
O0007
N100 G21;                                   公制
N102 G0 G17 G40 G49 G80 G90;
```

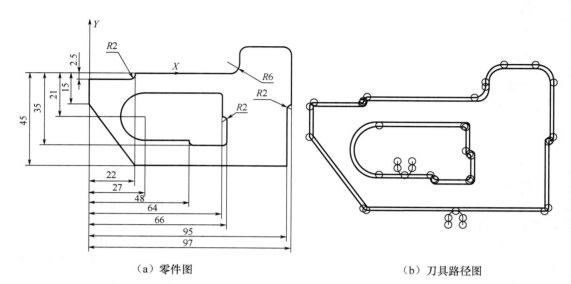

（a）零件图　　　　　　　　　　（b）刀具路径图

图 4.54　加工零件

N104 T1 M6；	T1：ϕ4mm 的立铣刀，换刀
N106 G0 G90 G54 X62.5 Y-53. S2000 M3；	首先加工外轮廓，X62.5 Y-53. 为下到点
N108 G43 H1 Z30.；	H1：刀具长度补偿
N110 Z3.；	
N112 G1 Z-3. F200.；	
N114 G41 Y-49. D1；	使用左补偿 G41，顺铣。从下刀点 X62.5 Y-49. 到 X62.5 Y-53. 距离为 4mm 大于刀具半径（2mm）
N116 G3 X58.5 Y-45. R4.；	
N118 G1 X22.；	
N120 X0. Y-15.；	
N122 Y-2.5；	
N124 X20.；	
N126 G3 X22. Y-.5 R2.；	
N128 G1 Y0.；	
N130 X66.；	
N132 G3 X72. Y6. R6.；	
N134 G1 Y8.；	
N136 G2 X78. Y14. R6.；	
N138 G1 X91.；	
N140 G2 X97. Y8. R6.；	
N142 G1 Y-15.；	
N144 G3 X95. Y-17. R2.；	
N146 G1 Y-45.；	
N148 X58.5；	
N150 G3 X54.5 Y-49. R4.；	
N152 G1 G40 Y-53.；	取消刀具半径补偿
N154 G0 Z30.；	抬刀 Z30.

N156 Y-25.；　　　　　　　　　　　　快移动到内轮廓下到点 X33.5 Y-25.

N158 Z3.；

N160 G1 Z-3.；

N162 G41 D1 Y-29.；　　　　　　　　使用左补偿 G41，顺铣。从下刀点 X33.5 Y-29. 到 X33.5 Y-25. 距离 4mm（内加刀具半径补偿），大于刀具半径（2mm）

N164 G3 X37.5 Y-33. R4.；

N166 G1 X48.；

N168 G3 X50. Y-35. R2.；

N170 G1 X64.；

N172 G3 X66. Y-33. R2.；

N174 G1 Y-23.；

N176 G3 X64. Y-21. R2.；

N178 G1 Y-11.；

N180 G3 X62. Y-9. R2.；

N182 G1 X27.；

N184 G3 Y-33. R12.；

N186 G1 X37.5；

N188 G3 X41.5 Y-29. R4.；

N190 G1 G40 Y-25.；　　　　　　　　取消刀具半径补偿

N192 G0 Z30.；

N194 M5；

N196 G91 G28 Z0.；　　　　　　　　Z 轴返回参考点

N198 G28 X0. Y0.；　　　　　　　　　X、Y 轴返回参考点

N200 M30；

4.2.4　键槽加工

1. 键槽的铣削方法

键槽加工属于窄槽加工。轴上键槽一般用键槽铣刀和立铣刀加工。键槽铣刀有两个刀齿，圆柱面和端面都有切削刃，端面刃延至中心，既像立铣刀又像钻头。立铣刀端部切削刃不过中心刃，不可直接轴向进刀。立铣刀圆柱表面的切削刃为主切削刃，端面上的切削刃为副切削刃。立铣刀加工槽时，一般采用斜插式和螺旋式进刀，也可采用预钻孔的方法。由于键槽铣刀的刀齿数相对于同直径的立铣刀的刀齿数的数量少，铣削时振动大，加工的侧面表面质量相对于立铣刀差。

数控机床加工键槽分为粗加工和精加工，如图 4.55 所示。当用立铣刀粗加工键槽时，采用斜插式进刀，如图 4.55（a）所示，在斜插式的两端，使用圆弧进刀，键槽两侧面留余量，直到键槽槽底。

精加工键槽时，普遍采用轮廓铣削法，如图 4.55（b）所示，顺铣，切向切入和切向切出，加工键槽侧面，保证键槽侧面的粗糙度和键槽的宽度公差。图 4.55（c）所示为粗、精加工两把刀具的走刀路线。

在斜插式的两端，使用圆弧进刀编程比较困难，实际中选择比键槽宽度尺寸小的立铣

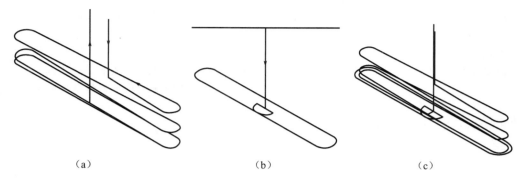

（a） （b） （c）

图 4.55　轮廓铣削法加工键槽

刀斜插式进刀，在斜插式的两端，不使用圆弧进刀，如图 4.56 所示。

当用键槽铣刀粗加工键槽时，键槽铣刀可直接轴向进刀，走刀路线如图 4.57 所示。

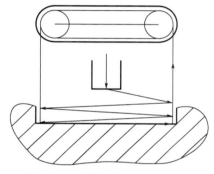

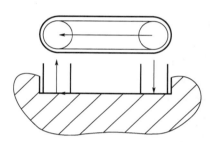

图 4.56　立铣刀粗加工走刀路线　　　　图 4.57　键槽铣刀粗加工走刀路线

2. 装夹方法

按工件的数量和条件，常用装夹方法有以下两种。

（1）用 V 形架装夹（图 4.58）：把圆柱形工件放在 V 形架内，并用压板紧固。这种装夹方法是铣削键槽常用的方法之一。当键槽铣刀的中心对准 V 形架的角平分线时，能保证一批工件上键槽的对称度。铣削时虽对铣削深度有改变，但变化量一般不会超过槽深的尺寸公差。

（2）用抱虎钳装夹（图 4.59）：用抱虎钳装夹轴类零件时，具有用普通虎钳装夹和 V 形架装夹的优点，所以装夹简便迅速。抱虎钳的 V 形槽能两面使用，夹角大小不同，以适应直径的变化。

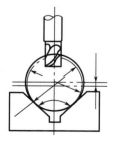

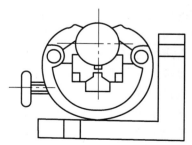

图 4.58　用 V 形架装夹工件铣削键槽　　　图 4.59　用抱虎钳装夹轴类零件

3. 加工实例

加工图 4.60 所示的键槽，键槽加工采用两种方法。

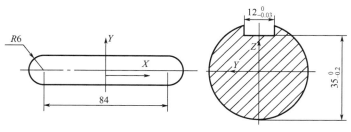

图 4.60　键槽

（1）使用立铣刀斜插式下刀（图 4.61）进行粗铣，立铣刀精铣。立铣刀直径（ϕ10mm）小于键槽宽度，粗铣时键槽侧壁留加工余量。精铣采用圆弧切入、切出，使用刀具半径补偿，顺铣，具体的刀具路径如图 4.62 所示。

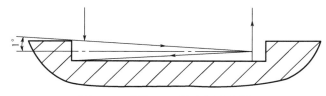

图 4.61　粗加工刀具路径示意图

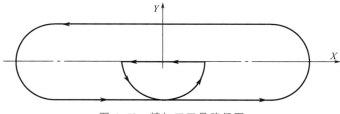

图 4.62　精加工刀具路径图

粗加工程序：

```
O0001
N100 G21;
N110 G0 G17 G40 G49 G80 G90;              系统环境设定
N120 T1;                                  φ10mm 铣刀准备
N125 M6;                                   换刀
N130 G0 G90 X-42. Y0. S400 M3;
N140 G43 H1 Z30.;                          加刀具长度补偿
N150 Z3.;
N160 G1 Z0. F100.;
N170 X42. Z-1.466 F200.;                   斜插下刀开始
N180 X-42. Z-2.932;
N190 X42. Z-4.399;
```

N200 X7.55 Z-5.；   斜插下刀结束

N210 X-42.；

N220 X42.；

N230 Z3. F500.；

N240 G0 Z30.；

N250 M5；   主轴停止

N260 G91 G28 Z0.；   返回 Z 轴参考点

N280 M30；   程序结束

精加工下刀点在 X、Y 的零点。程序如下：

O0002

N100 G21；

N110 G0 G17 G40 G49 G80 G90；

N120 T2； ϕ10mm 立铣刀准备

N125 M06；   换刀

N130 G0 G90 X0. Y0. S400 M3；

N140 G43 H1 Z30.；   加刀具长度补偿

N150 Z3.；

N160 G1 Z-5. F100.；

N170 G41 D1 X-6. F200.； 加刀具半径补偿

N180 G3 X0. Y-6. R6.；   圆弧切入

N190 G1 X42.；

N200 G3 X48. Y0. R6.；

N210 X42. Y6. R6.；

N220 G1 X-42.；

N230 G3 X-48. Y0. R6.；

N240 X-42. Y-6. R6.；

N250 G1 X0.；

N260 G3 X5. Y0. R6.；   圆弧切出

N270 G1 G40 X0.；   取消刀具长度补偿

           N280 Z3. F500.；

           N290 G0 Z30.；

           N300 M5；

           N310 G91 G28 Z0.； 返回 Z 轴参考点

           N330 M30；   程序结束

（2）使用键槽刀粗铣，走刀路线如图 4.63 所示，立铣刀精铣。立铣刀直径 ϕ10mm。精铣采用立铣刀加工，走刀路线如图 4.62 所示。

粗加工程序：

O0003

N100 G21；

N110 G0 G17 G40 G49 G80 G90；

N120 T2； ϕ10mm 键槽

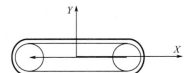

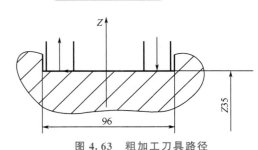

图 4.63　粗加工刀具路径

铣刀准备

N125 M06;　　　　　　　　　　　　　　　　　　　换刀

N130 G0 G54 G90 X-42. Y0. S400 M3;

N140 G43 H1 Z30.;　　　　　　　　　　　　　　　加刀长补

N150 Z3.;

N160 G1 Z-5 F100.;

N170 X42. F200.;

N180 X-42.;

N220 G0 Z30.;

N230 M5;　　　　　　　　　　　　　　　　　　　主轴停止

N240 G91 G28 Z0.;　　　　　　　　　　　　　　　返回Z轴参

考点

N260 M30;　　　　　　　　　　　　　　　　　　　程序结束

4.2.5　孔加工

1. 孔位确定及其坐标值的计算

一般在零件图上孔位尺寸都已给出，但有时孔距尺寸的公差或对基准尺寸距离的公差是非对称性尺寸公差，应将其转换为对称性公差。如某零件图上两孔间距尺寸 $L=90^{+0.055}_{+0.027}$ mm，对称性基本尺寸计算为

$$\frac{(0.055+0.027)\text{mm}}{2}=0.041\text{mm}$$

$$(90+0.041)\text{mm}=90.041\text{mm}$$

对称性公差为 ±0.014 mm。

转换成对称性尺寸 $L=$ （90.041 ± 0.014）mm，编程时按基本尺寸 90.041mm 进行，其实这就是工艺学中讲的中间公差的尺寸。

2. 多孔加工的刀具走刀路线

多孔加工时，孔的位置精度与机床的定位精度有关，而机床的定位精度与控制系统的类型有关。

开环控制系统不具有反馈装置，不能进行误差校正，因此系统精度较低（±0.02mm）。开环控制系统不适合加工位置精度要求高的孔。

闭环控制系统在机床移动部件位置上装有反馈装置，定位精度高（一般可达 ±0.01mm，最高可达 0.001mm），在机床定位精度能够保证孔加工位置的情况下，主要考虑走刀路线最短。考虑到工艺条件的限制，箱体零件孔的位置经济精度为 ±0.05mm，特殊情况下也可达到 ±0.02mm。

半闭环控制系统介于开环、闭环控制系统之间，反馈装置处在伺服机构中，通过检测伺服机构的滚珠丝杠转角，间接检测移动部件的位移。

由于在半闭环控制系统中，移动部件的传动丝杠螺母机构不包括在闭环之内，因此传动丝杠螺母机构的误差仍然会影响移动部件的位移精度。因此，加工位置精度要求较高的孔系时，应特别注意安排孔的加工顺序，消除坐标轴的反向间隙。

刀具路线可有两种计算方法：一种为距离最近法，另一种为配对法。距离最近法是从

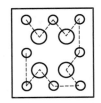 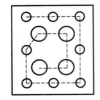

（a）仅考虑路径最近　　（b）综合考虑

图 4.64　走刀路径的优化

起始对象开始，搜寻与该对象距离最近的下一个对象，直到所有对象全部优化为止。图 4.64（a）所示为用距离最近法优化的走刀路线。配对法是以相邻距离最近的两个对象——配对，然后对已配对好的对象再次进行两两配对，直至优化结束。配对法所消耗时间较长，但能获得更好的优化效果。如果在加工中需要使用不同的刀具，这时在路径优化的同时还要考虑刀具的更换分类，否则可能引起加工过程中的多次换刀，反而影响整个加工过程的效率，如图 4.64（b）所示。

3. 加工实例

（1）钻图 4.65 所示零件中的 5 - φ6mm 孔。

① 工艺分析。

a. 5 - φ6mm 孔位置精度要求不高，加工时主要考虑加工效率，应选择刀具最短路线。刀具最短路线不仅需要考虑加工平面，还应考虑 Z 向。钻 5 - φ6mm 孔顺序为 1—2—3—4—5。

b. φ6mm 孔加工工艺：打中心孔，钻 5 - φ6mm 孔，孔口倒角，倒背面孔口角。其中前 3 项加工在数控铣床上完成，第 4 项加工可在普通钻床上完成。第 3 项加工也可在第 1 项打中心孔时完成，只需中心钻柄部直径大于 φ6mm，打中心孔时完成孔口倒角。

c. 孔 3 深度为 70mm，长径比为 70：6，大于 10，钻孔循环指令使用 G83 排屑循环指令，孔 1、2、4、5 长径比小于 5，钻孔循环指令使用 G81 普通钻孔指令。为了缩短走刀路线，孔 1、3、4 钻孔指令中使用 G99，孔 2、5 钻孔指令中使用 G98。

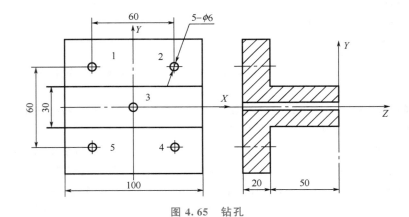

图 4.65　钻孔

② 加工程序。

```
O0001;
G21;
G40 G49 G69 G80;
G00 G90 G17 G54 Z50 M03 S500;          Z50 为安全高度
```

```
G43 Z50 H01;
G99 G81 X-30 Y30 R-47 Z-76 F100;
```
加工孔1，Z-76由三部分组成，刀尖长度取0.3D（D为钻头直径），约为2mm；刀具穿透距离（3～5mm），取4mm；孔底尺寸为Z-70。R点取矩工件表面3mm

```
G98 X30;
```
加工孔2，返回到Z50

```
G99 G83 X0 Y0 R3 Z-76 Q2 F80;
```
加工孔3，每次钻孔深度为2mm

```
G99 G81 X30 Y-30 R-47 Z-76 F100;
```
加工孔4，返回到Z-47

```
G98 Y-30;
```
加工孔5，返回到Z3

```
G80;
G00Z50;
G49;
M05;
M30;
```

（2）加工图4.66所示零件。

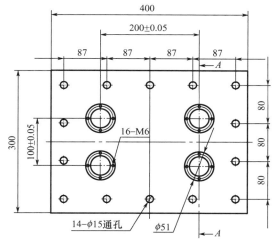

图4.66　数控加工零件图

① 零件工艺分析。

如图4.66所示，零件材质为铸铝，4－ϕ40H7mm孔铸造为实心。零件的工艺注意以下几点。

a. 零件的加工应当遵守"先主要，后次要"的原则，孔加工的先后次序为ϕ40H7mm→ϕ60mm→ϕ15mm→M6孔。数控加工工艺见表4－11。

b. ϕ40H7mm孔的加工工艺为打中心孔→钻孔为ϕ38mm→粗镗为ϕ39mm→半精镗为ϕ39.9mm→精镗ϕ40H7mm。ϕ40H7mm孔的公差为$\phi40_0^{+0.025}$mm，公差带0.025mm，精镗ϕ40H7mm时，镗刀头的尺寸应调节到孔公差的中差，即为ϕ40.013mm。

c. 所有孔都必须首先打中心孔，保证钻孔时孔不会产生歪斜现象。

d. 攻螺纹前的底孔，根据经验公式一般取螺纹公称尺寸的0.8～0.85。M6的底孔取为ϕ5mm，M6的底孔的长径比大于5，钻孔应当采用深孔啄式钻。

e. 4 - φ40H7mm 孔的位置精度比较高（±0.05mm），若控制系统为半闭环系统，镗孔时要注意走刀路径，消除丝杠背隙。

f. 14 - φ15mm 孔、16 - M6 螺孔的位置精度要求比较低，加工时主要考虑最短走刀路径。

g. 为了缩短程序，将 14 - φ15mm、4 - φ40H7mm 和 4 - φ60mm、16 - M6 作成 3 个子程序，通过子程序调用可以大大缩短程序的长度。图样上孔之间的尺寸采用相对标注，为了方便程序检查，子程序也采用相对编程的方法。

表 4 - 11　数控加工工艺

刀号	循环代码	长度偏置	刀具半径	说明和工序
T01	G81	H01	中心钻	钻 14 - φ15mm，4 - φ40H7mm 中心孔
T02	G81	H02	φ38mm	钻 4 - φ40H7mm 孔为 φ38mm
T03	G86	H03	φ39.7mm	粗镗 4 - φ40H7mm 孔为 φ39.7mm
T04	G86	H04	φ39.9mm	半精镗 4 - φ40H7mm 孔为 φ39.9mm
T05	G76	H04	φ40mm	精镗 4 - φ40H7mm
T06	G82	H05	φ60mm	锪 4 - φ60mm 沉孔
T07	G81	H07	φ15mm	钻 14 - φ15mm 通孔
T01	G81	H01	中心钻	钻 16 - M6 中心孔
T08	G83	H06	φ5mm	钻 16 - M6 底孔
T09	G84	H08	M6 丝锥	攻 16 - M6 螺纹孔

② 零件的装夹。

零件在加工中心上的装夹、工件坐标系如图 4.67 所示，Z 轴的零点为工件的上表面。工件采用螺栓、压板方式进行装夹。

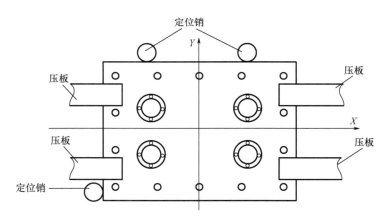

图 4.67　零件在加工中心上的装夹、工作坐标系

③ 零件的加工程序。

零件加工的主程序为 O0001，14 - φ15mm 孔子程序为 O1001，4 - φ40H7mm、φ60mm 孔子程序为 O1002，6 - M6 通孔子程序为 O1003。

主程序：

```
%
O0001
N100 G21；                          公制
N102 G0 G17 G40 G49 G80 G90；       设定工作环境
```

（钻 14－φ15mm，4－φ40H7mm 中心孔）

```
N104 T1 M6；                        换刀
N106 G0 G90 G54 X-174. Y120. S3000 M3；
N108 G43 H1 Z3. ；
N110 G99 G81 Z-15. R3. F200. ；
N112 M98 P1001；                    调用子程序
N114 G80；
N116 G90 X-100. Y50. ；
N118 G99 G81 Z-15. R3. F200. ；
N120 M98 P1002；                    调用子程序
N122 G80；
N124 M5；
N126 G91 G28 Z0. ；
N128 M01；                          选择性停止
```

（钻 4-φ40H7mm 孔为 φ38mm）

```
N130 T2 M6；
N132 G0 G90 G54 X-100. Y50. S400 M3；
N134 G43 H2 Z3. ；
N136 G99 G81 Z-66.416 R3. F100. ；
N138 M98 P1002；                    调用子程序
N140 G80；
N142 M5；
N144 G91 G28 Z0. ；
N146 M01；
```

（粗镗 4-φ40H7mm 孔为 φ39.7mm）

```
N148 T3 M6；
N150 G0 G90 G54 X-100. Y50. S1000 M3；
N152 G43 H3 Z3. ；
N154 G99 G86 Z-51. R3. F100. ；
N156 M98 P1002；                    调用子程序
N158 G80；
N160 M5；
N162 G91 G28 Z0. ；
N164 M01；
```

（半精镗 4-φ40H7mm 为 φ39.9mm）

```
N166 T4 M6；
N168 G0 G90 G54 X-100. Y50. S1000M3；
```

N170 G43 H4 Z3. ;

N172 G99 G86 Z-51. R3. F80. ;

N174 M98 P1002；

N176 G80；

N178 M5；

N180 G91 G28 Z0. ；

N182 M01；

（精镗 φ40H7mm 为 φ40mm）

N184 T5 M6；

N186 G0 G90 G54 X-100. Y50. S1200 M3；

N188 G43 H5 Z3. ；

N190 G99 G76 Z-51. R3. Q0. 1 F60. ；

N192 M98 P1002；

N194 G80；

N196 M5；

N198 G91 G28 Z0. ；

N200 M01；

（锪 4-φ60mm 沉孔）

N202 T6 M6；

N204 G0 G90 G54 X-100. Y50. S2000 M3；

N206 G43 H6 Z3. ；

N208 G99 G82 Z-16. R3. P300 F100. ；

N210 M98 P1002；

N212 G80；

N214 M5；

N216 G91 G28 Z0. ；

N218 M01；

（钻 14-φ15mm 通孔）

N220 T7 M6；

N222 G0 G90 G54 X-174. Y120. S1000 M3；

N224 G43 H7 Z3. ；

N226 G99 G81 Z-59. 506 R3. F100. ；

N228 M98 P1001；

N230 G80；

N232 M5；

N234 G91 G28 Z0. ；

N236 M01；

（钻 16-M6mm 中心孔）

N238 T1 M6；

N240 G0 G90 G54 X-100. Y75. 5 S3000 M3；

N242 G43 H1 Z3. ；

N244 G99 G81 Z-15. R3. F200. ;

N246 M98 P1003；

N248 G80；

N250 M5；

N252 G91 G28 Z0. ；

N254 M01；

（钻 16-M6 底孔）

N256 T8 M6；

N258 G0 G90 G54 X-100. Y75.5 S1000 M3；

N260 G43 H8 Z3. ；

N262 G99 G83 Z-56.502 R3. Q4. F200. ；

N264 M98 P1003；

N266 G80；

N268 M5；

N270 G91 G28 Z0. ；

N272 M01；

（攻 16-M6 螺孔）

N274 T9 M6；

N276 G0 G90 G54 X-100. Y75.5 S300 M3；

N278 G43 H9 Z3. ；

N280 G99 G84 Z-51. R3. P500 F60；

N282 M98 P1003；

N284 G80；

N286 M5；

N288 G91 G28 Z0. ；

N290 G28 X0. Y0. ；

N292 M30；

14-ϕ15mm 孔子程序：

O1001

N100 G91；

N102 X87；   孔 2

N104 X87；   孔 3

N106 X87；   孔 4

N108 X87；   孔 5

N110 Y-80；   孔 6

N112 Y-80；   孔 7

N114 Y-80；   孔 8

N116 X-87；   孔 9

N118 X-87；   孔 10

N120 X-87；   孔 11

N122 X-87；   孔 12

```
N124 Y80;                          孔 13
N126 Y80;                          孔 14
N128 M99;
```

4-φ40H7mm、φ60mm 孔子程序：

```
O1002
N100 G91;
N102 X200;                         孔 16
N104 X-200. Y-100;                 孔 17
N106 X200;                         孔 18
N108 M99;
```

16-M6 通孔子程序：

```
O1003
N100 G91;
N102 X25.5 Y-25.5;                 孔 20
N104 X-25.5 Y-25.5;                孔 21
N106 X-25.5 Y25.5;                 孔 22
N108 X225.5 Y25.5;                 孔 23
N110 X25.5 Y-25.5;                 孔 24
N112 X-25.5 Y-25.5;                孔 25
N114 X-25.5 Y25.5;                 孔 26
N116 X-174.5 Y-74.5;               孔 27
N118 X25.5 Y-25.5;                 孔 28
N120 X-25.5 Y-25.5;                孔 29
N122 X-25.5 Y25.5;                 孔 30
N124 X225.5 Y25.5;                 孔 31
N126 X25.5 Y-25.5;                 孔 32
N128 X-25.5 Y-25.5;                孔 33
N130 X-25.5 Y25.5;                 孔 34
N132 M99;
```

（3）圆周分布孔的加工。

① 螺栓孔圆周分布模式。

在一个圆周上均匀分布的孔称为螺栓孔圆周分布模式或螺栓孔分布模式。由于圆周直径实际上就是分布模式的节距直径，因此该模式也称节距圆周分布模式。它的编程方法跟其他模式尤其是圆弧形分布模式相似，主要根据螺栓圆周分布模式的定位和图中尺寸编程。

螺栓孔圆周分布模式在图样中通常由圆心的 XY 坐标、半径或直径、等距孔的数量及每个孔与 X 轴的夹角定义。

螺栓圆周分布模式中孔的数目可以是任意的，常见的主要有 4、5、6、8、10、12、16、18、20、24。

② 螺栓圆周分布孔的计算公式。

螺栓圆周分布孔的计算可使用一个通用公式，图 4.68 所示为该公式的基本原理。

使用以下的解释和公式，可以很容易计算出任何螺栓圆周分布模式中任何孔的坐标。

两根轴的公式相似。

$$X = \cos[(n-1)B+A] \times R + X_c$$
$$Y = \sin[(n-1)B+A] \times R + Y_c$$

式中，X 为孔的 X 坐标；Y 为孔的 Y 坐标；n 为孔的编号（从 $0°$ 开始，沿逆时针方向）；B 为相邻孔之间的角度（等于 $360°/H$，H 为等距孔的个数）；A 为第一个孔的角度（从 $0°$ 开始）；R 为圆周的半径或圆周直径/2；X_c 为圆周圆心的 X 坐标；Y_c 为圆周圆心的 Y 坐标。

加工图 4.69 所示的工件的所有孔。

加工工艺见表 4-12。

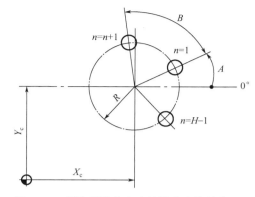

图 4.68 螺栓圆周分布孔计算公式的基本原理

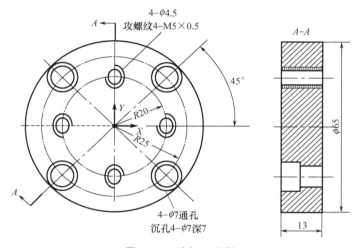

图 4.69 孔加工示例

表 4-12 加工工艺

刀具号	加工操作	刀具名称	刀长补	主轴转速 / (r/min)	进给速度 / (mm/min)
1	钻 4 ϕ7mm 通孔	ϕ7mm 钻头	H01	1800	180
2	铣 4 ϕ10mm 深 7mm 沉孔	ϕ10mm 立铣刀	H02	1000	150
3	钻 4 M5×0.5 螺纹底孔（ϕ4.5）	ϕ4.5mm 钻头	H03	2000	200
4	攻 4 M5×0.5 螺纹	M5×0.5 丝锥	H04	400	200

```
O0001
N102 G0 G17 G40 G49 G80 G90;
N104 T1 M6;                                换刀，φ7mm 钻头
N106 G0 G90 G54 X-17.678 Y17.678 S1800 M3;
N108 G43 H1 Z30;                           在 Z30 处，使用刀长补
N110 G99 G81 Z-17.103 R3. F180.;           钻孔后，刀具回到 R 点
N112 Y-17.678;
```

N114 X17.678；

N116 Y17.678；

N118 G80；   钻孔循环取消

N120 M5；   主轴停止转动

N122 G91 G28 Z0.；   Z轴返回参考点

N124 M01；   选择性停止

N126 T2 M6；   换刀，φ10mm立铣刀

N128 G0 G90 G54 X-17.678 Y17.678 S1000 M3；

N130 G43 H2 Z30.；

N132 G99 G81 Z-7. R3. F150.；

N134 X17.678；

N136 Y-17.678；

N138 X-17.678；

N140 G80；

N142 M5；

N144 G91 G28 Z0.；

N146 M01；

N148 T3 M6；   换刀，φ4.5mm钻头

N150 G0 G90 G54 X0. Y20. S2000 M3；

N152 G43 H3 Z30.；

N154 G99 G81 Z-16.202 R3. F200.；

N156 X-20. Y0.；

N158 X0. Y-20.；

N160 X20. Y0.；

N162 G80；

N164 M5；

N166 G91 G28 Z0.；   Z轴返回参考点

N168 G28 X0. Y0.；   X、Y轴返回参考点

N170 M30；   程序结束，并返回程序开始位置

%   程序传输结束标志

刀具路径如图4.70所示。

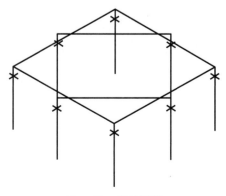

图4.70　刀具路径

习   题

1. 按照"基准先行"的原则，轴类零件加工首先加工中心孔，在数控车床钻中心孔如何保证中心孔的质量和中心孔的同轴度？

2. 轴类零件的装夹一般采用一夹一顶方式，请判定定位方式，并说明判定理由。

3. 外圆加工采用主偏角93°的菱形外圆刀（刀尖角35°），请说明选用该车刀主要考虑的因素。

4. 请说明在何种情况下使用刀尖圆角半径补偿进行轮廓加工？建立刀尖圆角半径补偿主要考虑哪些因素？

5. 通过车削软爪，在掉头车削加工中如何保证轴套类零件两端的同轴度？

6. 螺纹车削，在保证生产效率和正常切削的情况下，宜选择较低的主轴转速，为什么？

7. 为了保证螺纹恒切削量车削，经常采取何种方法？该方法有何优点？

8. 螺纹加工前工件直径一般如何确定？

9. 编程

车削图4.71所示的零件，毛坯为 ϕ80mm 棒料，刀具技术参数见表4-13，工作步骤见表4-14，请编写加工程序。

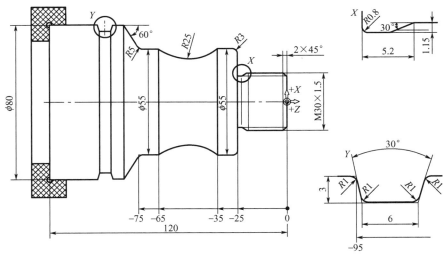

图 4.71　零件图

表 4-13　刀具技术参数

刀具名称	95°外圆粗车刀（刀尖角 80°）	93°菱形车刀（刀尖角 35°）	60°螺纹车刀	3mm 切槽刀
刀具编号	T1	T2	T4	T7
刀尖角度	80°	35°	60°	
刀刃长度或螺纹深度或切削刃宽度/mm	12	12	0.92	3

续表

刀具名称	95°外圆粗车刀（刀尖角80°）	93°菱形车刀（刀尖角35°）	60°螺纹车刀	3mm切槽刀
刀尖半径/mm	0.8	0.4	0.1	0.1
主偏角	95°	93°		
切削速度/（m/min）	200	100	120	100
背吃刀量或切槽深度/mm	2.5	1.5		7
进给速度（mm/r）或螺距mm	0.5	0.5	1.5	0.1

根据加工要求，其加工过程见表4-14。

表4-14　加工过程

工序	工作步骤	刀具
1	95°外圆粗车刀车端面	T1
2	95°外圆粗车刀粗车	T1
3	利用93°菱形车刀粗车剩余材料	T2
4	精车	T2
5	车螺纹	T4
6	车槽	T7

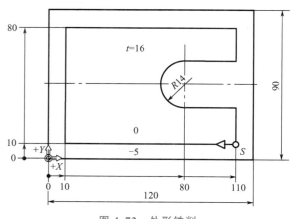

图4.72　外形铣削

10. 面铣刀选择主要考虑哪些参数？

11. 立铣刀选择主要考虑哪些参数？

12. 图4.72中采用 $\phi25$mm立铣刀铣削外形，请根据走刀路线判断铣削方式（顺铣、逆铣），并说明该种铣削方式的优点和缺点。

13. 平面铣削有哪些进刀方式？每种铣削方式在粗、精铣时对刀具走刀路线的要求有何不同？

14. 虎钳装夹时，需要检查固定钳口、虎钳的底平面哪些精度？

15. 封闭的轮廓铣削时，对刀具的切入和切出有何要求？为什么？

16. 铣削圆弧时，切削进给率有时上调，有时下调，为什么？

17. 型腔内切除大部分材料对刀具和切入方法有哪些要求？

18. 编程

在加工中心加工图4.73所示零件，工作步骤见表4-15，请完成零件的编程。

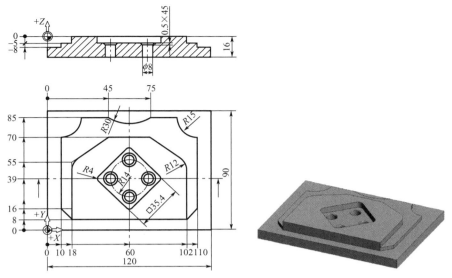

图 4.73　综合编程零件 1

表 4 - 15　工作步骤

工步	刀号	刀具名称	切削速度/(m/min)	进给速度/(mm/min)
外部轮廓铣削到 Z - 8	T2	φ25mm 立铣刀	35	100
内部轮廓铣削到 Z - 5	T2	φ25mm 立铣刀	35	100
矩形铣削	T7	φ8mm 立铣刀	35	25
圆周分布孔钻定心孔、倒角	T1	φ12mm 定心钻	30	100
钻圆周分布孔	T10	φ8mm 钻头	30	150

19. 编程

在加工中心加工图 4.74 所示零件，请拟定工作步骤（表 4 - 16），完成零件的编程。

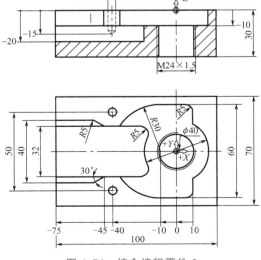

图 4.74　综合编程零件 2

表 4 - 16　工作步骤

工步	刀号	刀具名称	切削速度/(m/min)	进给速度/(mm/min)

第5章
CAD/CAM 技术

学习目标

1. 能够说明 CAD/CAM 的主要技术、编程的基本流程和主要步骤。
2. 能够说明目前市场上主流 CAD/CAM 集成软件的功能、特点、应用领域。
3. 能够说明五轴机床的特点、多轴编程和加工的主要技术。
4. 能够使用 MasterCAM 软件，完成平面、轮廓、孔、槽、曲面的自动编程。

教学要求

知识要求	相关知识	能力要求
能够列出常用 CAD/CAM 软件有哪些，软件的功能特点	国内外与 CAD/CAM 软件相关的软件	能够根据加工工艺要求，使用 MasterCAM 软件，完成简单零件的刀具选择、刀具路径规划、实体验证、数控程序生成
能够说明 CAD/CAM 技术的发展进程、主要阶段	特征建模、参数化设计、变量化技术	
能够说明自动编程的基本流程及主要步骤	数控加工工艺知识	
能够说明平面、轮廓、孔、槽、曲面的主要自动编程方法	多轴加工技术	

数控加工程序编制主要有两种：手工编程和自动编程。手工编程主要用于简单的二维加工编程，复杂的二维和曲面加工普遍采用计算机辅助编程（自动编程）。各种 CAD/CAM 集成软件的应用由来已久，并且日趋成熟，从企业到学校，甚至只有几台机床的创客空间，随处可见 UG、MasterCAM、Cimatron、PowerMill、HyperMill 等 CAD/CAM 集成软件的身影。可以说数控加工的自动编程技术是目前 CAD/CAM 系统中最能明显发挥效益的环节之一，其在实现设计加工自动化、提高加工精度和加工质量、缩短产品研制周期等方面发挥着重要作用。

5.1 CAD/CAM 概述

20 世纪 70 年代后期以来，一个以计算机辅助设计（Computer Aided Design，CAD）技术为代表的新的技术改革浪潮席卷了全世界，它不仅促进了计算机本身性能的提高和更新换代，而且几乎影响到全部技术领域，冲击着传统的工作模式。以 CAD 为代表的先进技术已经并将进一步给人类带来巨大的影响和利益。CAD 的技术水平成了衡量一个国家工业技术水平的重要标志。

CAD 是利用计算机强有力的计算功能和高效率的图形处理能力，辅助知识劳动者进行工程和产品的设计与分析，以达到理想的目的或取得创新成果的一种技术。它是综合了计算机科学与工程设计方法的最新发展而形成的一门新兴学科。CAD 技术的发展是与计算机软件、硬件技术的发展和完善，与工程设计方法的革新紧密相关的。采用 CAD 已是现代工程设计的迫切需要。

计算机辅助制造（Computer Aided Manufacturing，CAM）是指利用计算机来进行产品制造的统称，可以理解为利用计算机辅助完成从原材料到产品的全部制造过程，其中包括直接制造过程和间接制造过程，实际多应用在数控机床程序的编制，包括刀具路径的确定、刀位文件的生成、刀具轨迹仿真及数控程序的生成等。

5.1.1 CAD 技术的应用

CAD 技术目前已应用于国民经济的各个方面，其主要的应用领域有以下几个方面。

1. 制造业中的应用

CAD 技术已在制造业中广泛应用，其中以机床、汽车、飞机、船舶、航天器等制造业应用最为广泛和深入。众所周知，一个产品的设计过程要经过概念设计、详细设计、结构分析和优化、仿真模拟等几个主要阶段。同时，现代设计技术将并行工程的概念引入整个设计过程中，在设计阶段就对产品整个生命周期进行综合考虑。当前先进的 CAD 应用系统已经将设计、绘图、分析、仿真、加工等一系列功能集成于一个系统内。现在较常用的软件有 UG II、I-DEAS、CATIA、Pro/E、Euclid 等 CAD 应用系统。这些系统主要运行在图形工作站平台上。在计算机平台上运行的 CAD 应用软件主要有 Cimatron、SolidWorks、MDT、SolidEdge 等。由于各种因素，目前在二维 CAD 系统中 Autodesk 公司的 AutoCAD 占据了相当的市场。

2. 工程设计中的应用

CAD技术在工程设计领域中的应用有以下几个方面。

(1) 建筑设计：包括方案设计、三维造型、建筑渲染图设计、平面布景、建筑构造设计、小区规划、日照分析、室内装潢等。

(2) 结构设计：包括有限元分析、结构平面设计、框/排架结构计算和分析、高层结构分析、地基及基础设计、钢结构设计与加工等。

(3) 设备设计：包括水、电、暖各种设备及管道设计。

(4) 城市规划：城市交通设计，如城市道路、高架、轻轨、地铁等市政工程设计。

(5) 市政管线设计：如自来水、污水排放、煤气、电力、暖气、通信（包括电话、有线电视、数据通信等）等各类市政管道线路设计。

(6) 交通工程设计：如公路、桥梁、铁路、航空、机场、港口、码头的设计等。

(7) 水利工程设计：如大坝、水渠、河海工程的设计等。

(8) 其他工程设计和管理：如房地产开发及物业管理、工程概预算、施工过程控制与管理、旅游景点设计与布置、智能大厦设计等。

3. 电气和电子电路方面的应用

CAD技术最早曾用于电路原理图和布线图的设计工作。目前，CAD技术已扩展到印刷电路板的设计（布线及元器件布局），并在集成电路、大规模集成电路和超大规模集成电路的设计制造中大显身手，并由此大大推动了微电子技术和计算机技术的发展。

4. 仿真模拟和动画制作

应用CAD技术可以真实地模拟机械零件的加工处理过程、飞机起降、船舶进出港口、物体受力破坏分析、飞行训练环境、作战方针系统、事故现场重现等。在文化娱乐界已大量利用计算机造型仿真出逼真的现实世界中没有的原始动物、外星人及各种场景等，并将动画和实际背景，以及演员的表演天衣无缝地合在一起，在电影制作技术上大放异彩，拍制出一个个激动人心的影片。

5. 其他应用

CAD技术除了在上述领域中的应用外，在轻工、纺织、家电、服装、制鞋、医疗和医药乃至体育方面都会用到。

5.1.2 CAD技术的发展历程

CAD技术主要是用于研究如何用计算机及其外围设备和图形输入输出设备来帮助人们进行工程和产品设计的技术，是随着计算机及其外围设备、图形设备及软件技术的发展而发展的。CAD技术的发展历程主要经历了以下几个时期。

1. 准备和诞生时期（20世纪50—60年代）

1950年，美国麻省理工学院研制出WHIRLWIND 1（旋风1）计算机的一个配件——图形显示器。1958年，美国Calcomp公司研制出由数字记录仪发展成的滚筒式绘图机，美国GerBer公司把数控机床发展成平板式绘图机。20世纪50年代，计算机由电子管组成，用机器语言编程，主要用于科学计算，图形设备仅仅具有输出功能，CAD技术处于

酝酿和准备阶段。20 世纪 50 年代末，美国麻省理工学院在 WHIRLWIND 计算机上开发了 SAGE 战术防空系统，第一次使用了具有指挥功能和控制功能的阴极射线管（Cathode Ray Tube，CRT），操作者可以用光笔在屏幕上确定目标。它预示着交互式图形生成技术的诞生，为 CAD 技术的发展做了必要的准备。

2. 蓬勃发展和进入应用时期（20 世纪 60 年代）

20 世纪 60 年代初，美国麻省理工学院的博士生 Ivan Sutherland 研制出世界上第一台利用光笔的交互式图形系统 SKETCHPAD。但在 20 世纪 60 年代，由于计算机及图形设备价格昂贵、技术复杂，只有一些实力雄厚的大公司才能使用这一技术。作为 CAD 技术的基础，计算机图形学在这一时期得到了很快的发展。20 世纪 60 年代中期出现了商品化的 CAD 设备，CAD 技术开始进入发展和应用阶段。

3. 广泛应用时期（20 世纪 70 年代）

20 世纪 70 年代出现了以小型机为平台的 CAD 系统。同时，图形软件和 CAD 应用支撑软件也不断充实提高。图形设备，如光栅扫描显示器、图形输入板、绘图仪等相继推出和完善。于是，20 世纪 70 年代出现了面向中小企业的 CAD 商品化系统。

4. 突飞猛进时期（20 世纪 80 年代）

20 世纪 80 年代，大规模和超大规模集成电路、工作站和精简指令集计算机等的出现使 CAD 系统的性能大大提高。与此同时，图形软件更趋成熟，二维、三维图形处理技术，真实感图形技术及有限元分析，优化，模拟仿真，动态景观，科学计算可视化等方面都已进入实用阶段。包括 CAD/CAE/CAM 一体化的综合软件包使 CAD 技术又上了一个层次。

5. 日趋成熟的时期（20 世纪 90 年代）

这一时期的发展主要体现在以下几个方面：CAD 标准化体系进一步完善；系统智能化成为又一个技术热点；集成化成为 CAD 技术发展的一大趋势；科学计算可视化、虚拟设计、虚拟制造技术是 20 世纪 90 年代 CAD 技术发展的新趋向。

5.1.3　CAD 技术发展的技术关键及主流产品

CAD 技术发展的技术关键是 CAD 数据模型。在 CAD/CAM 系统中，CAD 的数据模型是一个关键。随着 CAD 建模技术的进步，CAM 才能有本质的发展。三维 CAD 技术发展到现在已经经历了四次技术革命（以 CAD 数据模型为表征的）。由此，使三维 CAD 技术的发展已趋成熟。

目前流行的 CAD 技术基础理论主要有以 Pro/E 为代表的参数化造型理论和以 I-DEAS 为代表的变量化造型理论两大流派，它们都属于基于约束的实体造型技术。而某些 CAD/CAM 系统宣称自己采用的是混合数据模型，实际上是由于它们受原系统内核的限制，在不愿意重写系统的前提下，只能将面模型与实体模型结合起来，各自发挥自己的优点。实际上这种混合模型的 CAD/CAM 系统由于其数据表达的不一致性，其发展空间是受限制的。

目前在国际市场上商品化的 CAD/CAM 软件已有一百多种，下面对部分 CAD/CAM 软件做一个简单的介绍。

（1）Pro/E（Pro/Engineer）。

Pro/E 是美国参数技术公司（PTC）开发的 CAD/CAM 软件，在我国有较多用户。它采用面向对象的统一数据库和全参数化造型技术，为三维实体造型提供了一个优良的平台。其工业设计方案可以直接读取内部的零件和装配文件，当原始造型被修改后，具有自动更新的功能。Pro/E 可谓是一个全方位的 3D 产品开发软件，其模块众多。集成了零件设计、产品装配、模具开发、数控加工、钣金件设计、铸造件设计、造型设计、逆向工程、自动测量、机构仿真、应力分析、产品数据库管理等功能于一体。（如 MOLDESIGN 模块用于建立几何外形，产生模具的模芯和腔体，产生精加工零件和完善的模具装配文件），采用操作界面的完全是视窗化。该软件还支持高速加工和多轴加工，带有多种图形文件接口。

Pro/E 的参数化技术特点如下：

① 基于特征：将某些具有代表性的平面几何形状定义为特征，并将其所有尺寸存为可变参数，进而形成实体，以此为基础来进行更为复杂的几何形体的构造。

② 全尺寸约束：将形状和尺寸结合起来考虑，通过尺寸实现对几何图形的位置和相对关系的控制。造型必须以完整的尺寸参数为出发点（全约束），不能漏标尺寸（欠约束），不能多标尺寸（过约束）。

③ 尺寸驱动设计修改：通过编辑尺寸数值来驱动几何形状的改变。

④ 全数据相关：尺寸参数的修改导致其他相关模块中的相关尺寸得以全盘更新。采用参数化技术的好处在于它彻底改变了自由建模的无约束状态，几何形状均以尺寸的形式而被有效控制。如打算修改零件形状时，只需修改一下尺寸即可实现形状的改变。

（2）I-DEAS。

I-DEAS 是美国 SDRC 公司开发的一套完整的 CAD/CAM 系统，其侧重点是工程分析和产品建模。它采用开放型的数据结构，把实体建模、有限元模型与分析、计算机绘图、实验数据分析与综合、数控编程以及文件管理等集成为一体，因而可以在设计过程中较好地实现计算机辅助机械设计。通过公用接口以及共享的应用数据库，把软件各模块集成于一个系统中。其中实体建模是 I-DEAS 的基础，它包括了工程设计、工程制图、模块、制造、有限元仿真、测试数据分析、数据管理和电路板设计七大模块。如工程设计模块主要用于对产品进行几何设计，它包括实体建模、装配、机构设计等几个子模块。实体建模模块中，用户可以非常方便快捷地进行产品的三维实体造型设计和修改。其所生成的实体三维几何模型是整个工程设计的基础；装配模块通过对给定几何实体的定位来表达组件的关系，并可实现干涉检验及物理特性计算；机构设计模块用来分析机构的复杂运动关系，并可通过动画显示连杆机构的运动过程。有限元仿真可以在设计阶段分析零件在特定工况下内部的受力状态。利用该功能，在满足零件设计要求的基础上，可以充分优化零件的设计。该模块包含前置处理模块、求解和后置处理模块。

I-DEAS 的变量化技术特点如下：

① 尺寸变量直接对应实际模型：采用三维变量化技术，在不必重新生成几何模型的前提下，能够任意改变三维尺寸标注方式。

② 将直接描述和历史树描述相结合：使设计人员可以针对零件上的任意特征直接进行图形化的编辑、修改。从而使用户对其三维产品的设计更为直观和实用。

（3）UG（Unigraphics）。

UG 是美国 EDS 公司发布的 CAD/CAE/CAM 一体化软件，广泛应用于航空航天、汽车、通用机械及模具等领域。国内外已有许多科研院所和厂家选择了 UG 作为企业的 CAD/CAM 系统。UG 可运行于 Windows NT 平台，无论装配图还是零件图设计，都从三维实体造型开始，可视化程度很高。三维实体生成后，可自动生成二维视图，如三视图、轴测图、剖视图等。其三维 CAD 是参数化的，一个零件尺寸修改，可致使相关零件的变化。该软件还具有人机交互方式下的有限元解算程序，可以进行应变、应力及位移分析。UG 的 CAM 模块提供了一种产生精确刀具路径的方法，该模块允许用户通过观察刀具运动来图形化地编辑刀轨，如延伸、修剪等，其所带的后处理程序支持各种数控机床。UG 具有多种图形文件接口，可用于复杂形体的造型设计，特别适合大型企业和研究所使用。

（4）CATIA。

CATIA 最早是由法国达索飞机公司研制，后来属于 IBM 公司，是一个高档 CAD/CAM/CAE 系统，广泛用于航空航天、汽车等领域。它采用特征造型和参数化造型技术，允许自动指定或由用户指定参数化设计、几何或功能化约束的变量式设计。根据其提供的 3D 线架，用户可以精确地建立、修改与分析 3D 几何模型。其曲面造型功能包含了高级曲面设计和自由外形设计，用于处理复杂的曲线和曲面定义，并有许多自动化功能。CATIA 提供的装配设计模块可以建立并管理基于 3D 的零件和约束的机械装配件，自动地对零件间的连接进行定义，便于对运动机构进行早期分析，大大加速了装配件的设计，后续应用则可利用此模型进行进一步的设计、分析和制造。CATIA 具有一个 NC 工艺数据库，存有刀具、刀具组件、材料和切削状态等信息，可自动计算加工时间，并对刀具路径进行重放和验证，用户可通过图形化显示干涉和修改刀具轨迹。该软件的后处理程序支持铣床、车床和多轴加工。

（5）MasterCAM。

MasterCAM 是一种应用广泛的中低档 CAD/CAM 软件，由美国 CNC Soft-ware 公司开发，运行于 Windows 或 Windows NT。该软件三维造型功能稍差，但操作简便实用，容易学习。其加工任选项使用户具有更大的灵活性，如多曲面径向切削和将刀具轨迹投影到数量不限的曲面上等功能。该软件还包括 C 轴编程功能，可顺利将铣床和车削结合。其他功能，如直径和端面切削、自动 C 轴横向钻孔、自动切削与刀具平面设定等，有助于高效的零件生产。其后处理程序支持铣削、车削、线切割、激光加工以及多轴加工。另外，MasterCAM 提供多种图形文件接口，如 SAT、IGES、VDA、DXF 等。

（6）CAXA 电子图板和 CAXA 制造工程师。

CAXA 电子图板和 CAXA 制造工程师是北京北航海尔软件有限公司（原北京航空航天大学华正软件研究所）开发与销售。该公司是从事 CAD/CAE/CAM 软件与工程服务的专业化公司。

CAXA 电子图板是一套高效、方便、智能化、国标化的通用中文设计绘图软件，可帮助设计人员进行零件图、装配图、工艺图表、平面包装的设计。适合所有需要二维绘图的场合，使设计人员可以把精力集中在设计构思上，彻底甩掉图板，满足现代企业快速设计、绘图、信息电子化的要求。

CAXA 制造工程师是自主开发的面向机械制造业的、带有中文界面和三维复杂型面 CAD/CAM 的软件，利用灵活、强大的实体曲面混合造型功能和丰富的数据接口，可以实现产品复杂的三维造型设计；通过加工工艺参数和机床设置的设定，选取需加工的部分，自动生成适合于任何数控系统的加工代码；通过直观的加工仿真和代码反读来检验加工工艺和代码质量。CAXA制造工程师为数控加工行业提供了从造型设计到加工代码生成、校验一体化的全面解决方案，已广泛应用于塑模、锻模、汽车覆盖件拉伸模、压铸模等复杂模具的生产，以及汽车、电子、兵器、航天航空等行业的精密零件加工。

表5-1给出了当今主流的CAD/CAM软件，分为高端、中端、低端。高端CAD/CAM系统提供复杂的产品全生命周期解决方案，包括制造企业所用的三维CAD（含有复杂的曲面功能）、CAM、PDM（Product Data Management，产品数据管理）、CAE和数字化制造等模块。中端产品则主要集中在三维CAD/CAM（包含一般的曲面设计功能）和小型PDM系统，也包含一些互联网支持。低端产品实际上是CAD软件，不含CAM模块，主要是二维CAD系统，系统尽管包含三维造型，但功能相对高、中端产品一般比较弱。

表5-1 主流的CAD/CAM软件

公司名称	高端 CAD/CAM	中端 CAD/CAM	低端 CAD（二维）
Dassault System	CATIA	SolidWorks	—
EDS	UG	SolidEdge	—
SDRC	IDEAS	—	—
PTC	Pro/E	Pro/Desktop	—
CNC	—	MasterCAM	—
Autodesk	—	Inventor、MDT	AutoCAD
北航海尔	—	CAXA	—

5.1.4 CAD/CAM 集成系统

自20世纪60年代开始，CAD、CAM技术就各自独立地发展，国内外研究开发了一批性能优良、相互独立的商品化CAD、CAM系统。这些系统分别在产品设计自动化和产品加工自动化方面起了重要的作用，使企业提高了生产效率，缩短了产品实际加工周期，能够更快更新自己的产品和响应市场的需求。然而这些各自独立的CAD、CAM系统在使用过程中都面临一个同样的问题，即如何将CAD产生的图样完整地转移到CAM系统中。

CAD/CAM系统的集成就是把具有CAD、CAM等不同功能的软件有机地结合起来，用统一的执行机制来组织各种信息的提取、交换、共享和处理，以保证系统内信息的流畅。

5.1.5 产品数据交换标准

在CAD/CAM技术的广泛应用中，由于CAD/CAM集成系统的不同，产品模型在计算机内部的表达也不相同，直接影响设计、制造部门和企业间的产品信息的交换及流动，因此提出了在各个系统中进行产品信息的交换的要求，导致了产品数据交换标准的制定。

1980 年，由美国国家标准局主持成立了由波音公司和通用电气公司参加的技术委员会，制定了初始图形交换规范（Initial Graphics Exchange Specification，IGES），并于 1981 年正式成为美国的国家标准。

IGES 定义了一套表示 CAD/CAM 系统中常用的几何和非几何数据格式，以及相应的文件结构，用这些格式表示的产品定义数据可以通过多种物理介质进行交换。

如数据要从系统 A 传送到系统 B，必须由系统 A 的 IGES 前处理器把这些传送的数据转换成 IGES 格式，而实体数据还要由系统 B 的 IGES 后处理器把其从 IGES 格式转换成该系统内部的数据格式。把系统 B 的数据传送给系统 A 也需相同的过程。

从 1981 年的 IGES 1.0 版本到 1991 年的 IGES 5.1 版本，IGES 逐渐成熟，日益丰富，覆盖了越来越多的 CAD/CAM 数据交换的应用领域。作为较早颁布的标准，IGES 被许多 CAD/CAM 系统接受，成为应用最广泛的数据交换标准，为了得到完整的数据，建议使用 5.3 版本的 IGES 格式。

除了 IGES 数据交换标准以外，20 世纪 80 年代初以来，国外对数据交换标准做了大量的研制、制定工作，也产生了许多标准，如美国的 DXF、ESP、PDES，法国的 SET，德国的 VDAIS、VDAFS，国际标准化组织的 STEP 等。这些标准都为 CAD 及 CAM 技术在各国的推广应用起到了极大的促进作用。

5.1.6　后置处理技术

后置处理技术是数控加工编程的关键技术之一，直接影响 CAD/CAM 软件的使用效果和零件的加工质量、效率及机床的可靠运行，为了能够充分发挥数控机床的优点，实现加工过程的自动化、无人化操作，关键之处在于编制出高质量的数控程序。

后置处理就是根据机床运动结构和控制指令格式，将前置计算的刀位数据（刀心坐标和刀轴矢量）变换成机床各轴的运动数据，并按其控制指令格式进行转换，成为数控机床的加工程序。后处理的任务就是把前置计算的刀位轨迹数据转换成机床能够识别的数控程序。后处理中主要包括机床坐标变换、非线性误差分析、进给速度校核与修正及数控程序生成等。

后置处理过程原则上是解释执行，即每读出刀位原文件中的一个完整的记录，便分析该记录的类型，根据记录类型确定是进行坐标变换还是文件代码转换，然后根据所选数控机床进行坐标变换或文件代码转换，生成一个完整的数据程序段，并写到数控程序文件中去，直到刀位文件结束。后置处理过程的一般流程如图 5.1 所示。后置处理程序包括以下内容。

（1）生成加工程序起始符、终止符。

（2）编辑生成起刀点位置程序段。

（3）编辑生成启动机床主轴、换刀、开关冷却液等程序段。

（4）各类刀具运动程序段的编辑，通常包括以下内容。

① 刀具无切削空行程的程序段。

② 刀具直线插补程序段。

③ 刀具圆弧插补程序段。

④ 刀具抬刀程序段。

⑤ 刀具下刀程序段。

（5）其他辅助功能（M 指令）程序段的编辑等。

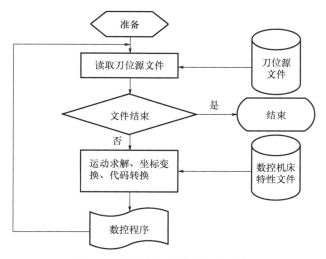

图 5.1　后置处理过程的一般流程

　　后置处理可以分为通用后置处理系统和专用后置处理系统。其中，通用后置处理系统一般指后置处理程序功能的通用化，要求能针对不同类型的数控系统对刀位源文件进行后置处理，输出数控程序。一般情况下，通用后置处理系统要求输入标准格式的刀位源文件，结合数控机床的特性文件，输出的是符合该数控系统指令集合格式的数控程序。其操作流程如图 5.2 所示。

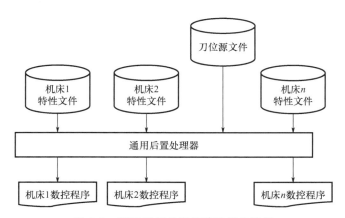

图 5.2　通用后置处理系统的操作流程

　　通用后置处理程序采用开放结构，可采用数据库文件方式，由用户自行定义机床运动结构和控制指令格式，扩充应用系统，使其适合于各种机床和数控系统，具有通用性。对于三轴数控机床后置处理而言，如果控制系统相同，后置处理几乎是通用的。

　　专用后置处理系统只能生成某一特定的数控机床指令，不能对其他数控机床的特性文件进行处理。五轴机床由于机床结构相对复杂，不同的五轴机床在结构上会有本质的差别，再加上五轴控制系统的差别大，因此对于五轴机床来说，专用后置处理程序是不能通用的，常常需要有针对性地加以研究和开发。

5.2 自动编程的基本流程

CAD/CAM 软件中的 CAM 部分有不同的功能模块，如二维平面加工、三轴至五轴联动的曲面加工、车削加工、电火花加工、钣金加工及线切割加工等，用户可根据实际应用需要选用相应的功能模块。这类软件一般均具有刀具工艺参数设定、刀具轨迹自动生成与编辑、刀位验证、后置处理、动态仿真等基本功能。

不同的 CAD/CAM 软件优势不同，有的 CAD 功能强大，有的 CAM 功能强大，在实际应用中应当使用不同软件的优势模块。

1. CAD/CAM 软件编程的基本步骤

不同 CAD/CAM 软件的功能、用户界面有所不同，编程操作也不尽相同，但从总体上讲，其编程的基本原理及基本步骤大体是一致的，如图 5.3 所示。

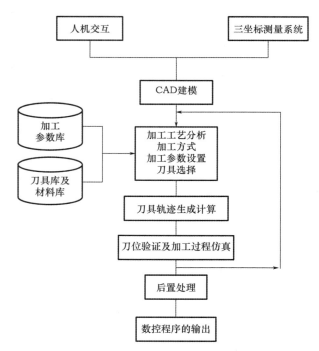

图 5.3 CAD/CAM 软件数控编程的基本原理及基本步骤

① CAD 建模。利用 CAD/CAM 软件的几何建模功能，将零件被加工部位的几何图形准确地绘制在计算机屏幕上。同时在计算机内自动形成零件图形的数据文件。也可借助于三坐标测量仪或激光扫描仪等工具测量被加工零件的形体表面，通过反求工程将测量的数据处理后送到 CAD 系统进行建模。

② 加工工艺分析。这是数控编程的基础。通过分析零件的加工部位，确定装夹位置、

工件坐标系、刀具类型及其几何参数、加工路线及切削工艺参数等。目前该项工作主要仍由编程员采用人机交互方式输入。

③ 刀具轨迹生成计算。刀具轨迹的生成是基于屏幕图形以人机交互方式进行的。用户根据屏幕提示通过光标选择相应的图形目标，确定待加工的零件表面及限制边界，输入切削加工的对刀点，选择切入方式和走刀方式。然后软件系统将自动地从图形文件中提取所需的几何信息，进行分析判断，计算节点数据，自动生成走刀路线，并将其转换为刀具位置数据，存入指定的刀位文件。

④ 刀位验证及加工过程仿真。对所生成的刀位文件进行加工过程仿真，干涉验证走刀路线是否正确合理，是否有碰撞干涉或过切现象。如果用户不满意刀具路径，需要重新设置以得到用户满意的、正确的走刀轨迹。

⑤ 后置处理。后置处理的目的是形成具体机床的数控加工文件。由于各机床所使用的数控系统不同，其数控代码及其格式也不尽相同，因此必须通过后置处理，将刀位文件转换为具体数控机床所需的数控加工程序。

⑥ 数控程序的输出。由于自动编程软件在编程过程中可在计算机内部自动生成刀位文件和数控指令文件，因此生成的数控加工程序可以通过计算机的各种外部设备输出。若数控机床附有标准的 DNC 接口，可由计算机将加工程序直接输送给机床控制系统。

2. CAD/CAM 软件编程特点

CAD/CAM 软件自动数控编程是一种先进的编程方法，与 APT 语言编程比较，具有以下的特点。

① 将被加工零件的几何建模、刀位计算、图形显示和后置处理等过程集成在一起，有效地解决了编程的数据来源、图形显示、走刀模拟和交互编辑等问题，编程速度快、精度高，弥补了数控语言编程的不足。

② 编程过程是在计算机上直接面向零件几何图形交互进行，不需要用户编制零件加工源程序，用户界面友好，使用简便、直观，便于干涉。

③ 有利于实现系统的集成，不仅能够实现产品设计与数控加工编程的集成，而且便于工艺过程设计、刀夹量具设计等过程的集成。

现在，利用 CAD/CAM 软件进行数控编程已成为数控程序编制的主要手段。

5.3　多轴编程技术基础

多轴加工是相对于三轴而言的，加工过程中至少包含一条旋转轴参与运动。旋转轴参与运动并不是意味着旋转轴就一定和平动轴发生联动参与加工。相反，很多时候旋转轴起到定位作用。

多轴联动是数控术语，联动是数控机床的轴按一定的速度同时到达某一个设定的点，五轴联动是五个轴都可以同时到达某一个设定的点。五轴联动数控技术是数控技术中难度最大、应用范围最广的技术，它集计算机控制、高性能伺服驱动和精密加工技术于一体，应用于复杂曲面的高效、精密、自动化加工。国际上把五轴联动数控技术作为一个国家生

产设备自动化技术水平的标志。

加工中，绝大多数的任务三轴机床都是可以完成的，粗略估计三轴完成的占85％。余下的15％需要用到五轴加工，而五轴加工中3＋2加工又占了其中的至少80％，也就是总数的12％，剩下的3％是需要用到五轴联动加工的，这里的五轴联动包含了四轴联动的情形，主要加工零件如叶轮、叶片、航空薄壁件、少数工业设计产品等。

5.3.1 五轴数控机床的结构和加工特点

1. 五轴数控机床的结构

五轴数控机床三个平动坐标轴包括 X、Y、Z 三轴，而旋转轴则是绕着 X、Y、Z 轴旋转分别定义为 A、B、C 轴，其正方向依据右手螺旋定义。实际的五轴联动为 X、Y、Z 轴配合 A、B 轴或 B、C 轴或 A、C 轴 3 种。五轴数控机床虽然旋转轴的形式与配置种类较多，可以合成的五轴联动数控机床的型式多种多样，但仍可以将五轴数控机床分为以下 3 种基本型式。

（1）双转台式机床。

双转台式机床如图 5.4 所示。这类机床的两个旋转运动都由连接放置工件的转台完成。根据旋转运动的回转轴与直线运动的运动轴是否重合，可将双转台式机床分为正交机床和非正交机床。双转台式机床刀轴方向不动，两个旋转轴均在工作台上；工件加工时随工作台旋转，须考虑工作台装夹承重，能加工的工件尺寸比较小。

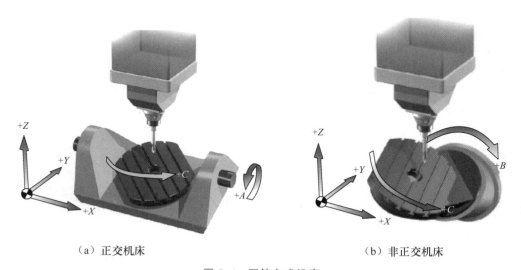

（a）正交机床　　　　　　　　　　（b）非正交机床

图 5.4　双转台式机床

（2）双摆头式机床。

双摆头式机床如图 5.5 所示。与双转台式机床相反，双摆头式机床的工作台不参加运动，整体刚性好。它适合于加工质量大的零件，但因旋转运动全部分配给主轴头，因而铣削加工刀具悬伸长度较大。

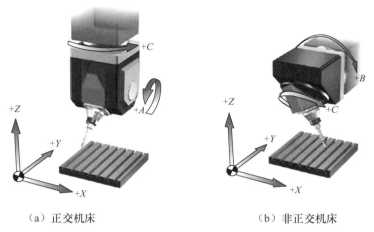

（a）正交机床　　　　　　　　　（b）非正交机床

图 5.5　双摆头式机床

（3）C 型转台——摆头式机床。

C 型转台——摆头式机床如图 5.6 所示。这类机床的特点是转台只绕 C 轴转动，而由摆头完成绕 A 或 B 轴旋转，整体构成 XYZAC 或 XYZBC 型五轴机床。两个旋转轴分别放在主轴和工作台上，工作台旋转，可装夹较大的工件；主轴摆动，可改变刀轴方向。

2. 五轴数控机床的加工特点

五轴加工有利于保证零件加工精度。如图 5.7 所示，叶片的五轴加工采用工序集中原则，在一次装夹中完成三轴加工需多次装夹才能完成的加工内容，减少了装夹误差，便于组织生产、管理。

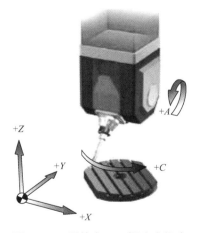

图 5.6　C 型转台——摆头式机床

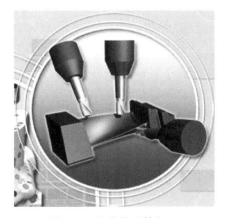

图 5.7　叶片的五轴加工

用更短的刀具伸长加工陡峭侧面，如图 5.8 所示。三轴加工陡峭侧面时，刀具悬伸长、刚性差，刀具受力易弯曲；五轴机床可以使用侧倾角，有利于使用更短的刀具，提高

了加工表面质量和效率。

图 5.8　短刀具加工陡峭侧面

直纹面或斜平面可充分利用平刀底面和刀具侧刃进行加工（图 5.9），加工的效率和质量更高。

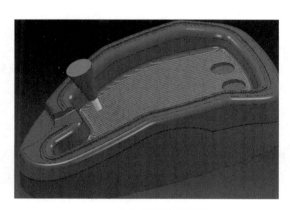

（a）平刀底面加工　　　　　　　　　　　　（b）刀具侧刃加工

图 5.9　刀具底面、侧刃的加工使用

5.3.2　RTCP 功能

RTCP 功能是五轴机床工件旋转中心（Rotation Tool Center Point）的简称。RTCP 功能是指刀轴旋转后为保持刀尖不变，五轴控制器自动计算并执行线性轴补偿。RTCP 编程的运行原理是控制系统保持刀具中心始终在被编程的 XYZ 位置上。为了保持住这个位置，转动坐标的每一个运动都会被 XYZ 坐标的一个直线位移补偿。因此，对于其他传统的数控系统而言，一个或多个转动坐标的运动会引起刀具中心的位移；而对带有 RTCP 功能的数控系统而言，是坐标旋转中心的位移，保持刀具中心始终处于同一个位置，如图 5.10 所示。带有 RTCP 功能的数控系统可以直接编程刀具中心的轨迹，是在执行程序前由显示终端输入的，与程序无关。

5.3.3　刀轴矢量控制

五轴 CAM 系统给出每个切削点刀具的刀位点（X，Y，Z）和刀轴矢量（I，J，K），

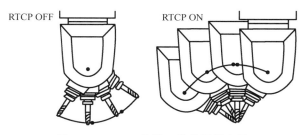

图 5.10　RTCP 旋转刀具编程示意图

五轴后处理器将刀轴矢量（*I*，*J*，*K*）转化为不同机床的旋转轴需要转动的角度（*A*，*B*，*C* 中的两个）；然后计算出考虑了刀轴旋转之后线性轴需要移动的各轴位移（*X*，*Y*，*Z*）。

应用较多的 CAM 软件具有相似的参数设置方式，其中最重要的就是刀轴矢量控制（图 5.11）策略的选择，它决定了加工时刀具相对于工件的位置和姿态。其控制方式主要如下。

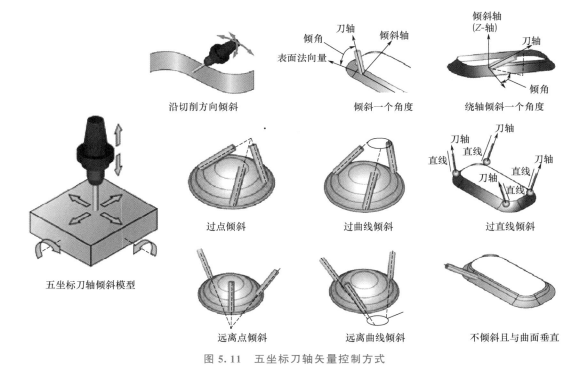

图 5.11　五坐标刀轴矢量控制方式

（1）刀轴通过点。使刀轴总是通过某一固定点从而避免刀尖切削，如图 5.12 所示。

（2）刀轴通过直线。刀轴总是通过直线上的点对齐，从而避免刀尖切削，如图 5.13 所示。

（3）刀轴通过三维曲线。提供了比直线更灵活有效的刀轴控制策略，刀轴总是通过用户定义的曲线，如图 5.14 所示。

（4）驱动曲面。投影方向和刀轴方向由驱动曲面决定，驱动曲面为单一曲面，而模型为多曲面模型，如图 5.15 所示。

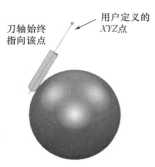

刀轴始终
指向该点

用户定义的
*XYZ*点

图 5.12 刀轴通过点

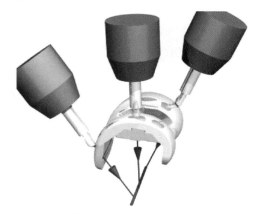

图 5.13 刀轴通过直线

图 5.14 刀轴通过三维曲线

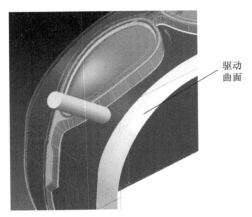

驱动
曲面

图 5.15 刀轴曲面驱动

5.3.4 自动防护、仿真

五轴加工跟三轴加工最大的不同，就是前者由于工作台或刀头的摆动和旋转，加工过程中容易发生主轴或刀头刀具跟工件、夹具、工作台碰撞。通过自动调整刀路防护，仿真（图 5.16），产生无碰撞的程序，并确保最短的刀具伸出长度，在不同的区域应用最适合的切削条件，刀轴矢量过渡平滑，保证加工质量，提高五轴编程加工效率。

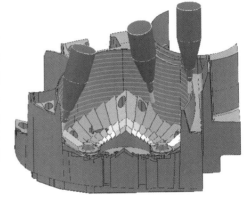

5.3.5 五轴数控加工

图 5.16 自动防护、仿真

五轴数控加工，从加工过程中刀具的摆刀平面与走刀方向的关系来看，其典型种类主要有侧铣加工和端铣加工两类。

1. 侧铣加工

侧铣加工是铣刀的侧刃与工件曲面通过线接触方式加工出曲面。它具有如下优点：刀具可以伸到某些零件曲面通道内部进行加工，从而解决了许多端铣不易解决的曲面加工问题。如内燃机增压器压气机中的整体式叶轮的加工，受结构限制，最好采用侧铣加工。在加工过程中靠改变这类刀具的姿态，以适应曲面上曲率分布，使刀具侧刃与曲面尽可能线接触，将加工误差减小到最小。所以，侧铣（周铣）最适合直纹曲面类零件的加工。

2. 端铣加工

端铣加工是用铣刀底刃与曲面通过点接触加工方式加工出曲面。它的特点是适合加工敞开类曲面，所用刀具包络截形的曲率可在很大的范围内变化，因而可以适应曲面各处的曲率分布情况，获得良好的加工效果。端铣加工的特点决定了端铣加工可以进行复杂曲面的加工，但是其加工效率要比侧铣加工的低。

鼠标

5.4 手机凸模加工基本流程

5.4.1 手机凸模三维造型

手机凸模

五角星

对某直板手机上盖测量，测得其关键数据，上盖基本尺寸如图 5.17 所示。根据所测数据在 MasterCAM X MR2 对曲面进行偏移、整体放大，设计。设计中所用到的命令主要为挤出曲面、牵引曲面、昆氏曲面、平面修整、修剪至曲线、修剪至曲面、曲面倒圆角等，手机凸模模型如图 5.18 所示。

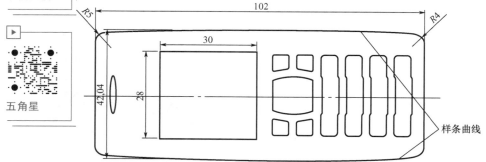

图 5.17 手机上盖基本尺寸

5.4.2 工艺设计

由于手机凸模尺寸不大，可以在板材上完成凸模加工。机床选用三轴立式数控机床。加工材料选用 240mm×60mm×20mm 的铝板，工件装夹采用压板螺栓，凸模的夹紧和加工如图 5.19 所示。

图 5.18 手机凸模模型

图 5.19 凸模的夹紧和加工

为了提高加工效率，粗加工刀具采用 ϕ8mm 立铣刀。为了保证凸模加工质量，模型在精加工时分别采用 ϕ4mm、ϕ2mm 球刀。

（1）粗加工。粗加工的主要目的是去除大量的余量，发现毛坯的内部缺陷，为精加工做好准备，加工效率是考虑的一个很重要的因素。粗加工刀具采用立铣刀，加工预留量为0.2mm。粗加工使用的加工方法有外形铣削（二维）、平行加工。

① 外形铣削（二维），主要是为了将凸模周围的毛坯铣削掉。外形铣削时在深度方向采用分层，在一层上采用多次进刀的方式（平面多次铣削）将余量切除掉。为了保证铣削的侧面加工质量采用顺铣，并使用刀具半径补偿。二维铣削刀具路径简单且容易控制，加工效率高。

② 平行加工，主要是去除凸模表面余量，该加工方法生成的走刀路线简单，并且可用双向进刀切削，加工效率高。在曲面的粗加工上得到普遍应用。

③ 粗加工主要工艺参数见表5-2。

表5-2 粗加工主要工艺参数

项目	参数
刀具材料	高速钢
刀具类型	立铣刀
刀具直径	8mm
主轴转速	1500r/min
编程进给率	400mm/min
实际进给率	200～300mm/min

（2）精加工。精加工使用的加工方法有浅平面加工、环绕等距加工、等高外形加工、交线清角加工和残料清角加工。

① 浅平面加工，适合较平整表面加工，主要加工凸模的上表面。

② 图5.20中曲面①可采用环绕等距、等高外形、流线加工，走刀路线如图5.21所示。

环绕等距用于加工有一定斜度的曲面时，可以生成行距较小的刀具路径，加工的曲面平滑。坡度大的斜面可采用等高外形或陡斜面加工。

图5.20 主要曲面

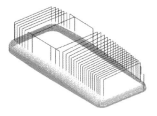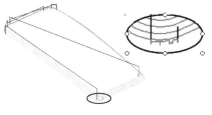

（a）环绕等距　　　　　　（b）等高外形　　　　　　（c）流线

图5.21 走刀路线

图5.21（a）所示环绕等距加工刀具路径的长度介于等高外形和流线之间，走刀路线的方向不断发生变化，行距不均匀，影响加工质量。

图 5.21(b) 所示等高外形加工刀具路径的长度最长，空刀行程也比较长，抬刀、下刀比较频繁，但走刀均匀，加工质量比较好。

图 5.21(c) 所示流线加工刀具路径最短，但在四个圆角处的最后走刀方向发生变化，圆角加工质量比较差。

③ 图 5.20 中按键之间③采用交线清角加工。一般用直径较大的球刀加工时，很多直径较小的根部圆角无法加工，必须用直径较小的球刀来铣削。残料清角加工，主要是交线清角加工后，还会有很小的一些残料，用该法就可以将其去除干净。

④ 图 5.20 中的②处小曲面坡度变化比较均匀，为了提高图 5.20 中的②处小曲面的质量，采用环绕等距加工。

精加工工艺参数见表 5－3。

表 5－3　精加工工艺参数

项目	参数
刀具材料	高速钢
刀具类型	球头铣刀
刀具直径	4mm、2mm
主轴转速	2500r/min，3000r/min
编程进给率	400mm/min
实际进给率	300～350mm/min

5.4.3　刀具路径生成

在 Masrtercam X MR2 中打开手机凸模文件，如图 5.22 所示。

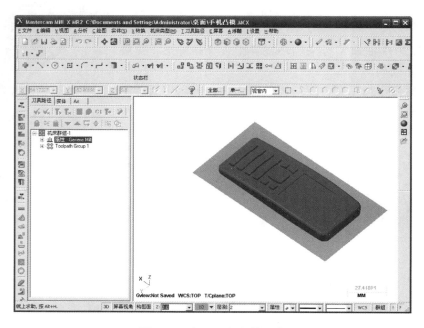

图 5.22　打开手机凸模文件

1. 外形铣削

利用二维轮廓加工将手机轮廓外围多余量清除。按 Alt＋Z 打开"层别管理"对话框，如图 5.23 所示，打开 1 号图层，关闭其他图层，如图 5.24 所示。

图 5.23　图层的显示

图 5.24　图层的打开、关闭

选择"刀具路径"→"外形铣削"选项，在"串连设置"对话框中选择"部分串连"，打开"等待"状态，如图 5.25 所示。将外形全部串连，如图 5.26 所示。

注意串联方向，外轮廓顺时针为顺铣，内轮廓逆时针为顺铣。

图 5.25　串连设置

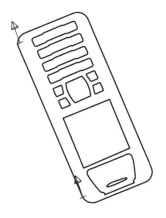

图 5.26　串联外形

单击"确认"按钮，打开"外形（2D）"对话框。在"刀具参数"选项卡中从刀库文件中选取 φ8mm 立铣刀，如图 5.27 所示。

在外形加工参数选项卡中设置参数，如图 5.28 所示。工件的 Z 轴零点设置在工件表

265

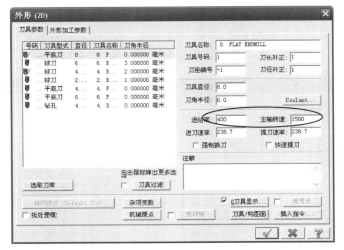

图 5.27　外形对话框

面，参考高度不宜设置过大，设置为 20，使用绝对坐标。刀具补正形式为控制器，补正为左。（使用存储器中的刀具半径补偿）。

XY 方向预留量设为 0.5，0.5 为外形精铣余量。

单击"平面多次铣削"按钮，在"XY 平面多次铣削设置"对话框，设置粗切次数为 3，间距为 6，精修次数为 0，选中"不提刀"选项，如图 5.29 所示。

单击"Z 轴分层铣深"按钮，"深度分层切削设置"对话框，设置最大粗切步进量为 5，选中"不提刀"选项，如图 5.30 所示。这样可以使刀具在深度方向每次进刀深度均匀。

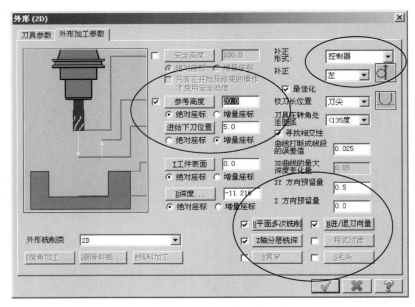

图 5.28　外形加工参数选项卡

图5.29　XY平面多次铣削设置

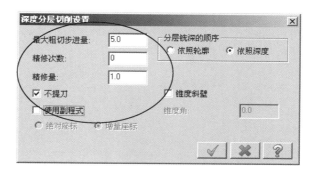

图5.30　深度分层切削设置

　　单击"进/退刀向量"按钮，在"进/退刀向量设置"对话框，设置进、退刀参数，如图5.31所示。采用圆弧切入和切出，保证接刀出光滑。

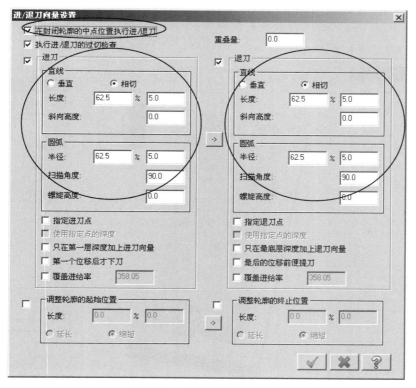

图5.31　进/退刀向量设置

　　单击"确定"按钮，生成刀具路径，如图5.32所示。（只需要显示1号图层。）

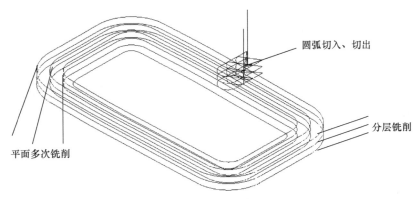

图 5.32　刀具路径 1

图 5.33　实体验证

在图 5.33 中，单击"验证已选择的操作" ⬛ 按钮，打开"实体切削验证"对话框，如图 5.34 所示。在对话框中单击"机器" ▶ 按钮进行实体模拟加工，结果如图 5.35 所示，在验证结束的"实体切削验证"对话框中，单击"素材以文件形式存储" 🖫 按钮，如图 5.36 所示，在"另存为"对话框（图 5.37）中保存素材文件，格式为 .STL。存储的素材可作为下一个加工方法的材料。

图 5.34　实体切削验证

图 5.35　实体切削验证结果 1

图 5.36　实体切削

2. 曲面粗加工

按 Alt＋Z 打开"层别管理"对话框，打开所有图层。选择"刀具路径"→"曲面粗加工"→"粗加工平行铣削加工"选项，在弹出的对话框中选中"凸"，如图5.38所示。

图 5.37　素材保存

图 5.38　选取工件的形状

图 5.39　刀具路径的
曲面选取

单击"确定"按钮，系统打开"刀具路径的曲面选取"对话框。在对话框中单击加工曲面下的"选择" 按钮，如图5.39所示，然后在图形中选择加工的曲面。选择加工曲面可通过框选选择，然后通过单击去除不需要的加工面。单击加工曲面下的"显示"按钮（图5.39），加工曲面如图5.40所示。

用同样的方法可选取干涉曲面，干涉曲面如图5.41所示。

单击"确定"按钮（图5.39），在"曲面粗加工平行铣削"对话框中的"刀具参数"选项卡中选取 φ8mm 立铣刀，设置主轴转速、进给率，如图5.42所示。

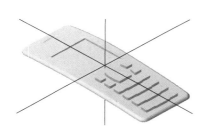

图 5.40　加工曲面1

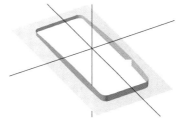

图 5.41　干涉曲面2

在"曲面加工参数"选项卡中设置粗加工预留量为0.5，如图5.43所示。

在"粗加工平行铣削参数"选项卡中设置加工参数，切削方式为双向，最大切削间距为6.0，最大Z轴进给为1.5，如图5.44所示。

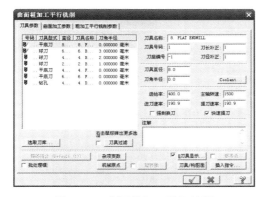

图 5.42　曲面粗加工平行铣削

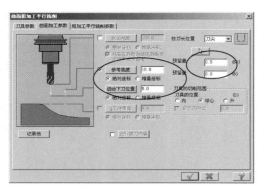
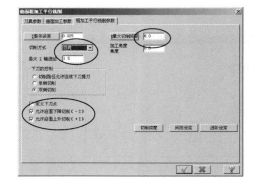

图 5.43　曲面加工参数　　　　　　　　图 5.44　粗加工平行铣削

单击"确定"按钮，生成加工刀具路径，如图 5.45 所示。

只显示单一操作所加工的曲面和刀具路径时，需要关闭其他曲面所在的图层，并设置刀具路径显示方式。在图层管理器中，关闭 12 图层，在对象管理器中单击"单一显示已选择刀具的路径" 按钮，如图 5.46 所示。

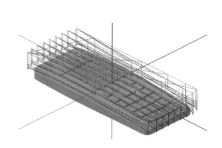

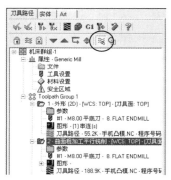

图 5.45　刀具路径 2　　　　　　　　图 5.46　刀具路径显示、关闭

单击对象管理器中的"验证已选择的操作" 按钮 ，在"实体切削验证"对话框中单击"参数设定" 按钮，弹出的"验证选项"对话框，如图 5.47 所示，先选中"文件"，再单击 按钮，在弹出的"打开"对话框（图 5.48）中选择以前保存的素材文件，然后单击"打开"按钮和"验证选项"对话框中的"确定"按钮。

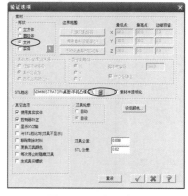

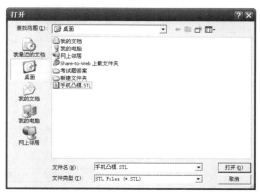

图 5.47　验证选项　　　　　　　　图 5.48　打开 STL 文件

在"实体切削验证"对话框中单击"机器"按钮，进行实体验证，结果如图 5.49 所示。然后将实体保存为素材文件，作为下一个操作的加工素材，方法与"外形铣削"中使用的方法相同。

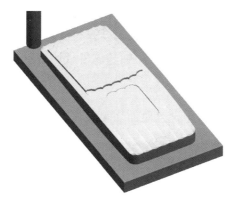

图 5.49　实体切削验证结果 2

在实际的自动编程过程中，一般我们都将第一个操作验证后的素材保存为 .STL 文件，作为下一个操作的加工素材。在本书以后的内容中如果没有特别强调，上一个操作验证后的素材将作为下一个操作的加工素材使用。

3. 外形精铣

按 Alt＋Z 打开"层别管理"对话框，打开 1 号图层，关闭其他图层。选择"刀具路径"→"外形铣削"选项，打开"串连设置"对话框，如图 5.25 所示，选择"部分串连"，打开"等待"状态，将外形全部串连。在"外形（2D）"对话框的"刀具参数"选项卡中，选取 φ8mm 立铣刀，并设定主轴转速和进给率。"外形加工参数"选项卡的设置如图 5.50 所示，XY 方向预留量为 0，进/退刀向量的参数设置与外形粗加工铣削相同。实体切削验证结果如图 5.51 所示。

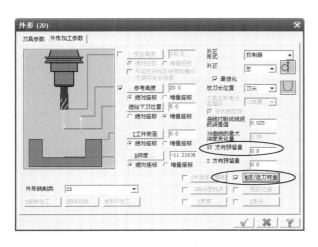

图 5.50　外形加工参数的设置

图 5.51　实体切削验证结果 3

4. 浅平面加工

选择"刀具路径"→"曲面精加工"→"精加工浅平面加工"选项，加工曲面和干涉曲面设置与粗加工平行铣削相同。

球头铣刀在浅平面加工时，实际的刀具切削直径往往小于铣刀的直径，刀具切出的表面质量比较差，所以应当适当地提高主轴转速。在实际操作中可通过旋转数控机床控制面板上的"主轴转速修调（倍率）"旋钮对主轴转速进行调整。

在"曲面精加工浅平面"对话框的"刀具参数"选项卡中，选取 φ4mm 球刀，设置刀具参数，如图 5.52 所示。

在"曲面加工参数"选项卡中设置曲面加工参数，如图 5.53 所示。

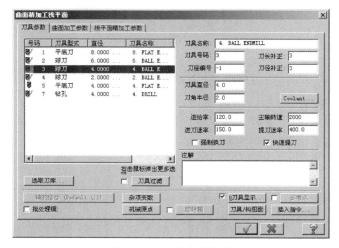

图 5.52　刀具参数设置

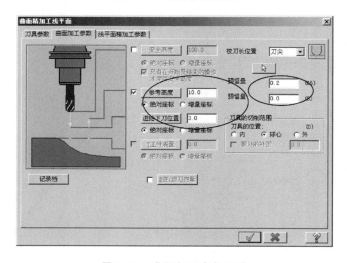

图 5.53　曲面加工参数设置

在"浅平面精加工参数"选项卡中设置参数，最大切削间距为 0.5，切削方式为 3D 环绕，如图 5.54 所示。

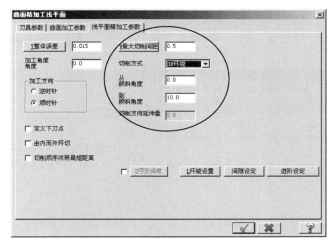

图 5.54　浅平面精加工参数

单击"确定"按钮，生成刀具路径，如图 5.55 所示。实体切削验证结果如图 5.56 所示。

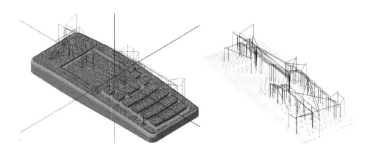

图 5.55　刀具路径 3

图 5.56　实体切削验证结果 4

5. 等高外形加工

选择"刀具路径"→"曲面精加工"→"精加工等高外形"选项，选择加工曲面，如图 5.57 所示。

选择干涉曲面，如图 5.58 所示。

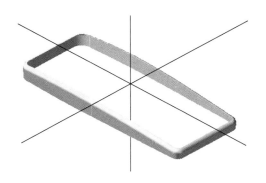

图 5.57　加工曲面 2

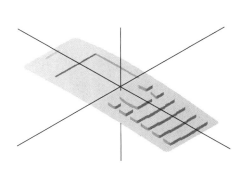

图 5.58　干涉曲面 3

在"曲面精加工等高外形"对话框的"刀具参数"选项卡中，选取 φ4mm 球刀，设置刀具参数，如图 5.59 所示。在"曲面加工参数"选项卡中设置曲面加工参数，如图 5.60 所示。

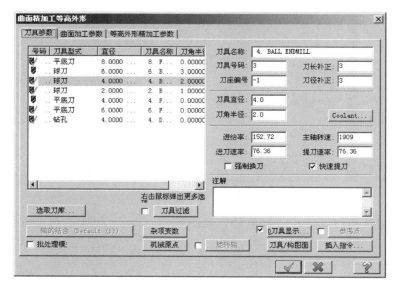

图 5.59　曲面精加工等高外形刀具参数

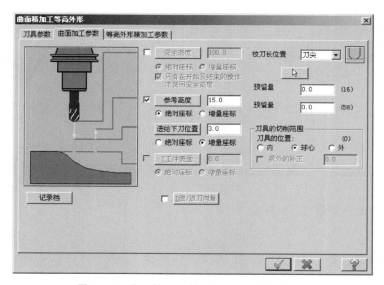

图 5.60　曲面精加工等高外形曲面加工参数

在"等高外形精加工参数"选项卡中设置参数，如图 5.61 所示。

单击"确定"按钮，生成刀具路径，如图 5.62 所示。

6. 交线清角

选择"刀具路径"→"曲面精加工"→"精加工交线清角"选项，选择加工曲面，如图 5.63所示。

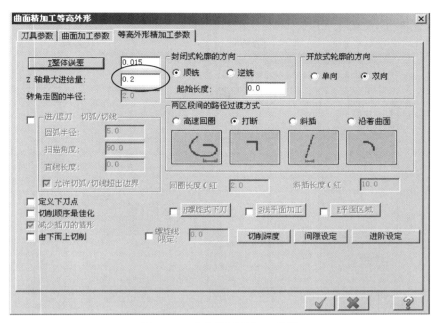

图 5.61 等高外形精加工参数

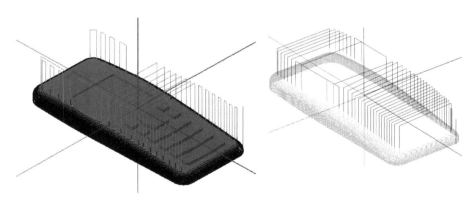

图 5.62 刀具路径 4

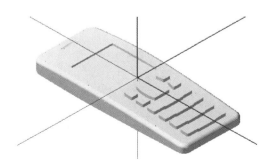

图 5.63 加工曲面 3

在"曲面精加工交线清角"对话框的"刀具参数"选项卡中，选取 φ2mm 球刀，设置刀具参数，如图 5.64 所示。

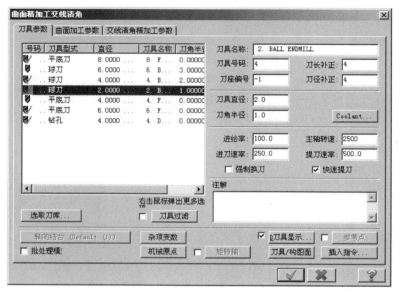

图 5.64　曲面精加工交线清角刀具参数

分别在"曲面加工参数"和"交线清角精加工参数"选项卡中设置加工参数，如图 5.65、图 5.66 所示。

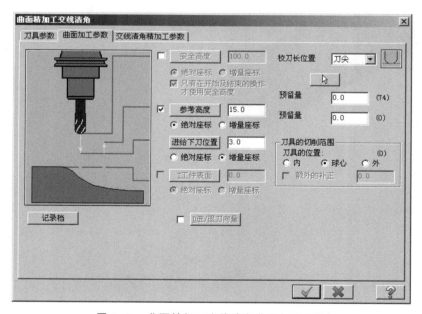

图 5.65　曲面精加工交线清角曲面加工参数

单击"确定"按钮，生成刀具路径，如图 5.67 所示。

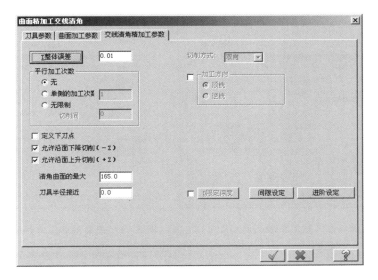

图 5.66　交线清角精加工参数

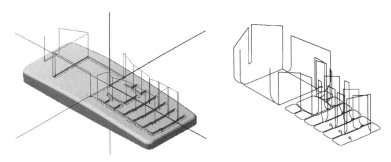

图 5.67　刀具路径 5

7. 残料清角

选择"刀具路径"→"曲面精加工"→"精加工残料清角"选项，选择加工曲面和干涉曲面，如图 5.68，图 5.69 所示。

在"曲面精加工残料清角"对话框的"刀具参数"选项卡中，选取 φ2mm 球刀，设置刀具参数，如图 5.70 所示。

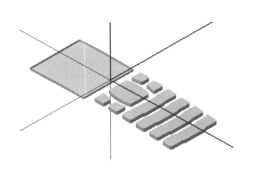

图 5.68　加工曲面 4

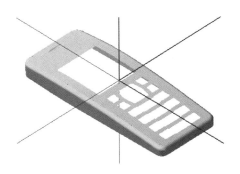

图 5.69　干涉曲面 4

在"曲面精加工残料清角"对话框的"曲面加工参数"选项卡中设置曲面加工参数，如图 5.71 所示。

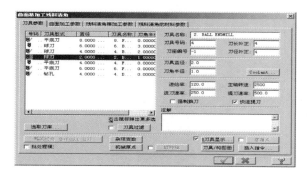

图 5.70　曲面精加工残料清角刀具参数

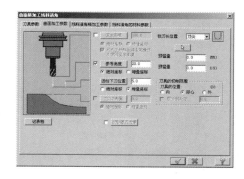

图 5.71　曲面精加工残料清角曲面加工参数

在"曲面精加工残料清角"对话框的"残料清角精加工参数"选项卡中设置参数，如图 5.72 所示。

在"曲面精加工残料清角"对话框的"残料清角的材料参数"选项卡中设置参数，如图 5.73 所示。

单击"确定"按钮，生成刀具路径，如图 5.74 所示。

8. 环绕等距

选择"刀具路径"→"曲面精加工"→"曲面精加工环绕等距"选项，选择加工曲面和干涉曲面，如图 5.75、图 5.76 所示。

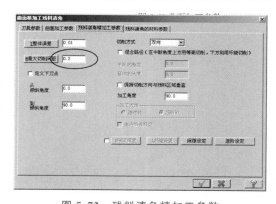

图 5.72　残料清角精加工参数

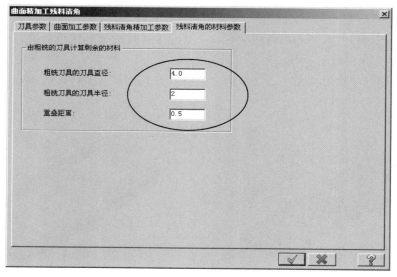

图 5.73　残料清角的材料参数

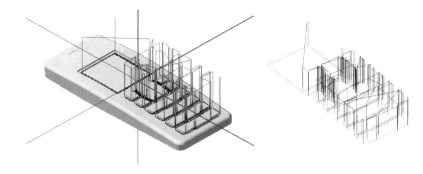

图 5.74   刀具路径 6

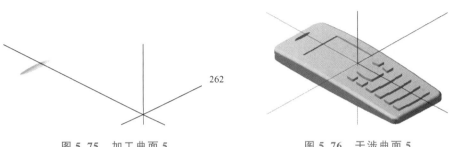

图 5.75   加工曲面 5   图 5.76   干涉曲面 5

在"曲面精加工环绕等距"对话框的"刀具参数"选项卡中，选取 φ2mm 球刀，设置刀具参数，如图 5.77 所示。

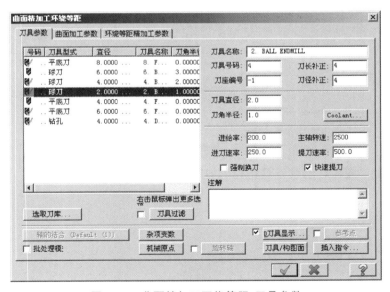

图 5.77   曲面精加工环绕等距-刀具参数

在"曲面精加工环绕等距"对话框的"曲面加工参数"选项卡中设置参数，如图 5.78 所示。

在"环绕等距精加工参数"选项卡中设置参数，如图 5.79 所示。

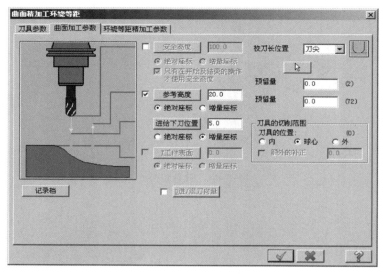

图 5.78　曲面精加工环绕等距--曲面加工参数

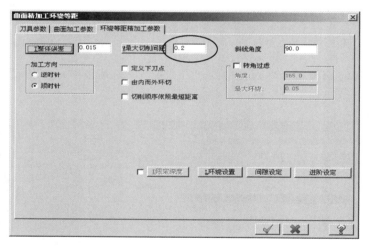

图 5.79　曲面精加工环绕等距--环绕等距精加工参数

单击"确定"按钮，生成刀具路径，如图 5.80 所示。

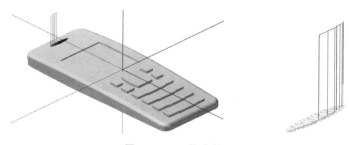

图 5.80　刀具路径 7

9. 钻孔

为了合模后装配的需要，在凸模上钻销孔，选择"刀具路径"→"钻孔"选项，依次选取钻孔的位置，如图 5.81 所示。

图 5.81 选取钻孔点

单击"确定"按钮。在"深孔啄钻"对话框的"刀具参数"选项卡中，选取 φ4mm 钻头，设置刀具的参数，如图 5.82 所示。

在"深孔啄钻-完整回缩"选项卡中，设置钻孔深度和钻孔类型，如图 5.83 所示。

单击"确定"按钮，完成钻孔的设置。

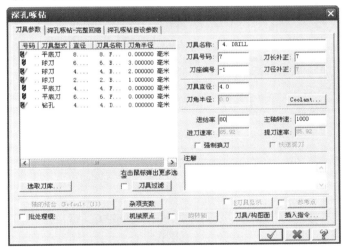

图 5.82 深孔啄钻刀具参数

5.4.4 实体验证

在完成所有的粗加工和精加工的设置后，需要对所有的操作进行一次完整的实体验证。在对象管理器中，单击"选择全部操作"![按钮]按钮，然后单击"验证已选择的操作"![按钮]按钮。在"实体验证切削"对话框中，设置验证速度、打开详细模式。实体验证时，在状态栏中自动显示机床坐标，如图 5.84、图 5.85 所示。实体验证结果如图 5.86 所示。凸模零件模型如图 5.87 所示。

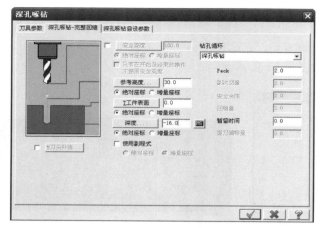

图 5.83 深孔啄钻-完整回缩

图 5.84 参数设定

图 5.85 验证过程的机床坐标显示

图 5.86 实体验证结果

图 5.87 凸模零件模型

5.5 电话机上面板三维加工

通过 MasterCAM X MR2 曲面造型功能完成电话机上面板曲面设计后，再利用 MasterCAM X MR2 完成自动编程。

5.5.1 电话机上面板三维造型

电话机上面板造型使用的主要造型方法为利用牵引曲面生成四周曲面、上曲面、听筒曲面，牵引角度分别为 3°、0°、−15°；利用曲线修剪曲面在面板曲面上生成条状孔和商标曲面。按钮的生成先使用曲线修剪曲面生成按钮孔，然后利用昆氏曲面生成按钮曲面，对生成的按钮曲面进行移动复制即可生成所有的按钮，电话机上面板凸模如图 5.88 所示。

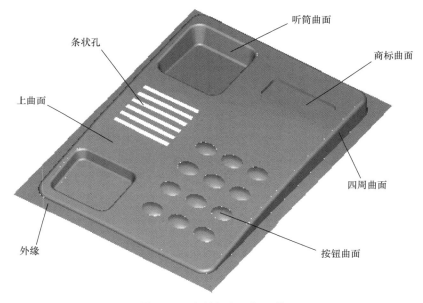

图 5.88 电话机上面板凸模

5.5.2 工艺设计

电话机上面板加工使用铸铝，毛坯为方料。在普通铣床上加工方料的 6 个面，加工尺寸至130mm×100mm×15mm。数控机床为立式三轴联动的铣床，方料在数控机床上采用虎钳装夹。方料的上表面的中心为工件坐标系零点。

加工中需要使用 φ8mm 立铣刀、圆鼻刀、球刀，φ4mm 球刀，φ2mm 球刀，第一把刀使用工件上表面对刀，其他刀具的对刀点为外缘上表面。因此对刀时需要根据图形确定外缘上表面距工件上表面的距离，距离为 8.494mm。

电话机上面板凸模主要的粗加工包括为外形铣削、平行铣削，精加工为环绕等距加工、等高外形加工、浅平面加工、交线清角加工、残料清角加工。

1. 粗加工

（1）用 φ8mm 的立铣刀采用"外形铣削"进行二维铣轮廓，粗切出四周曲面的轮廓。四周曲面和底面各留余量 0.25mm，如图 5.89 所示。

（2）用 φ8mm 的立铣刀采用"平行铣削"加工整个凸模上表面，留余量 0.25mm，如图 5.90 所示。

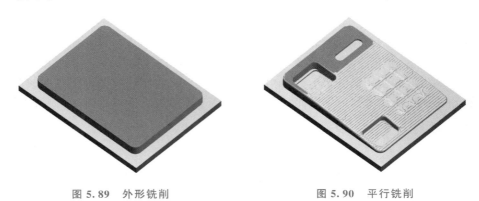

图 5.89　外形铣削　　　　　　　　图 5.90　平行铣削

2. 精加工

（1）等高外形加工。用 φ8mm 的圆鼻刀采用"等高外形"切除四周曲面的切削余量。如图 5.91 所示。由于四周曲面在造型时牵引角度为 3°（有的书也介绍为拔模角度），为了保证四周曲面的加工质量，不宜使用立铣刀。如果使用球刀，考虑刀具的刚性，刀具的直径比较大，无法清角。需要使用立铣刀来进行清角，接刀质量比较差。因此"四周曲面"加工比较理想的刀具为圆鼻刀，刀鼻半径可选 0.5～1mm。

使用圆鼻刀可以提高刀具的强度和刚性，而且由于刀鼻半径比较小，"四周曲面"的加工质量比较好。

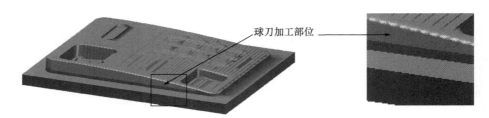

球刀加工部位

图 5.91　等高外形切除四周曲面余量

（2）环绕等距加工外缘曲面。用 φ8mm 的立铣刀采用"环绕等距"切除外缘曲面上的切削余量，并对"四周曲面"根部清角，如图 5.92 所示。

（3）浅平面加工。用 φ4mm 的球刀采用"浅平面加工"切除手机上曲面、商标曲面等粗加工留下的切削余量，如图 5.93 所示。浅平面加工的曲面范围由倾斜角度的范围（0°～10°）确定，大于最大倾斜角度的曲面浅平面加工无法加工，需要使用其他的曲面加工方法加工。

图 5.92　环绕等距加工外缘曲面

图 5.93　浅平面加工

（4）环绕等距加工上曲面及按钮曲面。用 $\phi 2mm$ 的球刀采用"环绕等距"切除上曲面边缘处圆角过渡及按钮曲面，如图 5.94 所示。

（5）环绕等距加工听筒曲面。用 $\phi 2mm$ 球刀采用"环绕等距"加工听筒曲面，如图 5.95 所示。听筒曲面的倾斜度比较大，也可使用平行陡斜面加工方法，但需要在两个方向进刀。平行陡斜面加工的两种进刀角度如图 5.96 所示。

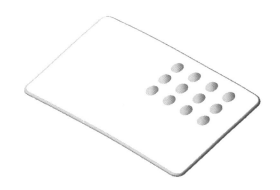

图 5.94　环绕等距加工上曲面及按钮曲面

图 5.95　环绕等距加工听筒曲面

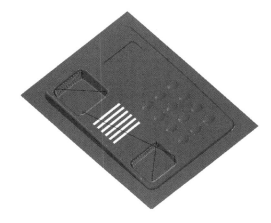

（a）0°加工角度

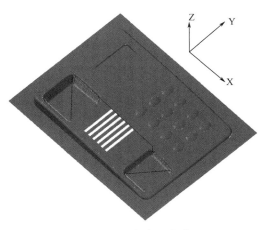

（b）90°加工角度

图 5.96　平行陡斜面加工的两种进刀角度

（6）交线清角。加工上曲面采用 φ4mm 的球刀进行浅平面加工、环绕等距加工，在两曲面的交线处留有余量，需要用 φ2mm 球刀采用"交线清角"进行清角处理，如图 5.97 所示。

（7）残料清角。由于使用"交线清角"产生的残料可用 φ2mm 的球刀采用"残料清角"加工，如图 5.98 所示。

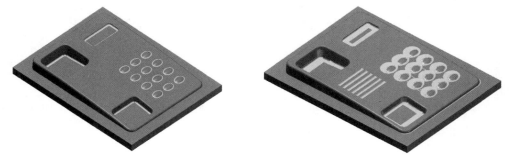

图 5.97　交线清角　　　　　　　　　　图 5.98　残料清角

（8）外形铣削。用 φ2mm 的球刀采用"外形铣削"加工，在曲面上进行刻字加工，如图 5.99 所示。

图 5.99　外形铣削

3. 加工参数

电话机凸模加工的主要方法和加工参数见表 5 - 4，刀具材质为高速钢。

表 5 - 4　电话机凸模加工的主要方法和加工参数

工序	加工方法（数量）	刀具	主轴转速/（r/min）	背吃刀量/mm	进给速度/（mm/min）
粗加工	外形铣削	φ8mm 立铣刀	2000	2	100
粗加工	平行铣削	φ8mm 立铣刀	2000	2	100
精加工	等高外形加工	φ8mm 圆鼻刀	2000	2	100
精加工	环绕等距加工	φ8mm 圆鼻刀	2000	1.5	100
精加工	浅平面加工	φ4mm 球刀	2500	0.25	200

续表

工序	加工方法 （数量）	刀具	主轴转速/ (r/min)	背吃刀量 /mm	进给速度 (mm/min)
精加工	环绕等距加工	φ2mm 球刀	2500	0.25	300
精加工	环绕等距加工	φ2mm 球刀	2500	0.25	300
精加工	交线清角加工	φ2mm 球刀	2500	—	300
精加工	残料清角加工	φ2mm 球刀	2500	0.2	300
精加工	外形铣削	φ2mm 球刀	2500	1	100

5.5.3　刀具路径生成

在 MasrterCAM X MR2 中打开电话机上面板文件，如图 5.100 所示，按下 F9 键打开工件坐标系。

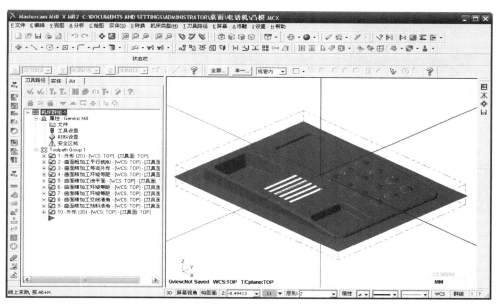

图 5.100　文件打开

1. 外形铣削

利用二维轮廓加工清除手机轮廓外围多余量。按 Alt＋Z，打开"层别管理"对话框，仅打开 7 号图层，关闭其他图层。选择"刀具路径→"外形铣削"选项，在"串连设置"对话框中选择"串连 c"外形串连（串联方向为顺时针，保证顺铣），如图 5.101 所示。刀具参数设定如图 5.102 所示，外形加工参数设定如图 5.103 所示。刀具路径如图 5.104所示。

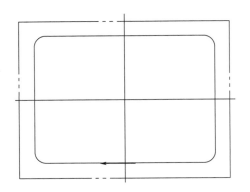

图 5.101　外形串联

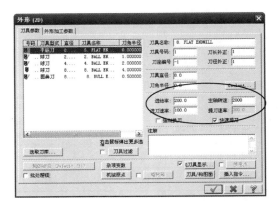

图 5.102　刀具参数设定

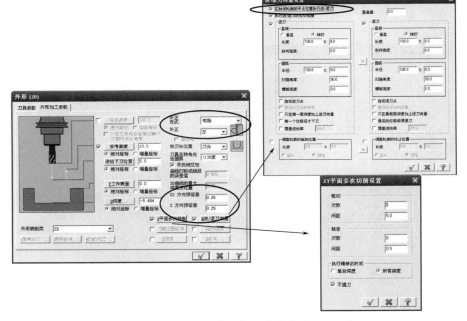

图 5.103　外形加工参数设定

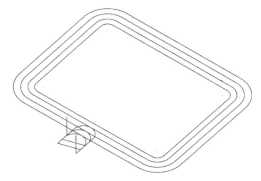

图 5.104　刀具路径 8

2. 曲面粗加工——平行铣削

在"层别管理"对话中，打开6图层，关闭其他图层。选择"曲面粗加工"→"粗加工平行铣削"选项，选取工件的形状为"凸"，在"刀具路径的曲面选取"对话框选取加工曲面和干涉曲面，如图5.105，图5.106所示。

图5.105　加工曲面6

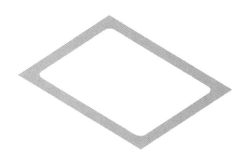

图5.106　干涉曲面6

在"曲面粗加工平行铣削"对话框的"刀具参数"选项卡中，选取φ8mm立铣刀，设置主轴转速、进给率，如图5.107所示。

在"曲面加工参数"选项卡中设置粗加工预留量为0.25。考虑立铣刀不易沿Z轴垂直进刀，设置进/退刀向量，如图5.108所示。向量进刀如图5.109所示。

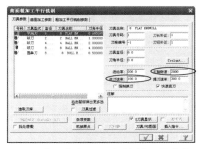

图5.107　曲面粗加工平行铣削刀具参数设置

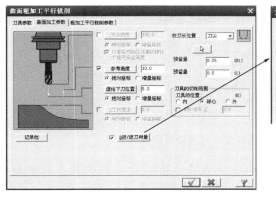

图5.108　曲面粗加工平行铣削曲面加工参数设置

在"粗加工平行铣削参数"选项卡中设置加工参数，选择切削方式为双向，最大切削间距为2.0，最大Z轴进给为2.0，加工角度为90.0；粗加工时，误差值可以设置比较大，可以通过设置过滤的比率进行调整，如图5.110所示。切削方向误差与过滤误差的关系如图5.111所示。

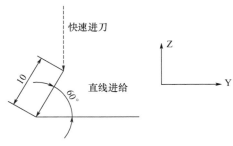

图 5.109　向量进刀

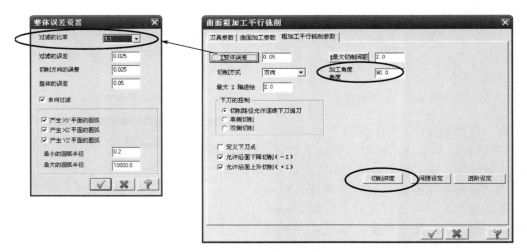

图 5.110　平行铣削参数设置

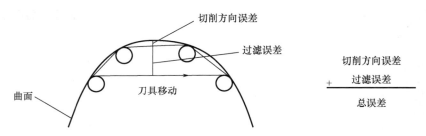

图 5.111　切削方向误差与过滤误差的关系

通过确定整张曲面表面的整体误差，CAD/CAM 系统根据此精度要求计算行距和步长，采用这种方法切削出的表面不论曲面如何变化，残留高度总是相等的，但行距与步长却不相等。

为了避免第一刀是空刀，需要设置"切削深度"。在"粗加工平行铣削参数"选项卡（图 5.110）中，单击"切削深度"按钮，打开"切削深度的设定"对话框，在其中设置最高的位置和最低的位置，如图 5.112 所示。切削深度的设定主要用来控制切削时，最小的切削深度（第一刀）和最大的切削深度，位置设定如图 5.113 所示。

图 5.112　切削深度设定

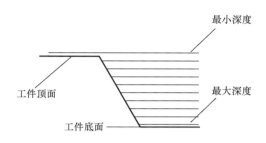

图 5.113　切削深度位置设定

工件坐标系 "Z" 零点设置在工件上表面，如果设置最高的位置大于 "0"，第一刀切削将会出现 "空刀"，因此最高的位置应小于 "0"。最低的位置可以大于工件深度，每一刀的切削深度在最低的位置和最高的位置之间平均分配。

此例中最高的位置为 -0.2，最低的位置为 -10，受最大 Z 轴进给为 2.0 的限制，两次进刀间隔的深度值为 $[-10-(-0.2)]/5=-1.96$，各进刀依次如下（最大值）。

第一次进刀　　　-0.2　　　　用户设定
第二次进刀　　　-2.16　　　　$(-0.2-1.96)$
⋮　　　　　　　　⋯
第五次进刀　　　-8.24
第六次进刀　　　-8.481　　　加工剩余深度
第六次进刀的实际值为 0.241（8.481−8.24）。

曲面粗加工平行铣削的刀具路径如图 5.114 所示。

3. 等高外形

选择 "刀具路径" → "曲面精加工" → "曲面精加工等高外形" 选项，选择加工曲面和干涉曲面，如图 5.115、图 5.116 所示。

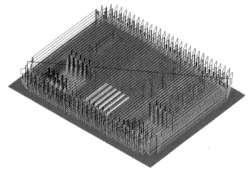

图 5.114　曲面粗加工平行铣削的刀具路径

图 5.115　加工曲面 7

图 5.116　干涉曲面 7

在"曲面精加工等高外形"对话框的"刀具参数"选项卡中，选取 φ8mm 圆鼻刀，刀具参数设置如图 5.117 所示。在"曲面加工参数"选项卡中设置曲面加工参数，如图 5.118 所示。在"等高外形精加工参数"选项卡中设置各参数，如图 5.119 所示。

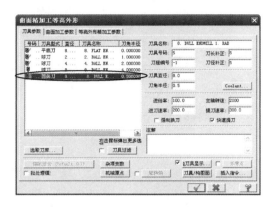

图 5.117　刀具参数设置

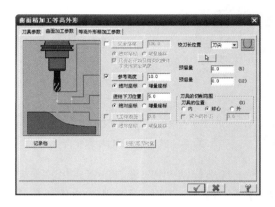

图 5.118　曲面加工参数设置

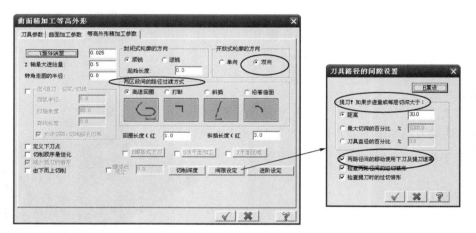

图 5.119　等高外形精加工参数设置

等高外形加工按照等高面一层一层地铣削。提高曲面的表面质量可采用单向顺铣、双向铣削。双向铣削效率高，但存在顺铣、逆铣，表面质量比较差。曲面采用单向顺铣、双向铣削的刀具路径如图 5.120、图 5.121 所示。

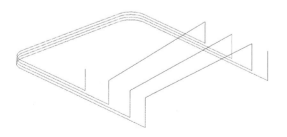

图 5.120　单向顺铣的刀具路径

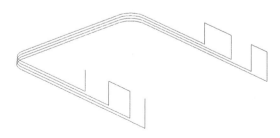

图 5.121　双向铣削的刀具路径

刀具在层与层之间的刀具移动与"间隙设定"有关，如图 5.119 所示。如果步进量或每层的切深大于一定的值，刀具将会提刀。如果步进量或每层的切深小于一定的值，刀具按照"两区段间的路径过渡方式"（高速回圈、打断、斜插、沿着曲面）进行移动，如图 5.122所示。

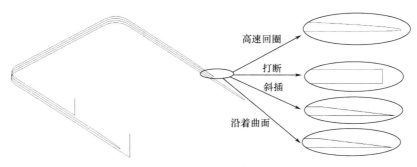

图 5.122　两区段间高速回圈

4. 环绕等距加工 1

选择"刀具路径"→"曲面精加工环绕等距"选项，选择加工曲面和干涉曲面，如图 5.123、图 5.124 所示。

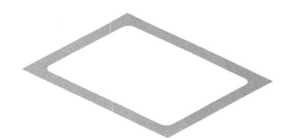

图 5.123　加工曲面 8

图 5.124　干涉曲面 8

在"曲面精加工环绕等距"对话框的"刀具参数"选项卡中，选取 φ8mm 立铣刀。在"曲面加工参数"选项卡中设置曲面加工参数。在"环绕等距精加工参数"选项卡中设置各参数，如图 5.125所示。

5. 浅平面加工

选择"刀具路径"→"曲面精加工浅平面"选项，选择加工曲面和干涉曲面，如图 5.126、图 5.127 所示。

在"曲面精加工浅平面"对话框的"刀具参

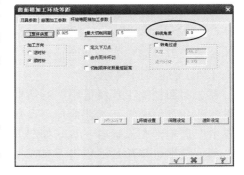

图 5.125　环绕等距精加工参数设置

数"选项卡中，选取 φ4mm 球刀，设置主轴转速和进给率。在"曲面加工参数"选项卡中设置曲面加工参数。在"浅平面精加工参数"选项卡中设置各参数，如图 5.128 所示，浅平面加工的区域由倾斜角度的范围确定，切削方式采用"3D环绕"。

图5.126　加工曲面9　　　　　　　　　图5.127　干涉曲面9

在"3D环绕"切削方式中，刀具先环绕各个曲面边界切削，然后按照最小的行距向铣削，直到该区域加工完成。但用户也可选择"由内面外环切"，刀具从内部向外部铣削。刀具路径如图5.129所示。

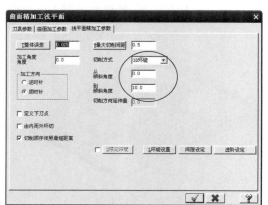

图5.128　浅平面精加工参数设定

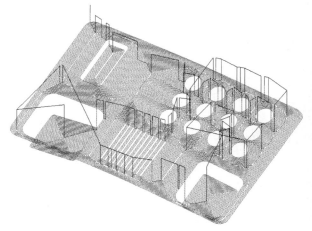

图5.129　刀具路径9

6. 环绕等距加工2

选择"刀具路径"→"曲面精加工环绕等距"选项，选择加工曲面和干涉曲面，如图5.130，图5.131所示。

在"曲面精加工环绕等距"对话框的"刀具参数"选项卡中，选取 ϕ2mm 球刀，设置主轴转速和进给率。在"曲面加工参数"选项卡中设置曲面加工参数。在"环绕等距精加工参数"选项卡中设置各参数，如图5.132所示。

斜线角度、转角过滤使得刀具在尖角处增加圆弧移动，刀具路径变得平滑。转角过滤原理如图5.133所示。刀具路径如图5.134所示。

7. 环绕等距加工3

选择"刀具路径"→"曲面精加工环绕等距"选项，选择加工曲面和干涉曲面，如图5.135、图5.136所示。

图 5.130　加工曲面 10

图 5.131　干涉曲面 10

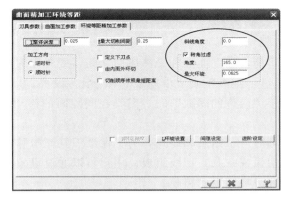

图 5.132　环绕等距精加工参数设置

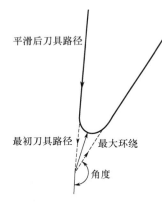

图 5.133　转角过滤原理

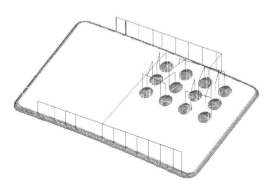

图 5.134　刀具路径 10

图 5.135　加工曲面 11

图 5.136　干涉曲面 11

在"曲面精加工环绕等距"对话框的"刀具参数"选项卡中，选取 φ2mm 球刀，设置主轴转速和进给率。在"曲面加工参数"选项卡中设置曲面加工参数。在"环绕等距精加工参数"选项卡中设置加工参数并进行刀具路径的间隙设置，如图 5.137 所示。

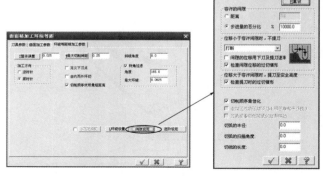

图 5.137　环绕等距精加工参数

刀具在曲面加工过程中，用户可通过"间隙设定"设置刀具路径上的间隙大小，以控制刀具在间隙的移动方式。间隙一般出现在两次切削之间，也可能在加工曲面和干涉曲面之间，或者在加工曲面之间。

"容许的间隙"可通过"距离"或"步进量的百分比"设置。

当刀具的移动量小于"容许的间隙"时，刀具在间隙间的移动方式有 4 种：直接、打断、光滑和沿曲面。

刀具在间隙的路径都有一个始点和终点，为了保证刀具光滑移动，刀具间隙的路径可以由连接始点和终点的切弧或（及）切线组成。用户可以通过设置切弧半径、切弧的扫描角度及切线的长度，设置刀具间隙的路径。

为了方便说明，这里我们假设最大切削间距为 1，容许的间隙选择步进量百分比，其值设为 300%，其他不变。显然，环切的行距小于间隙尺寸。刀具在两次环切时的 4 种进给如图 5.138 所示。

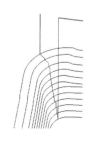 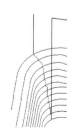 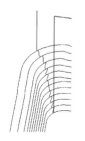 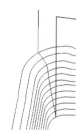

（a）刀具"直接"移动　（b）刀具"打断"移动　（c）刀具"光滑"移动　（d）刀具"沿曲面"移动

（e）刀具环切路径

图 5.138　刀具在两次环切时的 4 种进给

为了减少抬刀，设置步进量百分比，其值为10000％，刀具路径如图5.139所示，很显然抬刀次数很少，加工效率提高。

8. 交线清角

选择"刀具路径"→"曲面精加工交线清角"选项，选择加工曲面，如图5.140所示。无需选择干涉曲面。

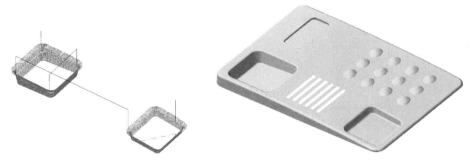

图5.139　刀具路径11　　　　　图5.140　加工曲面12

在"曲面精加工交线清角"对话框的"刀具参数"选项卡中，选取φ2mm球刀，并设置主轴转速和进给率。在"曲面加工参数"选项卡中设置曲面加工参数。在"交线清角精加工参数"选项卡中设置各参数，如图5.141所示。

在"平行加工次数"选项中，用户可以设定沿清角路径平行加工次数和平行加工之间的偏置距离。用户也可以不设定偏置次数而由系统计算。

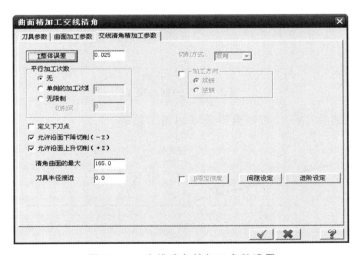

图5.141　交线清角精加工参数设置

"交线清角精加工参数"设置如图5.142所示，刀具的路径如图5.143所示。从图5.143可以看到，单侧加工的顺、逆铣是以清角刀具路径为基准，为了实现顺铣，外侧刀具路径为顺时针，内侧刀具路径为逆时针。

"清角曲面的最大"选项用来设置最大的面夹角，如图5.144所示。面夹角确定了交线清角的加工范围，只有夹角大于0°小于最大的面夹角的曲面范围才会被加工。一般情况

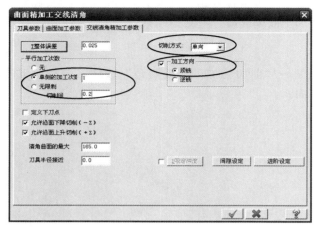

图 5.142　设置平行加工次数

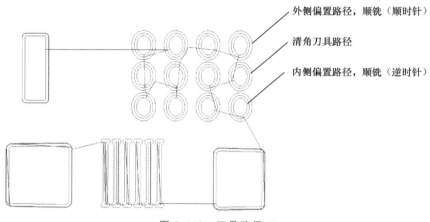

图 5.143　刀具路径 11

下最大的面夹角设置为 165°，可以获得最好的加工效果。

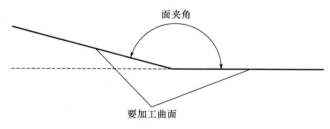

图 5.144　面夹角含义

　　用户需要注意图 5.142 中"刀具半径接近"选项的设置。只有当刀具的半径非常接近或者恰好小于加工曲面的倒圆角半径时，用户才设置"刀具半径接近"值，增大刀具半径，为刀具发现更多的加工路径。

　　参数设置完成后，单击"确定"按钮，生成刀具路径，如图 5.145 所示。

9. 残料清角

MasterCAM X MR2 的曲面粗加工和精加工均有残料清角，但其有很大的不同。曲面粗加工残料清角用来去除刀具无法到达和刀具不适合加工所形成的残料。曲面精加工残料清角用来清除由于使用大刀具，而剩余少量的加工余量（残料）。

粗加工残料清角采用等高（恒定 Z 进给）加工。精加工残料清角可生成单一加工路径，路径自动调节，适用不同的 Z 轴变化。

在螺旋式下刀时，由于用户设定的螺旋最小半径过大，造成某个区域无法加工，Master-

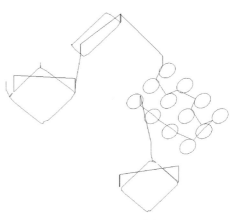

图 5.145 刀具路径 12

CAM X MR2 自动跳过该区域不加工，该区域可利用粗加工残料清角去除。在图 5.146 中，采用较大直径的球刀挖槽产生大量的余量，需要残料清角。在图 5.147 中，残料清角采用 Z 轴恒定进给，多次 Z 轴下刀的方式，切削剩余的余量。

图 5.146 挖槽粗加工

图 5.147 粗加工残料清角

下面我们介绍电话机凸模的残料清角加工的过程。选择"刀具路径"→"曲面精加工残料清角"选项，选择加工曲面和干涉曲面，如图 5.148、图 5.149 所示。

图 5.148 加工曲面 13

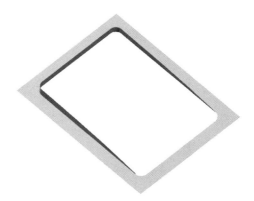

图 5.149 干涉曲面 12

在"曲面精加工残料清角"对话框的"刀具参数"选项卡中，选取 φ2mm 球刀，并设置主轴转速和进给率。在"曲面加工参数"选项卡中设置曲面加工参数。在"残料清角精加工参数"选项卡中设置各参数，如图 5.150 所示。

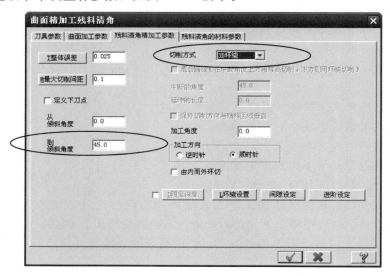

图 5.150　残料清角精加工参数设置

混合路径由等高切削和环绕切削组成。中断的角度之上（最陡的区域）采用等高切削，Z 轴进给恒定；中断的角度之下采用环绕切削。在残料清角中为了产生单一和往复路径，用户可选择混合路径。

中断的角度一般推荐为 45°。用户也可设置延伸的长度，扩大环绕切削范围。

本例中，曲面最陡的区域不存在残料，不需要使用混合路径。设置切削方式为 3D 环绕，到倾斜角度为 45°，相当于去除了混合路径中的等高切削。

在"残料清角的材料参数"选项卡设置材料参数，如图 5.151 所示。

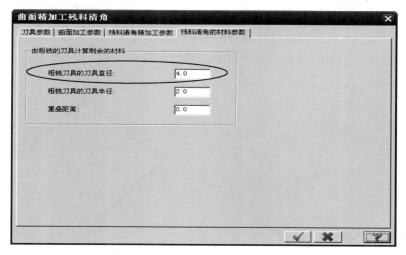

图 5.151　残料清角的材料参数设置

刀具路径如图 5.152 所示。

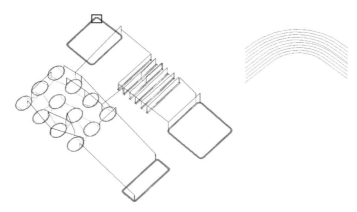

图 5.152　刀具路径 13

10. 外形铣削

打开图层 8，关闭其他图层。选择"刀具路径"→"外形铣削"选项，串连"外形"，如图 5.153 所示。在"刀具参数"选项卡中，选取 φ2mm 球刀，并设置主轴转速和进给率。外形加工参数设置如图 5.154 所示。实体验证如图 5.155 所示。

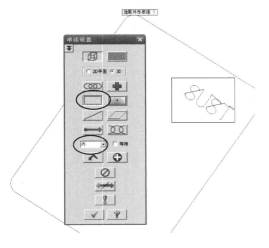

图 5.153　串连外形

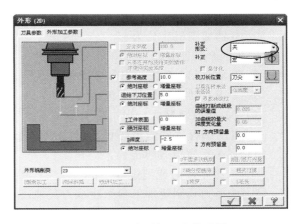

图 5.154　外形加工参数设置

5.5.4　实体验证

在完成粗加工和精加工的设置后，需要对所有的操作进行一次完整的实体验证。在对象管理器中，单击"选择全部操作"按钮，然后单击"验证已选择操作"按钮，进行实体验证，验证结果如图 5.156 所示。电话机面板的凸模如图 5.157 所示。

图 5.155　实体验证

图 5.156　实体验证结果

图 5.157　电话机面板的凸模

习　　题

1. 常用自动编程软件有＿＿＿、＿＿＿＿＿、＿＿＿＿＿、＿＿＿＿。

2. MasterCAM 软件是优秀的 CAD/CAM 软件，它不仅可以进行零件的造型设计，还可以为数控铣床（加工中心）、＿＿＿＿＿、＿＿＿＿＿数控设备编制数控程序。

3. 刀轴矢量控制的方法：＿＿＿、＿＿＿、＿＿＿、＿＿＿、＿＿＿、＿＿＿、＿＿＿、＿＿＿、＿＿＿＿。

4. 五轴联动是指＿＿＿＿＿＿＿＿＿＿＿到达某一个设定的点。

5. 五轴加工机床分为＿＿＿＿＿、＿＿＿＿＿、＿＿＿＿＿三种基本类型。

6. RTCP 功能是指＿＿＿＿＿＿＿＿＿＿＿＿＿＿＿＿＿＿＿＿＿＿＿＿＿＿＿＿＿＿＿。

7. 五轴 CAM 系统给出每个切削点刀具的刀位点包含＿＿＿＿＿、＿＿＿＿。

8. 常用自动编程软件不包括（　　）。

A. MasterCAM　　　　　B. UG　　　　C. Word　　　　D. AXA

9. 自动编程软件的最终目的是生成数据程序，人们将这一过程称为后置处理。下面（　　）属于后置处理部分。

A. 三维零件的造型过程

B. 选择刀具制定加工参数生成刀具轨迹

C. 将刀具轨迹转换成 NC 程序

D. 模拟加工

10. 在以下常用软件中，不包含 CAD 模块的是（　　）。

A. UG　　　　B. PowerMII　　　　C. MasterCAM　　　　D. CAXA 制造工程师

11. 简述自动编程的过程。

12. 自动编程有什么特点？

13. 简述五轴加工的特点。

14. 轮廓加工中对刀具切入、切出有何要求？

15. 立铣刀挖槽时，对下刀有何要求？

16. 曲面加工主要使用哪些刀具？

17. 曲面加工主要分为哪几个阶段？

18. 图 5.158 所示的零件，材料为 LY12，毛坯为 100mm×100mm×20mm。使用 MasterCAM 软件，完成造型、工艺编制、轮廓、型腔和孔的自动编程。

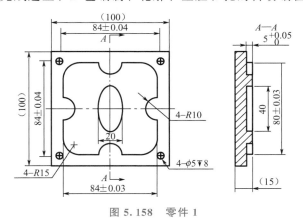

图 5.158　零件 1

19. 图 5.159 所示的零件，材料为 LY12，毛坯为 90mm×16mm×120mm，夹具为虎钳。使用 MasterCAM 软件，完成造型、工艺编制、轮廓、型腔和孔的自动编程。

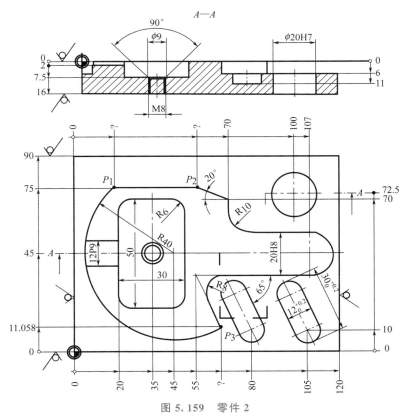

图 5.159　零件 2

参 考 文 献

程俊兰，卢良旺，2018. 数控加工工艺与编程 ［M］. 3 版. 北京：电子工业出版社.

贺琼义，杨轶峰，2019. 五轴数控系统加工编程与操作 ［M］. 北京：机械工业出版社.

贺曙新，张思弟，文少波，2011. 数控加工工艺 ［M］. 2 版. 北京：化学工业出版社.

黄鹤汀，2019. 机械制造装备 ［M］. 4 版. 北京：机械工业出版社.

金晶，2018. 数控铣床加工工艺与编程操作 ［M］. 2 版. 北京：机械工业出版社.

李锋，朱亮亮，2019. 数控加工工艺与编程 ［M］. 北京：化学工业出版社.

陆启建，褚辉生，2011. 高速切削与五轴联动加工技术 ［M］. 北京：机械工业出版社.

吕宜忠，2018. 数控编程与加工技术 ［M］. 北京：机械工业出版社.

马有良，2019. 数控机床加工工艺与编程 ［M］. 成都：西南交通大学出版社.

蒙斌，2019. 数控机床编程及加工技术 ［M］. 北京：机械工业出版社.

裴炳文，2007. 数控加工工艺与编程 ［M］. 北京：机械工业出版社.

石从继，2017. 数控加工工艺与编程 ［M］. 2 版. 武汉：华中科技大学出版社.

王国永，2018. 数控加工工艺编程与操作 ［M］. 北京：机械工业出版社.

吴光明，2019. 数控车削加工案例详解 ［M］. 北京：机械工业出版社.

杨丙乾，2018. 数控机床编程与操作 ［M］. 北京：化学工业出版社.

殷小清，王阳，2019. 数控编程与加工 ［M］. 北京：机械工业出版社.

袁军堂，2018. 机械制造技术基础 ［M］. 2 版. 北京：清华大学出版社.

郑堤，2019. 数控机床与编程 ［M］. 3 版. 北京：机械工业出版社.